计算机系列教材

U0129783

熊岳山 编著

数据结构与算法
(第3版)

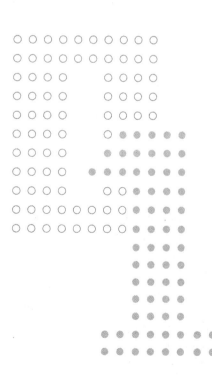

清华大学出版社
北京

内 容 简 介

"数据结构与算法"是计算机科学与技术、软件工程等相关专业的重要基础课,是这些专业的核心课程之一,是一门集技术性、理论性和实践性于一体的课程。本书内容包括基本数据类型、抽象数据类型、线性表、链表、串、树和二叉树、图、递归与分治算法、贪心算法、分支限界法和动态规划法等内容;并重点介绍抽象数据类型、基本数据结构、C语言数据结构描述、数据结构的应用、算法设计与分析以及算法性能评价等内容,目的是让读者理解数据抽象与编程实现的关系,提高用计算机解决实际问题的能力。

本书结构合理,内容丰富,算法描述清晰,用C语言编写的算法代码都已调试通过,便于自学,可作为高等院校计算机科学与技术专业、军事院校的基础合训专业和其他相关专业的教材和参考书,也可供从事计算机软件开发的科技工作者参考。

图书在版编目(CIP)数据

数据结构与算法/熊岳山编著. —3 版. —北京:清华大学出版社,2024.1
计算机系列教材
ISBN 978-7-302-64346-3

Ⅰ.①数…　Ⅱ.①熊…　Ⅲ.①数据结构—教材 ②算法分析—教材　Ⅳ.①TP311.12

中国国家版本馆 CIP 数据核字(2023)第 144624 号

责任编辑:白立军
封面设计:常雪影
责任校对:郝美丽
责任印制:沈　露

出版发行:清华大学出版社
　　　　网　　　址:https://www.tup.com.cn,https://www.wqxuetang.com
　　　　地　　　址:北京清华大学学研大厦 A 座　　　　邮　　编:100084
　　　　社　总　机:010-83470000　　　　　　　　　　邮　　购:010-62786544
　　　　投稿与读者服务:010-62776969,c-service@tup.tsinghua.edu.cn
　　　　质量反馈:010-62772015,zhiliang@tup.tsinghua.edu.cn
　　　　课件下载:https://www.tup.com.cn,010-83470236
印　装　者:三河市龙大印装有限公司
经　　　销:全国新华书店
开　　　本:185mm×260mm　　　印　　张:15.75　　　字　　数:367 千字
版　　　次:2013 年 2 月第 1 版　2024 年 1 月第 3 版　　印　　次:2024 年 1 月第 1 次印刷
定　　　价:59.00 元

产品编号:100285-01

前　言

　　"数据结构与算法"是计算机科学与技术一级学科相关专业的重要基础课程之一,是软件开发和维护的基础。计算机的数据处理能力是计算机解决各种实际问题的关键。现实世界中的实际问题经过抽象,得出反映实际事物本质的数据表示后,才有可能被计算机处理。从实际问题抽象出数学模型,得出它的数据表示后,如何用计算机所能接受的形式来描述这些数据(包括数据本身与数据之间的关系)? 如何将这些数据以及它们之间的关系存储在计算机中? 如何用有效的方法去处理这些数据? 如何在构建的数据结构上设计高效的算法? 这些问题皆是数据结构与算法研究的主要问题。

　　本书是在深入研究国内外同类教材的基础上,结合多年"数据结构""算法设计与分析"课程教学经验编写而成的,书中重点围绕抽象数据类型的C语言实现进行介绍。第1版出版后,得到了很多高校的认可,这次修订,除了改正第2版中的部分错误外,还增加了8.10节和10.6节等内容。

　　第1章为数据结构概述,主要介绍数据结构概念,内容包括逻辑结构、存储方法、算法复杂性分析、基本数据类型、抽象数据类型与结构描述。第2章介绍向量、栈和队列及其应用,内容有向量、栈和队列的逻辑结构,抽象数据类型向量、栈和队列的描述;Josephus问题求解、栈与后缀表达式求值、栈与递归、递归效率分析、队列与离散事件模拟等应用实例。第3章介绍链表及其应用,内容有动态存储、单链表、循环链表、双链表、栈和队列的链接存储。第4章介绍串,内容有串的定义、串的存储以及串的模式匹配算法。第5章介绍各种排序方法,内容包括排序的基本概念,被排序文件的存储表示,直接插入排序、折半插入排序、Shell排序、起泡排序、快速排序、归并排序和外部排序等各种排序方法,各种算法的实现细节和算法的时空效率等。第6章介绍线性表的查找,内容包括有关查找的概念,顺序查找、折半查找、分块查找和散列查找。第7章介绍树和二叉树,内容包括树(树林)和二叉树的概念、树(树林)和二叉树的遍历、抽象数据类型BinaryTree与BinaryTree结构、二叉树的遍历算法。第8章介绍树结构的应用,内容包括二叉排序树、平衡的二叉排序树、B-树和B$^+$-树、键树和2-3树、Huffman最优树、堆排序、判定树、等价类和并查集、红黑树等。第9章介绍图结构,内容包括图的基本概念、图的存储表示、Graph结构的构造与实现、图的遍历、最小代价生成树、单源最短路径问题、每一对顶点间的最短路径问题、有向无回路图。第10章为算法设计与分析,内容包括递归与分治、回溯法、分支限界法、贪心算法和动态规划法等。

　　本书是作为计算机科学与技术专业、军事院校的基础合训专业和其他相关专业的"数据结构与算法"课程教材编写的,也可供从事计算机软件开发和计算机应用的工程与科技人员参考。具备了C语言基础的读者便可学习本书。

　　书中不加注＊的章节可用60学时讲授,全部内容的讲授可用70～80学时完成。此外,为配合课堂教学,便于学生理解和掌握所学知识,提高程序设计编程能力,应另外配有

20～30 小时的上机时间。

本书由熊岳山教授、朱晨阳副教授编写。本书的出版得到清华大学出版社和国防科技大学计算机学院、计算机系、603 教研室的大力支持，在此深表谢意。特别感谢陈怀义教授和姚丹霖教授的辛勤工作与许多富有创新的思想，感谢殷建平、肖晓强、刘越等老师为本书提出的宝贵意见，正是因为这些同志的热情帮助，才使得本书能顺利出版。由于时间仓促，加之编者水平有限，书中错误在所难免，敬请广大读者和专家批评指正。

编　者

2023 年 12 月

目　　录

第1章 数据结构概述

计算机的数据处理能力是计算机解决各种实际问题的基础,但是现实世界中的实际问题必须经过抽象,得出反映实际事物本质的数据表示后,才有可能被计算机处理。如何从实际问题抽象出它的数学模型,得出它的数据表示,这不属于本课程的主要内容;但如何用计算机所能接受的形式来描述这些数据(包括数据本身及数据与数据之间的关系),如何将这些数据以及它们之间的关系存储在计算机中,如何用有效的方法去处理这些数据,则是数据结构课程要研究的主要问题。

1.1 基本概念

1.1.1 数据、数据元素、数据对象

数据是客观事物的符号表示,是对现实世界的事物采用计算机能够识别、存储和处理的形式进行描述的符号的集合。计算机能处理多种形式的数据。例如,科学计算软件处理的是数值数据;文字处理软件处理的是字符数据;多媒体软件处理的是图像、声音等多媒体数据。

数据元素是数据的基本单位。在计算机程序中,数据元素通常是作为一个整体处理的。一个数据元素又可以由若干数据项组成。数据项包括两种:一种是初等项,是数据的不可分割的最小单位;另一种是组合项,它又由若干数据项组成。

例如,表 1-1 所示的学生情况表就是描述学生基本情况的数据。

表 1-1 学生情况表

学号	姓名	性别	年龄	籍贯	班别	成绩			
						数学	物理	化学	外语
6001	张三	女	19	北京	15	82	85	90	92
6002	李四	男	20	上海	15	90	92	91	95
6003	王五	男	18	湖南	15	93	95	91	94
⋮	⋮	⋮	⋮	⋮	⋮	⋮	⋮	⋮	⋮

每个学生的情况占一行,每一行则是一个数据元素。每一个数据元素由学号、姓名、性别、年龄、籍贯、班别、成绩等数据项组成。学号、姓名、性别、年龄、籍贯、班别为初等项。而成绩为组合项,它又分为数学、物理、化学、外语等初等项,而且学号这个数据项是一个关键字(或关键码),因为它的值能唯一标识一个数据元素。

数据对象是性质相同的数据元素的集合,是数据集合的一个子集。数据元素则是数

据对象集合中的数据成员。例如,学生情况表就是一个数据对象。整数集合、复数集合都是数据对象。

1.1.2 数据结构

在任何数据对象中,数据元素都不是孤立存在的,它们相互之间存在一种或多种特定的关系,这种关系称为结构。

数据的结构是指数据的组织形式,由数据对象及该对象中数据元素之间的关系组成。数据结构可以形式地描述为一个二元组

$$Data\ Structure = (D,R)$$

其中,D 是数据对象,为数据元素的有限集;R 是该数据对象中所有数据元素之间关系的有限集。

例 1-1 用符号 $<k_i,k_j>$ 表示两数据元素 k_i,k_j 的先后次序关系,即 k_i 在 k_j 的前面,则下面两种二元组分别表示两个不同的逻辑结构。

结构 $1=(D,R)$

$D=\{k_0,k_1,\cdots,k_{n-1},k_n\}$, $R=\{r\}$

$r=\{<k_0,k_1>,<k_1,k_2>,\cdots,$
$<k_{n-2},k_{n-1}>,<k_{n-1},k_n>\}$

结构 $2=(D,R)$

$D=\{k_0,k_1,k_2,k_3,k_4\}$, $R=\{r\}$

$r=\{<k_0,k_1>,<k_0,k_2>,<k_1,k_3>,$
$<k_1,k_4>\}$

以上是数学意义上的数据结构概念,是数据结构的逻辑描述,即逻辑结构。尽管在一般情况下,人们所说的数据结构即指数据的逻辑结构,但当这种数据结构要放在计算机中进行处理时,数据结构概念的含义就不仅如此了。涉及计算机的数据结构概念,至今尚未有一个公认的标准定义,但一般认为应包括以下 3 个方面。

(1) 数据元素及数据元素之间的逻辑关系,也称为数据的逻辑结构。

(2) 数据元素及数据元素之间的关系在计算机中的存储表示,也称为数据的存储结构或物理结构。

(3) 数据的运算,即对数据施加的操作。

数据的逻辑结构是从逻辑关系上描述数据,是根据问题所要实现的功能而建立的。数据的逻辑结构是面向问题的,是独立于计算机的。数据的存储结构是指数据在计算机中的物理表示方式,是根据问题所要求的响应速度、处理时间、存储空间和处理速度等建立的。数据的存储结构是依赖于计算机的。每种逻辑结构都有一个运算的集合,例如最常见的运算有检索、插入、排序等,这些运算在数据的逻辑结构上定义,只规定"做什么",在数据的存储结构上考虑运算的具体实现,规定"如何做"。

例如表 1-1 就是一个数据结构,它由若干数据元素组成,每个学生的情况数据就是一个数据元素。对任何一个数据元素,除第一个元素外,其他每个元素都有且仅有一个前驱,第一个元素没有前驱;除最后一个元素外,其他每个元素都有且仅有一个后继,最后一个元素没有后继。这就是数据的一种逻辑结构。

要利用这张表对学生的情况进行计算机管理,首先要把这张表存入计算机。可以把

表中的这些数据元素顺序邻接地存储在一片连续的存储单元中,也可以用指针把各自存储的数据元素按表中顺序链接在一起,这种表在计算机中的存储方式就是数据的存储结构。学生情况的管理,必然涉及学生成绩的登记和查询、学生的插班和退学等,这些管理行为就是数据的运算,这里涉及数据元素的查找、插入和删除等操作。这些操作在数据的逻辑结构上定义,在数据的存储结构上实现。

1.2　数据结构的分类

对于一个数据结构而言,每一个数据元素可称为一个结点,数据结构中所包含的数据元素之间的关系就是结点之间的关系。如果两个结点 k、k' 之间存在的关系可用有序对 $<k,k'>$ 表示,则称 k' 是 k 的后继,k 是 k' 的前驱,k 和 k' 互为相邻结点。如果 k 没有后继,则称 k 为终端结点;如果 k 没有前驱,则称 k 为开始结点;如果 k 既不是终端结点,也不是开始结点,则称 k 为中间结点。

数据的逻辑结构可分为两大类:一类是线性结构;另一类是非线性结构。

线性结构中有且仅有一个开始结点和一个终端结点,并且所有的结点最多只有一个前驱和一个后继。线性表是典型的线性结构。学生情况表就是一个线性表。

非线性结构中的一个结点可能有多个前驱和后继。如果一个结点最多只有一个前驱,而可以有多个后继,这种结构就是树。树是最重要的非线性结构之一。如果对结点的前驱和后继的个数不作限制,这种结构就是图。图是最一般的非线性结构。数据的这几种逻辑结构可用图 1.1 表示。

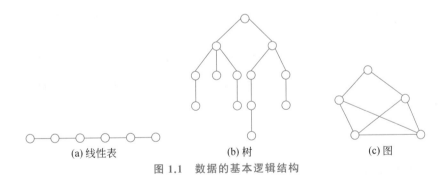

(a) 线性表　　　　　　　(b) 树　　　　　　　(c) 图

图 1.1　数据的基本逻辑结构

数据的存储结构取决于 4 种基本的存储方法:顺序存储、链接存储、索引存储、散列存储。顺序存储方法是把逻辑上相邻的结点存储在物理位置相邻的存储单元里。结点之间的逻辑关系用存储单元的邻接关系来体现。顺序存储主要用于线性结构,非线性结构也可以通过某种线性化的方法实现顺序存储。通常顺序存储是用程序语言的数组描述的。

链接存储方法对逻辑上相邻的结点不要求在存储的物理位置上亦相邻,结点之间的逻辑关系由附加的指针表示。非线性结构常用链接存储,线性结构也可以链接存储。通常链接存储是用程序语言的指针描述的。

索引存储方法是在存储结点数据的同时，还建立附加的索引表。索引表的每一项称为索引项。一般情况下索引项由关键字（关键字是结点的一个字段或多个字段的组合，其值能唯一确定数据结构中的一个结点）和地址组成。一个索引项唯一对应于一个结点，其中的关键字是能唯一标识该结点的数据项，地址指示该结点的存储位置。

散列存储方法是根据结点的关键字计算出该结点的存储地址，然后按存储地址存放该关键字对应的数据元素。

这 4 种基本的存储方法形成 4 种不同的存储结构，如图 1.2 所示。

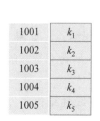

(a) 顺序存储

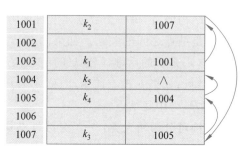

(b) 链接存储

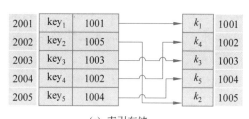

(c) 索引存储　　　　　　　　　　　　(d) 散列存储

图 1.2　基本存储方法

同一种逻辑结构采用不同的存储方法，可以得到不同的存储结构。一种逻辑结构可采用一种方法存储，也可采用多种方法组合起来进行存储。

存储结构是数据结构概念不可缺少的一个方面，所以常常将同一逻辑结构的不同存储结构用不同的名称标识。例如，线性表的顺序存储称为顺序表，线性表的链接存储称为链表，线性表的散列存储称为散列表。

数据的运算也是数据结构概念不可缺少的一个方面。同一种逻辑结构采用同一种存储方式，如果定义的运算不同，也将以不同的名称标识。例如，若在线性表上插入、删除操作限制在表的一端进行，则称为栈；若插入限制在表的一端进行，删除限制在表的另一端进行，则称为队列。如果这种线性表顺序存储，则称为顺序栈或顺序队列；如果链接存储，则称为链式栈或链式队列。

在计算机环境下研究数据结构，应该将数据的逻辑结构、数据的存储结构和数据的运算看成一个整体，只有从这三个方面都了解清楚了，才能真正了解这个数据结构。

1.3 数据类型

1.3.1 基本类型和组合类型

在早先的高级程序语言中都有数据类型的概念,数据类型是一组性质相同的值的集合以及定义在这个集合上的一组操作的总称。

N. Wirth 曾指出:算法+数据结构=程序。在早先的高级程序语言中,数据结构是通过数据类型来描述的。数据类型用于刻画操作对象的特性。每个变量、常量和表达式都属于一个确定的数据类型,例如整型、实型、字符型等,这些数据类型规定了数据可能取值的范围以及允许进行的操作。例如,C 程序中的变量 k 定义为整型 int,则它可能取值的范围是{0,+1,−1,+2,−2,⋯,maxint,minint},其中 maxint 和 minint 是所用计算机上整型量所能表示的最大整数和最小整数。对它可施行的操作有算术一元运算+、−,算术二元运算+、−、*、/、%,关系运算<=、>=、==、!=,赋值运算=等。

在高级程序语言中,数据类型分为两种:一种是基本类型,如整型、实型、字符型等,其取值范围和允许的操作都是由系统预先规定的;另一种是组合类型,它由一些基本类型组合构造而成,如记录、数组、结构等。基本数据类型通常是由程序语言直接提供的,而组合类型则由用户借助程序语言提供的描述机制自己定义。这些数据类型都可以看成是程序设计语言已实现的数据结构。

1.3.2 抽象数据类型

抽象是指从特定的实例中抽取共同的性质以形成一般化概念的过程。抽象是对某系统的简化描述,即强调该系统中的某些特性,而忽略一部分细节。对系统进行的抽象描述称为对它的规范说明,对抽象的解释称为它的实现。抽象可分为不同的层次,高层次抽象将其低层次抽象作为它的一种实现。抽象是人们在理解复杂现象和求解复杂问题中处理复杂性的主要工具。

数据抽象是一种对数据和操作数据的算法的抽象。数据抽象包含模块化和信息隐蔽两种抽象。模块化是将一个复杂的系统分解成若干模块,每个模块与系统某个特定模块有关的信息保持在该模块内。一个模块是对整个系统结构的某一部分的自包含和完整的描述。模块化的优点是便于修改或维护。系统发现问题后,容易定位问题出在哪个模块上。信息隐蔽是将一个模块的细节部分对用户隐藏起来,用户只能通过一个受保护的接口来访问某个模块,而不能直接访问一个模块的内部细节。这个接口一般由一些操作组成,这些操作定义了一个模块的行为。这样,错误的影响被限制在一个模块内,增强了系统的可靠性与可维护性。

数据类型已经体现了数据的抽象。例如,在计算机中使用二进制定点数和浮点数实现数据的存储和运算,在汇编语言中程序员可直接使用它们的自然表示,如 15.5、1.35E10、10 等,不必考虑它们实现的细节,这是二进制数据的抽象。在高级语言中,出现了整型、实型、双精度实型等数据类型,给出了更高一级的数据抽象。面向对象程序语言出现后,可以用抽象数据类型定义更高层次的数据抽象,如各种表、树、图,甚至窗口、管理器等。这种数据抽象的层次为软件设计者提供了有利的手段,使设计者可从抽象的概念出发,从整体上进行考虑,然后自顶向下,逐步展开,最后得到所需的结果。

抽象数据类型（Abstract Data Type,ADT）是指抽象数据的组织和与之相关的操作。抽象数据类型通常是由用户定义,用于表示应用问题的数据模型,它可以看作是数据的逻辑结构及在逻辑结构上定义的操作。ADT 可用如下形式描述:

```
ADT ADT_Name
{
    Data:                              /* 数据说明 */
        数据元素之间逻辑关系的描述
    Operations:                        /* 操作说明 */
        Operation1
            Input:                     对输入数据的说明
            Preconditions:             执行操作前系统应满足的状态
            Process:                   对数据执行的操作
            Output:                    对返回数据的说明
            Postconditions:            执行操作后系统的状态
        Operation2
            ⋮
}/* ADT */
```

抽象数据类型体现了数据抽象,它将数据和操作封装在一起,使得用户程序只能通过在 ADT 里定义的某些操作来访问其中的数据,从而实现了信息隐蔽。ADT 既独立于它的具体实现,又与具体的应用无关,这可使软件设计者把注意力集中在数据及其操作的理想模型的选择上。

下面给出一个矩形抽象数据类型的例子。

矩形由长和宽决定,不同的长和宽构成不同的矩形。与矩形相关的主要操作,一个是计算面积,另一个是计算周长。因此,数据长和宽及求面积和周长的操作就构成了矩形的抽象数据类型。

封装的矩形数据和操作的抽象数据类型如下:

```
ADT Rectangle
{
    Data:
        非负实数,给出矩形的长和宽
    Operations:
        InitRectangle
            Input:                     长方形的长和宽
            Preconditions:             无
            Process:                   建立长方形
```

	Output:	返回长方形
	Postconditions:	无
Area		
	Input:	无
	Preconditions:	无
	Process:	计算矩形的面积
	Output:	返回面积值
	Postconditions:	无
Perimeter		
	Input:	无
	Preconditions:	无
	Process:	计算矩形的周长
	Output:	返回周长值
	Postconditions:	无
}		

下面是基于抽象数据类型矩形的抽象结果——用 C 语言描述的数据抽象和运算抽象。

```c
#include <stdio.h>
#include <stdlib.h>

struct rectangle
{
    float length;
    float width;
};
typedef struct rectangle Rectangle;

Rectangle * InitRectangle(float l, float w)              /* 初始化函数 */
{
    Rectangle * temp=(Rectangle *)malloc(sizeof(Rectangle));
    temp->length=l;
    temp->width=w;
    return temp;
}

float Area(Rectangle * r)                                /* 计算矩形面积 */
{
    return r->length * r->width;
}

float Perimeter(Rectangle * r)                           /* 计算矩形周长 */
{
    return (2 * (r->length+r->width));
}
```

1.4 算法和算法分析

1.4.1 算法概念

通常人们将算法定义为一个有穷的指令集，这些指令为解决某一特定任务规定了一个运算系列。

一个算法应当具有以下特性。

（1）输入。一个算法必须有一个或多个输入。这些输入取自特定的对象的集合。它们可使用输入语句由外部提供，也可以使用置初值语句或赋值语句在算法内给定。

（2）输出。一个算法应该有一个或多个输出。

（3）确定性。算法的每一步都应确切地、无歧义地定义。对于每一种情况，需要执行的动作都应严格地、清晰地规定。

（4）有穷性。一个算法无论在什么情况下都应在执行有穷步后结束。

（5）可行性。算法中每一个运算都应是能行的，即都可以通过已经实现的基本操作执行有限次完成。

算法的描述有多种方法，如高级语言方式、自然语言方式、图形方式、表格方式等。本教材中选用 C 语言来描述算法。

把一个具体问题的功能需求转变为一个算法，使用的方法是自顶向下、逐步求精的结构化程序设计方法。

图 1.3 游泳池及环形过道

例 1-2 在一个矩形游泳池的周围建一个环形过道，并在其外围围上栅栏，如图 1.3 所示。

如果游泳池的长和宽由键盘输入，过道宽度为 3 米，栅栏造价为 50 元/米，过道造价为 30 元/平方米，要求计算整个工程的造价。完成这个功能需求的算法可用如下 C 语言程序描述。

算法 1.1 计算修建游泳池工程造价。

```
void main(void)
{
    /* 定义两个矩形 */
    float l,w;
    Rectangle * Pool, * PoolRim;
    float FenceCost, ConcreteCost, TotalCost;

    /* 输入游泳池的长和宽 */
    printf("Enter the length of the pool:");
    scanf("%f", &l);
    printf("Enter the width of the pool:");
    scanf("%f", &w);

    Pool=InitRectangle(l,w);
```

```
    PoolRim=InitRectangle(l+6, w+6);

    /*计算栅栏造价*/
    FenceCost=Perimeter(PoolRim) * 50;
    printf("Fencing Cost is %f\n",FenceCost);

    /*计算过道造价*/
    ConcreteCost=(Area(PoolRim) -Area(Pool)) * 30;
    printf("Concrete Cost is %f\n",ConcreteCost);

    /*计算总造价*/
    TotalCost=FenceCost+ConcreteCost;
    printf("Total cost is %f\n",TotalCost);
}
```

上述程序的一个运行实例如下：

```
Enter the length of the pool:50
Enter the width of the pool:25
Fencing Cost is 8700.000000
Concrete Cost is 14580.000000
Total cost is 23280.000000
```

1.4.2 算法分析

通常一个好的算法应满足下述要求(算法要求)。

(1) 正确性。算法应满足具体问题的需求,正确反映求解问题对输入输出和加工处理等方面的需求。

(2) 可读性。算法除了用于编制程序在计算机上执行之外,另一个重要用处是阅读和交流。可读性好有助于人们对算法的理解,便于算法的交流与推广。

(3) 健壮性。当输入数据非法时,算法应能适当地做出反应或进行处理,输出表示错误性质的信息并中止执行。

(4) 时间效率和存储占用量。一般来说,求解同一个问题若有多种算法,则执行时间短的算法效率高,占用存储空间少的算法较好。但是算法的时间开销和空间开销往往是相互制约的,对高时间效率和低存储量的要求只能根据问题的性质折中处理。

在这 4 个要求中,对算法在计算机上执行所耗费的时间和所占空间的分析,常常是人们对算法进行评估和选择的最重要依据。

一个用高级程序语言描述的算法,在计算机上运行所耗费的时间取决于多种因素:算法所采用的策略,求解问题的规模,程序语言的级别,编译程序的优劣,机器运行的速度等。同一个算法用不同的语言编程,或者用不同的编译程序编译,或者在不同机器上运行,所消耗的机器时间均不相同。显然,用绝对的机器运行时间衡量算法的时间效率是不妥的。但是撇开这些与计算机软硬件有关的因素,可以认为一个特定算法"运行工作量"的大小只依赖于问题的规模,或者说是问题规模的函数。

一般将求解问题的输入量作为问题的规模,并用一个整数 n 来表示。一个算法的时间复杂度（也称时间复杂性）$T(n)$ 则是算法的时间耗费，记为 $T(n)=f(n)$，其中 $f(n)$ 是该算法所求解问题规模 n 的函数。当问题规模 n 趋向无穷大时，把时间复杂度 $T(n)$ 的数量级（阶）称为算法的渐近时间复杂度。

一个算法的耗费时间，应该是该算法中各个语句执行时间之和，而每个语句的执行时间是该语句的执行次数与执行一次所需时间之积。描述算法的程序在计算机上执行时，语句执行一次所需时间与机器的性能、速度及编译产生的代码质量相关，在不同机器上同一种语句执行一次所需时间不同，不同的语句在同一种机器上执行一次所需时间也不同。所以，假定任何一个语句在任何环境下执行一次所需时间都相等，则一个算法的时间耗费就简化成每个语句的执行次数之和，这样就可以独立于机器的软硬件系统分析算法的优劣。

例 1-3 两个 $n \times n$ 矩阵相乘的算法如下。

算法 1.2 计算两个 $n \times n$ 矩阵的乘积。

```
void MatrixMultiply(int A[n][n]),int B[n][n],int C[n][n])
{
    int i,j,k;
    for (i=0;i<n;i++)                            /* 语句(1) */
        for (j=0;j<n;j++)                        /* 语句(2) */
        {
            C[i][j]=0;                           /* 语句(3) */
            for(k=0;k<n;k++)                     /* 语句(4) */
            C[i][j]=C[i][j]+A[i][k]*B[k][j];     /* 语句(5) */
        }
}
```

语句(1)到语句(5)的执行次数分别为 $n+1$、$n(n+1)$、n^2、$n^2(n+1)$、n^3，它们之和即为算法的时间耗费（即时间复杂度）：

$$T(n)=2n^3+3n^2+2n+1$$

当问题的规模 n 趋向无穷大时，有

$$\lim_{n \to \infty}[T(n)/n^3]=2$$

这说明，当 n 充分大时，$T(n)$ 和 n^3 的数量级相同，可用下式表示：

$$T(n)=O(n^3)$$

这就是矩阵相乘算法的渐近时间复杂度。其中记号 O 是数学符号，其数学定义为：若 $T(n)$ 和 $f(n)$ 是定义在正整数集合上的两个函数，则 $T(n)=O(f(n))$ 表示存在正的常数 C 和 n_0，使得当 $n \geqslant n_0$ 时都满足 $0 \leqslant T(n) \leqslant C \times f(n)$。

在评价一个算法时，更多的是采用渐进时间复杂度。例如，算法 A_1 和 A_2 求解同一个问题，它们的时间复杂度分别为 $T_1(n)=100n^2$，$T_2(n)=5n^3$。当问题规模 $n < 20$ 时，有 $T_1(n) > T_2(n)$，算法 A_2 耗费时间较少。但随着问题规模的增大，两个算法的时间耗费之比 $n/20$ 也随之增大，算法 A_1 就比算法 A_2 要有效得多。它们的渐进时间复杂度分别为 $O(n^2)$ 和 $O(n^3)$，从宏观上评价了两个算法的优劣。因此，在分析算法时，一个算法的渐进时间复杂度往往就简称为时间复杂度。

有时，算法的时间复杂度不仅仅依赖于问题的规模，还与输入实例的初始化状态有关。例如,在一个数组中顺序查找一个值为 k 的数组元素。查找算法中一个关键语句是比较语句,如果数组中查找的第一个元素值就等于 k,则比较语句执行的次数最少;如果数组中没有值为 k 的元素,则比较语句执行的次数最多。后一种情况耗费时间最多,是最坏的一种情况,在这种情况下耗费的时间是算法对于任何输入实例所用时间的上界。所以,若不特别说明,所讨论的时间复杂度均指最坏情况下的时间复杂度。

有时,也讨论算法的平均时间复杂度。平均时间复杂度是指所有可能的输入实例以等概率出现时,算法的平均(或期望)运行时间。

常见的时间复杂度,按数量级递增排列,有 $O(1)$、$O(\log_2 n)$、$O(n)$、$O(n\log_2 n)$、$O(n^2)$、$O(n^3)$、$\cdots$、$O(n^k)$、$O(2^n)$ 等。

类似于算法的时间复杂度,以空间复杂度作为算法所需存储空间的耗费,记为 $S(n)=O(f(n))$,其中,n 为问题规模,$f(n)$ 为算法所处理的数据所需的存储空间与算法操作所需辅助空间之和。在进行算法分析时,一般只讨论算法的时间效率,偶尔涉及算法的存储量需求时,主要考虑的也只是算法运行时所需辅助空间的大小。

习题

1.1 简述下列概念:数据,数据元素,数据对象,数据结构,数据类型,抽象数据类型,线性结构,非线性结构。

1.2 举一个数据结构的例子,叙述其逻辑结构、存储结构、运算这3方面的内容。

1.3 线性表、树、图这3种数据结构在逻辑上有什么特点?

1.4 什么是算法?算法的特性是什么?试根据这些特性解释算法与程序的区别。

1.5 什么是算法的时间复杂度?它与哪些因素有关?

1.6 设 n 为正整数,利用 O 记号,分析下列程序段的执行时间复杂度。

① ② ③

```
int i,k;
i=1;
k=0;
while(i<n)
{
    k=k+10*i;
    i++;
}
```

```
int i,k;
i=0;
k=0;
do
{
    k=k+10*i;
    i++;
}while(i<n);
```

```
int i,j;
i=1;
j=0;
while(i+j<=n)
{
    if(i>j) j++;
    else i++;
}
```

④

```
int x,y;
x=n;        /*n>1*/
y=0;
while(x>=(y+1)*(y+1))
    y++;
```

⑤

```
int x,y;
x=91; y=100;
while(y>0)
    if(x>100)
    {
        x=x-10;
        y--;
    }
    else x++;
```

1.7 设 3 个函数如下：

$$f(n)=100n^3+n^2+1000$$
$$g(n)=25n^3+5000n^2$$
$$h(n)=n^{1.5}+5000n\log_2 n$$

试判断下列关系式是否成立：

① $f(n)=O(g(n))$

② $g(n)=O(f(n))$

③ $h(n)=O(n^{1.5})$

④ $h(n)=O(n\log_2 n)$

第 2 章　向量、栈和队列

线性结构是简单而又常见的数据结构,线性表是一种典型的线性结构。在本章,将对一种最一般的线性表(向量)和两种特殊的线性表(栈和队列)进行介绍,讨论它们在顺序存储情况下的数据结构及其应用。

2.1　线性表

2.1.1　线性表的抽象数据类型

线性表是 $n(n \geqslant 0)$ 个数据元素(也称结点或表元素)组成的有限序列 $k_0, k_1, \cdots, k_{n-1}$,其中: k_0 为开始结点,没有前驱,仅有一个后继; k_{n-1} 为终端结点,没有后继,仅有一个前驱;其他结点 $k_i(0 < i < n-1)$ 有且仅有一个前驱 k_{i-1} 和一个后继 k_{i+1}; n 为线性表的长度,当 $n=0$ 时称为空表。线性表中的各个数据元素并不要求是同一种数据类型。为简单起见,这里只讨论数据类型相同的数据元素组成的线性表,这种线性表也称为向量。

组成线性表的数据元素是一个数据项。这种数据项可以是初等项,如一个数、一个字符等。当线性表的数据元素是单个字符时,这种线性表也称为串。串是一种字符向量。作为数据元素的数据项也可以是组合项,它又包含若干数据项,而且这若干数据项的数据类型还可以不同,这种数据元素称为记录。由这种数据元素组成的线性表称为文件。

线性表的基本运算主要有以下几种。

(1) 表的初始化,即生成一个空表。

(2) 判断表是否为空,即表结点个数是否为零。

(3) 判断表是否已满,即表结点个数是否为最大允许个数。

(4) 求表长,即求表中结点个数。

(5) 取表中第 i 个结点。

(6) 查找表中值为 x 的结点。

(7) 在表中第 i 个位置上插入一个新结点。

(8) 删除表中的第 i 个结点。

在不同的应用领域,线性表所需执行的运算可能不同,但以上几种运算是最基本的。其他更为复杂的运算可用基本运算的组合实现。

线性表的抽象数据类型如下:

```
ADT LinearList
{
    Data
        数据元素的有限序列 k₀,k₁,…,kₙ₋₁
```

k_0 无前驱, 后继为 k_1

k_{n-1} 无后继, 前驱为 k_{n-2}

k_i 的前驱为 k_{i-1}, 后继为 k_{i+1} ($0<i<n-1$)

```
Operations
    InitList
        Input:                        申请表空间的长度
        Preconditions:                无
        Process:                      申请一个表空间,生成一个空表
        Output:                       表空间位置和范围,表长为 0
        Postconditions:               表已存在
    DestroyList
        Input:                        无
        Preconditions:                表已存在
        Process:                      撤销一个表
        Output:                       无
        Postconditions:               表不存在
    ListEmpty
        Input:                        无
        Preconditions:                表已存在
        Process:                      判断表是否空表
        Output:                       若为空表,返回 TRUE;否则返回 FALSE
        Postconditions:               无
    ListFull
        Input:                        无
        Preconditions:                表已存在
        Process:                      判断表是否已满
        Output:                       若表已满,返回 TRUE;否则返回 FALSE
        Postconditions:               无
    ListLength
        Input:                        无
        Preconditions:                表已存在
        Process:                      求表的结点个数
        Output:                       返回表的长度
        Postconditions:               无
    GetElem
        Input:                        结点序号 i
        Preconditions:                表已存在
        Process:                      按 i 读取 k_i
        Output:                       若读取成功,则返回 k_i 的值;否则返回 NULL
        Postconditions:               无
    LocateElem
        Input:                        要在表中查找的值
        Preconditions:                表已存在
        Process:                      扫描表,找与查找值相等的结点
        Output:                       若查找成功,则返回找到结点的序号;否则返回-1
        Postconditions:               无
    InsertElem
        Input:                        新结点要插入的位置
        Preconditions:                表已存在
        Process:                      将新结点按插入位置插入其中
        Output:                       若插入成功,则返回 TRUE;否则返回 FALSE
```

```
            Postconditions:      表中增加一个结点,表长增 1
        DeleteElem:
            Input:               要删除结点的序号
            Preconditions:       表已存在
            Process:             删除指定序号的结点
            Output:              若删除成功,则返回 TRUE;否则返回 FALSE
            Postconditions:      表中减少一个结点,表长减 1
}
```

2.1.2　线性表的结构表示

抽象数据类型描述了线性表的逻辑结构及其基本运算,当要把线性表的逻辑结构及其基本运算在计算机中实现时,则必须考虑线性表的存储结构。

线性表的数据元素可以顺序存储,也可以链接存储,还可以散列存储。必要时,还可以为数据元素建立索引表,进行索引存储。本章只讨论顺序存储的情况,链接存储在第 3 章讨论,而散列存储和索引存储在第 6 章讨论。

下面是用 C 语言的结构类型实现的抽象数据类型线性表的源代码,main()主程序中建立了一个长度为 5 的线性表,表中的数据元素为整型数,在该主程序中还调用了删除、位置查找、检索等功能。

算法 2.1　线性表运算。

```c
typedef int ElementType;
#include <stdio.h>
#include <stdlib.h>
#include "list.h"

struct linearList
{
    ElementType * data;
    int MaxSize;
    int Last;
};
typedef struct linearList LinearList;

void InitList(LinearList * L, int sz)                /* 线性表的初始化 */
{
    if (sz>0)
    {
        L->MaxSize=sz;
        L->Last=0;
        L->data=(ElementType *) malloc (sizeof(ElementType) * L->MaxSize);
    }
}

void FreeList(LinearList * L)                         /* 释放线性表的存储空间 */
{    free(L->data);
}
```

```
Bool ListEmpty(LinearList * L)                    /*判断线性表是否为空*/
{
    return (L->Last <=0) ? TRUE : FALSE;
}

Bool ListFull(LinearList * L)                     /*判断线性表是否为满*/
{
    return (L->Last >=L->MaxSize) ? TRUE : FALSE;
}

int ListLength(LinearList * L)                    /*求线性表的长度*/
{
    return L->Last;
}

ElementType GetElem(LinearList * L, int i)        /*取线性表的第 i 个表目*/
{
    return (i<0||i>=L->Last) ? NULL : L->data[i];
}

int LocateElem(LinearList * L, ElementType x)  /*在线性表中查找*/
/*查找表中值为 x 的结点。若查找成功,则返回该结点的序号;否则返回-1
若表中值为 x 的结点有多个,找到的是最前面的一个*/
{
    int i;
    for (i=0; i<L->Last; i++)
        if(L->data[i]==x) return i;               /*查找成功*/
    return -1;                                    /*查找失败*/
}

Bool InsertElem (LinearList * L, ElementType x, int i)
/*在表中第 i 个位置插入值为 x 的结点。若插入成功,则返回 TRUE;否则返回 FALSE*/
{
    int j;
    if (i<0||i>L->Last||L->Last==L->MaxSize)
        return FALSE;                                         /*插入位置不合理,插入失败*/
    else
    {
        for (j=L->Last-1; j>=i; j--) L->data[j+1]=L->data[j];    /*后移*/
        L->data[i]=x;                            /*插入*/
        L->Last++;                               /*表长增 1*/
        return TRUE;
    }
}

Bool DeleteElem (LinearList * L, int i)
/*删除表中第 i 个结点。若删除成功,则返回 TRUE;否则返回 FALSE*/
{
    int j;
    if (i<0||i>=L->Last||L->Last==0)
        return FALSE;                             /*第 i 个结点不存在,删除失败*/
```

```
    else
    {
        for (j=i; j<L->Last-1; j++)
            L->data[j]=L->data[j+1];        /* 前移 */
        L->Last--;                          /* 表长减 1 */
        return TRUE;
    }
}

void printout(LinearList * L)               /* 打印线性表的表目 */
{
    int i;
    for (i=0; i<L->Last; i++)
        printf("%d ", L->data[i]);
    printf("\n");
}
/* 线性表测试用例 */
void main(void)
{
    LinearList * L=(LinearList *) malloc (sizeof(LinearList));

    InitList(L,5);
    InsertElem(L, 10, 0);
    InsertElem(L, 20, 0);
    InsertElem(L, 30, 0);
    InsertElem(L, 40, 0);
    InsertElem(L, 50, 0);
    if (InsertElem(L, 60, 0))
        printout(L);
    else if (ListFull(L))
            printf("List is full, failed to insert\n");
    printout(L);
    DeleteElem(L, 1);
    DeleteElem(L, 1);
    printf("After twice deletions the list is ");
    printout(L);

    printf("The location of data 20 is %d\n", LocateElem(L, 20));
    printf(" The 3rd value is %d\n", GetElem(L,2));
    FreeList(L);
}
```

上述程序的运行结果如下：

```
List if full, failed to insert!
50 40 30 20 10
After twice deletions the list is 50 20 10
The location of data 20 is 1
The 3rd value is 10
```

2.2 向量

2.2.1 向量的抽象数据类型

向量是由同一种数据类型的数据元素组成的线性表。因此，向量的逻辑结构与一般线性表的逻辑结构相同。组成向量的数据元素可以是初等项，这是最简单的情况；也可以是组合项，甚至是一种数据结构，这种情况处理起来就比较复杂。

向量元素按它们之间的关系排成一个线性序列

$$a_0, a_1, \cdots, a_{n-1}$$

即 n 个向量元素的序号为 $0 \sim n-1$，这使得向量采用数组存储结构更自然，处理更方便。

向量在数组空间中是顺序存储的，一个向量元素存放在一个数组元素中。向量元素按其序号递增的顺序依次存放在按下标递增的数组元素中。数组元素物理上的邻接关系隐含地体现了向量元素逻辑上的相邻关系。图 2.1 是向量存储的示意图。

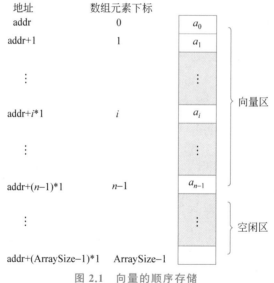

图 2.1 向量的顺序存储

假设一个向量元素所占用的存储空间大小为 1，整个数组存储空间的始地址为 addr，用 Loc (a_i) 表示向量元素 a_i 的存储始地址，显然有 Loc $(a_i) = \text{addr} + i * l$（$i = 0, 1, \cdots, n-1$），只要知道整个向量的存储始地址（即 a_0 的存储地址）、某向量元素的序号和每个向量元素所占存储空间的大小，就可以立即求出该向量元素的存储地址，而且求任何一个向量元素的存储地址所花费的时间都相等。因此，这种存储结构是一种随机存储结构。

向量的抽象数据类型可用如下代码实现（文件名 vector.h）：

```
#ifndef _Vector_H
```

```
enum boolean {FALSE, TRUE};
typedef enum boolean Bool;
struct vector
{
    ElementType * elements;
    int ArraySize;
    int VectorLength;
};
typedef struct vector Vector;

void GetArray(Vector * );                        /* 申请向量的存储空间 */
void InitVector(Vector * , int sz);              /* 初始化一空向量 */
ElementType GetNode(Vector * V, int i);          /* 取向量的第 i 个表目 */
void FreeVector(Vector * );                      /* 释放向量存储空间 */
int Find(Vector * , ElementType);                /* 在向量中查找 */
Bool Remove(Vector * ,int i);                    /* 删除向量的第 i 个表目 */

#endif
```

下面给出实现向量顺序存储的基本操作。

算法 2.2　向量运算。

```
void GetArray(Vector * V)
{
    V - > elements = (ElementType * ) malloc (sizeof (ElementType) * V - >
ArraySize);
    if (V->elements==NULL)
        printf("Memory Allocation Error!\n");
}

void InitVector(Vector * V, int sz)
/* 初始化函数,建立一个最大长度为 sz 的数组 */
{
    if (sz<=0)
        printf("Invalid Array Size\n");
    else
    {
        V->ArraySize=sz;
        V->VectorLength=0;
        GetArray(V);
    }
}

ElementType GetNode(Vector * V, int i)
/* 取向量中第 i 个结点的值。若第 i 个结点存在,则返回该结点的值;否则返回 NULL */
{
    return (i<0||i >=V->VectorLength)? NULL : V->elements[i];
}

void FreeVector(Vector * V)
/* 释放向量存储空间 */
```

```
{
    free(V->elements);
}

int Find(Vector * V, ElementType x)
/* 查找值为 x 的结点。若找到,则返回结点序号;否则返回-1 */
{
    int i;
    for (i=0; i<V->VectorLength; i++)
        if (V->elements[i]==x)
            return i;
    return -1;
}
```

2.2.2 向量的插入和删除

下面对向量的插入和删除算法进行描述和分析。按照 2.2.1 节所规定的方法，n 个向量元素存储的位置分别是第 0 个位置、第 1 个位置……第 $n-1$ 个位置，而且第 0 个位置就是存储向量的数组空间的起始位置。

向量的插入操作要求在向量的第 $i(0 \leqslant i \leqslant n)$ 个位置上插入一个值为 x 的新结点。对插入位置 i 有一定的要求和限制。不允许 $i<0$，因为向量的存储方式决定了 $i<0$ 时所指示的位置已在数组空间之外，无法插入。也不允许 $i>n$，如果在大于 n 的位置插入结点，即使没有越出数组空间的范围，也会由于新插入的结点与原来最后一个结点 a_{n-1} 之间存在空隙，使新结点与原结点的关系不符合向量逻辑结构的要求，因此，这种插入也是不允许的。当 $0 \leqslant i \leqslant n$，同时 $n \leqslant \text{ArraySize}-1$ 时，插入才允许进行。因为每插入一个新结点，向量的长度将增 1，$n \leqslant \text{ArraySize}-1$ 表示在插入之前至少还有一个数组元素的空闲空间可供使用。在这种情况下插入时，除 $i=n$ 外，都涉及原结点的移动。例如，$i=0$ 时，在第 0 个位置插入新结点，为了把第 0 个位置的存储空间空出来，必须将 $a_{n-1}, a_{n-2}, \cdots,$ a_0 依次向后移动一个存储位置，这样，向量元素的个数增加了一个，而向量仍然保持了原来的逻辑结构。当 $i=j$ 时，在第 j 个位置插入新结点，必须将 $a_{n-1}, a_{n-2}, \cdots, a_j$ 依次向后移动一个存储位置。当 $i=n-1$ 时，在第 $n-1$ 个位置插入新结点，只需将 a_{n-1} 一个结点向后移动一个存储位置。当 $i=n$ 时，新结点直接插到 a_{n-1} 之后，不需要移动任何结点。当 $n=\text{ArraySize}$ 时，在任何位置上插入都是不允许的，因为已经没有空闲空间。

向量插入运算的算法可用 C 语言函数 Bool Insert(Vector * v, ElementType x, int i)实现。

算法 2.3 向量的插入。

```
Bool Insert (Vector * V, ElementType x, int i)
/* 在向量第 i 个位置插入值为 x 的新结点。若插入成功,则返回 TRUE;否则返回 FALSE */
{
    int j;
```

```
    if (V->VectorLength==V->ArraySize)
    {                                                   /* 向量的存储空间已满 */
        printf("overflow\n");
        return FALSE;
    }
    else if (i<0||i >V->VectorLength)
    {
        /* 插入位置错 */
        printf("position error\n");
        return FALSE;
    }
    else
    {
        for (j=V->VectorLength-1; j >=i; j--)
            V->elements[j+1]=V->elements[j];            /* 后移 */
        V->elements[i]=x;                               /* 插入 */
        V->VectorLength++;                              /* 向量长度增 1 */
        return TRUE;
    }
}
```

因为向量的长度就是问题的规模,所以这个算法的时间复杂度是向量长度的函数。执行次数与向量长度有关的语句是 for 循环中的结点后移语句。该语句的执行次数不仅与向量长度有关,还与插入的位置有关。设向量长度为 n,在第 i 个位置插入需要执行后移语句 $n-i$ 次。所有可能的插入位置有 $n+1$ 个,在这些位置上插入时,最多执行后移语句 n 次,最少执行 0 次。由于插入可能在任何位置进行,因此,需要分析算法的平均性能。假设在向量任何合法位置上插入新结点的机会是均等的,则在每个可能的位置上插入的概率都为 $1/(n+1)$。因此,在等概率插入的情况下,后移语句的平均执行次数为

$$\sum_{i=0}^{n} \frac{n-i}{n+1} = \frac{n}{2}$$

这说明在向量上进行插入操作,平均要移动一半的结点。就数量级而言,该算法的平均时间复杂度为 $O(n)$。

向量的删除操作是将向量的第 $i(0 \leqslant i \leqslant n-1)$ 个结点删去。显然,对删除结点的位置 i 也有一定的要求。

与插入运算类似,在删除结点之后,也要移动结点,才能保持向量元素之间的线性逻辑关系。只不过插入时结点要后移,而删除时结点要前移。向量删除运算的算法可用 C 语言的函数过程描述如下。

算法 2.4 向量的删除。

```
Bool Remove (Vector * V, int i)
/* 删除第 i 个结点。若删除成功,则返回 TRUE;否则返回 FALSE */
{
    int j;

    if (V->VectorLength==0)
```

```
                                                        /* 空向量 */
    {
        printf("Vector is empty\n");
        return FALSE;
    }
    else if (i<0||i >V->VectorLength-1)
    {                                                   /* 删除位置错 */
        printf("position error\n");
        return FALSE;
    }
    else
        for (j=i; j<V->VectorLength-1; j++)
          V->elements[j]=V->elements[j+1];              /* 前移 */

    V->VectorLength--;                                  /* 向量长度减 1 */
    return TRUE;
}
```

对于有 n 个结点的向量，存在 n 种可能的删除操作，如果每个结点被删除的概率相等，则前移语句的平均执行次数为

$$\sum_{i=0}^{n-1} \frac{n-1-i}{n} = \frac{n-1}{2}$$

这说明在向量上进行删除操作与插入操作一样，平均也要移动约一半的结点，其算法的平均时间复杂度也是 $O(n)$。

2.2.3　向量的应用

1. 求集合的并运算和交运算

集合可以用向量来表示，利用前面定义的有关向量的运算可实现集合的运算。并运算是将两个向量（假设每个向量中的元素互异）合并成一个向量，两个向量中相同的元素只留下一个。并运算的算法实现如下。

算法 2.5　集合并运算。

```
Vector * Union(Vector * Va, Vector * Vb)
/* 把向量 Va、Vb 合并到 Vc 中,重复元素只留一个 */
{
    int m, n, i, k,j;
    ElementType x;
    Vector * Vc=(Vector *) malloc(sizeof(Vector));

    n=Va->VectorLength;
    m=Vb->VectorLength;
    InitVector(Vc, m+n);

    j=0;
    for (i=0; i<n; i++)
    {
```

```
    x=GetNode(Va, i);                /* 从 Va 中取一结点 */
    Insert(Vc, x, j);
    j++;
    }

for (i=0; i<m; i++)
{
    x=GetNode(Vb, i);                /* 从 Vb 中取一结点 */
    k=Find(Va, x);                   /* 在 Va 中查找等值结点 */

    if (k==-1)                       /* 若找不到同值结点则插到 Vc 的最后面 */
    {
        Insert(Vc, x, j);
        j++;
    }
    }
    return Vc;
}
```

交运算是用两个向量之间的相同元素组成一个向量。交运算的算法实现如下。

算法 2.6 集合交运算。

```
Vector * Intersection (Vector * Va, Vector * Vb)
/* 求 Va 和 Vb 中的相同元素,并存入 Vc */
{
    int m, n, i, k,j;
    ElementType x;
    Vector * Vc=(Vector *) malloc(sizeof(Vector));

    n=Va->VectorLength;
    m=Vb->VectorLength;
    InitVector(Vc, (m>n)? n:m);

    i=0;
    j=0;
    while (i<m)
    {
        x=GetNode(Vb, i);                /* 从 Vb 中取一结点 */
        k=Find(Va, x);                   /* 在 Va 中查找等值结点 */
        if (k !=-1)                      /* 若找到等值结点 */
            {Insert(Vc, x, j);j++;}
        i++;
    }
    return Vc;
}
```

并运算中与问题规模有关的操作是查找和插入。查找需要做比较操作,插入需要做移动操作。这里不妨假设 Va 的长度大于 Vb 的长度。对 Vb 中的任一结点,要在 Va 中查找是否有等值结点,最好的情况是 Va 的前 m 个结点分别与 Vb 中的一个结点等值,这时所需的比较次数最少。这个最少的比较次数为

$$C_{\min} = \sum_{i=0}^{m-1} (i+1) = \frac{m(m+1)}{2}$$

最坏的情况是 Va 中的任何结点都不与 Vb 的结点等值，这时所需的比较次数最多。因为 Vb 中的每一个结点在比较之后都会插入 Vc 的最后，这时最多的比较次数为

$$C_{\max} = \sum_{i=0}^{m-1} n = m \times n$$

因为每次都是在 Vc 的最后插入，最少和最多的移动次数分别为

$$M_{\min} = n \qquad M_{\max} = m + n$$

归纳上面的分析结果，可分别对比较和移动两个操作，按最差的情况来给出算法的时间复杂度。

对于比较操作而言，时间复杂度为 $O(n \times m)$。

对于移动操作而言，时间复杂度为 $O(m+n)$。

用类似的方法对交运算算法进行分析可得出如下结果。

对于比较操作而言：

$$C_{\min} = \sum_{i=0}^{m-1} (i+1) = \frac{m(m+1)}{2}$$

$$C_{\max} = m \times n$$

最差情况下的时间复杂度为 $O(n \times m)$。

对于移动操作而言：

$$M_{\min} = 0 \qquad M_{\max} = m$$

最差情况下的时间复杂度为 $O(m)$。

2. 约瑟夫（Josephus）问题

设 n 个人围成一个圆圈，按一指定方向，从第 s 个人开始报数，报数到 m 为止，报数为 m 的人出列，然后从下一个人开始重新报数，报数为 m 的人又出列……直到所有的人全部出列为止。Josephus 问题要对任意给定的 n、s 和 m，求按出列次序得到的人员顺序表。

依初始位置，顺序地给这 n 个人每人一个编号（可以是数字的，也可以是符号的）。Josephus 问题就是要按报数出列的方法将人员编号重新排列。把这个实际问题加以数字抽象，可看成是 n 个整数或 n 个符号的重新排序，显然可以用向量来表示该问题的数据结构。

在程序中不妨用整数来为这 n 个人编号：$1, 2, \cdots, n$，并将这 n 个数存入一个向量 P 中，某个人出列即把对应的向量元素从向量中删除。每删去一个向量元素后，就将后面的所有元素前移，同时将这个删去的元素插到向量最后的位置上；然后对前 $n-1$ 个向量元素重复上述过程。当向量 P 中所有的元素都删去一次后，向量 P 中存放的就是报数出列的人员顺序。

算法 2.7 约瑟夫问题。

```
void Josephus (Vector * P, int n, int s, int m)
```

```
{
    /* 将人员编号存入向量 P */
    int k=1, i, s1=s, j, w;
    for (i=0; i<n; i++)
    {
        Insert(P,k,i);
        k++;
    }
    for (j=n; j>=1; j--)
    {
        s1=(s1+m-1)%j;
        if (s1==0) s1=j;
        w=GetNode(P, s1-1);
        Remove(P, s1-1);
        Insert(P, w, n-1);
    }
}
```

该算法的时间耗费主要是删去向量元素后,剩下元素前移所用的时间,每次最多移动 $n-1$ 个元素,总计最多移动次数为 $n(n-1)$,时间复杂度为 $O(n^2)$。

2.3 栈

栈是一种特殊的线性表。在逻辑结构和存储结构上,栈与一般的线性表没有区别,但对允许的操作却加以限制,栈的插入和删除操作只允许在表尾一端进行,因此,栈是操作受限的线性表。

栈可以顺序存储,也可以链接存储,顺序存储的栈称为顺序栈,链接存储的栈称为链式栈。在本章只讨论顺序栈,链式栈在第 3 章中介绍。

2.3.1 栈的抽象数据类型及其实现

栈的逻辑结构是线性表,在这里采取顺序的存储结构,可以用一个数组实现栈的存储。

栈中数据元素的类型都相同,称为栈元素。往栈里插入一个元素称为进栈(push),从栈里删除一个栈元素称为出栈(pop)。由于插入和删除操作只能在表的尾端进行,所以每次删除的都是最后进栈的元素,故栈也称为后进先出(LIFO)表。表的头端称为栈底,表的尾端称为栈顶,栈底固定不动,栈顶随着插入和删除操作而不断变化。不含栈元素的栈称为空栈。

为了处理的方便,设置了一个栈顶指针(top),它总是指向最后一个进栈的栈元素,如图 2.2 所示。

存放栈元素的数组称为栈空间,这片空间可以静态分配,也可以动态生成。沿栈增长方向的未用栈空间称为自由空间,自由空间的大小随进栈出栈

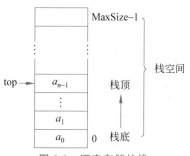

图 2.2 顺序存储的栈

操作而不断变化。栈顶指针 top 实际上就是数组的下标，它的正常取值范围应该是 $0\sim$ MaxSize-1。当 top$=-1$ 时，表示栈为空，不能再进行删除操作；当 top$=$MaxSize-1 时，表示栈已满，再进行插入操作就会"溢出"。用 C 语言实现的栈的抽象数据类型如下（说明部分在文件 stack.h 中，实现部分在 stack.c 中）。

```
/* 文件 stack.h */
   #include <stdio.h>
   #include <stdlib.h>

   enum boolean{FALSE, TRUE};
   typedef enum boolean Bool;

   struct stack
   {
       int top;                              /* 栈顶指针 */
       ElementType * elements;               /* 存放栈元素的数组 */
       int MaxSize;                          /* 栈空间的最大尺寸 */
   };
   typedef struct stack Stack;

   void InitStack(Stack * , int sz);         /* 创建栈空间,生成一个空栈 */
   void FreeStack(Stack * );                 /* 释放栈空间 */
   int Push(Stack * , ElementType);          /* 压栈 */
   ElementType Pop(Stack * );                /* 弹栈 */
   ElementType GetTop(Stack * );             /* 取栈顶的表目 */
   void MakeEmpty(Stack * );                 /* 栈置空 */
   Bool IsEmpty(Stack * S);                  /* 判栈是否为空 */
   Bool IsFull(Stack * S);                   /* 判栈是否为满 */

   void EvaluatePostfix(void);               /* 后缀表达式求值 */
```

算法 2.8 堆栈运算。

```
/* 文件 stack.c */
#include "stack.h"

void FreeStack(Stack * S)                    /* 释放栈空间 */
{
    free(S->elements);
}
void MakeEmpty (Stack * S)                   /* 置栈为空栈 */
{
    S->top=-1;
}

Bool IsEmpty (Stack * S)                     /* 判栈是否为空 */
{
    return (Bool)(S->top==-1);
}

Bool IsFull (Stack * S)                      /* 判栈是否已满 */
```

```
{
    return (Bool)(S->top==S->MaxSize-1);
}

void InitStack(Stack * S, int sz)
{
    S->MaxSize=sz;
    S->elements=(ElementType *) malloc (sizeof(ElementType) * S->MaxSize);
    S->top=-1;
}

int Push (Stack * S, ElementType item)
{
    if (!IsFull(S))
    {
        S->elements[++(S->top)]=item;
        return 0;
    }
    else return-1;
}

ElementType Pop (Stack * S)
{
    if (!IsEmpty(S))
        return S->elements[(S->top)--];
    else
    {
        printf("stack is empty!\n");
        exit(1);
    }
}

ElementType GetTop (Stack * S)
{
    if (!IsEmpty(S))
         return S->elements[S->top];
    else
    {
        printf("stack is empty!\n");
        exit(1);
     }
}
```

2.3.2 栈的应用

1. 表达式的求值

在源程序的编译过程中,编译程序要对源程序的表达式进行处理。源程序中的表达式,一种含有变量,编译程序经过分析,把表达式的求值步骤翻译成机器指令序列,在目标程序运行时执行这个机器指令序列，即可求出表达式的值；另一种不含变量，即常量表达式，编译程序经过分析，在编译过程中就可立即算出表达式的值。表达式的分析和计算是编译程序最基本的功能之一，也是栈的应用的一个典型例子。

为了使问题简化，在这里只考虑常量表达式的情况，假设：表达式中的操作数只允许为个位的整常数（若为多位数，可用“.”分隔两操作数）；除整常数之外，只含有二元运算符＋、－、＊、/和括号（、）；求值顺序遵守四则运算法则；表达式没有语法错误。

在源程序中书写表达式时，二元运算符在两个操作数之间，这种表示方式称为中缀式。中缀表达式的求值需要两个工作栈：一个是运算符栈；另一个是操作数栈。编译程序扫描表达式（表达式在源程序中是以字符串的形式表示的），析取一个“单词”——操作数或运算符，是操作数则进操作数栈，是运算符则进运算符栈，但运算符在进栈时要按运算法则进行如下处理。

（1）当运算符栈为空时，析取的运算符无条件进栈。

（2）当栈顶为＊或/时，若析取的运算符为（，则进栈；否则，先执行出栈操作，并执行（6）的操作，然后该运算符再进栈。

（3）当栈顶为＋或－时，若析取的运算符为（、＊或/，则进栈；否则，先执行出栈操作，并执行（6）的操作，然后该运算符再进栈。

（4）当栈顶为（时，析取的运算符除）之外，都可进栈。

（5）若析取的运算符为），则先要连续执行出栈操作，直到出栈的运算符为（时为止，实际上，）并不进栈。

（6）除了（之外，每当一个运算符出栈时，要将操作数栈的栈顶和次栈顶出栈，进行该运算符所规定的运算，并把运算结果立即又进栈。（出栈时，操作数栈不进行任何操作。）

（7）当表达式扫描结束后，若运算符栈还有运算符，则将运算符一一出栈，并执行（6）的操作。当运算符栈为空时，操作数栈的栈顶内容就是整个表达式的值。例如中缀表达式 $2*(3+4)-8/2$ 的求值过程如图 2.3 所示。

在实际的表达式求值中，往往采用另一种处理方法，即先把中缀式转换成后缀式，然后再对后缀式进行求值处理。

把操作数所执行运算的运算符放在操作数之后的表示方式称为后缀式。例如中缀表达式 $2*(3+4)-8/2$ 的后缀式为 $234+*82/-$。

一个表达式的中缀式和对应的后缀式是等价的，即表达式的计算顺序和结果完全相同。但在后缀式中没有了括号，运算符紧跟在两个操作数后面，所有的计算按运算符出现的顺序，严格从左向右进行，而不必考虑运算符的优先规则。后缀式的求值只需一个操作数栈。

编译程序在扫描后缀表达式时，若析取一个操作数，则立即进栈；若析取一个运算符，则将操作数栈的栈顶和次栈顶连续出栈，使出栈的两个操作数执行运算符规定的运算，并将运算结果进栈。后缀表达式扫描结束时，操作数栈的栈顶内容即为表达式的值。例如后缀表达式 $234+*82/-$ 的求值过程如图 2.4 所示。

后缀表达式的求值只需一个栈，而且不必考虑运算符的优先规则，显然比中缀表达式的求值要简单得多，但这种简单性的优势是以中缀式到后缀式的转换为代价的。为了把

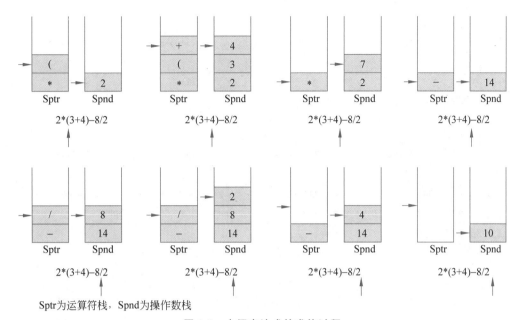

Sptr为运算符栈，Spnd为操作数栈

图 2.3　中缀表达式的求值过程

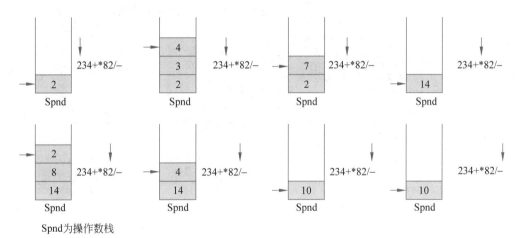

Spnd为操作数栈

图 2.4　后缀表达式的求值

中缀式转换成等价的后缀式,需要扫描中缀式,并使用一个运算符栈来存放暂时还不能确定计算次序的运算符。在扫描中缀式的过程中,逐步生成后缀式。扫描到操作数时直接进入后缀式;扫描到运算符时先进栈,并按运算规则决定运算符进入后缀式的次序。操作数在后缀表达式中出现的次序与中缀表达式是相同的,运算符出现的次序就是实际应计算的顺序,运算规则隐含地体现在这个顺序中。例如中缀表达式 $2*(3+4)-8/2$ 转换成等价的后缀表达式 $234+*82/-$ 的过程如图 2.5 所示。

下面给出利用栈实现后缀表达式求值的算法。

算法 2.9　后缀表达式求值。

```
#include "stack.h"
```

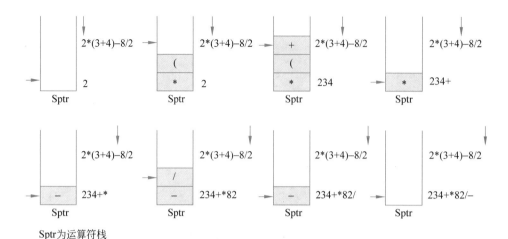

Sptr为运算符栈

图 2.5 中缀表达式转换成后缀表达式的过程

```
void EvaluatePostfix (void)
/* 后缀表达式求值: 运算符只有+、-、*、/,假设操作数都是个位数,后缀表达式无语法错误 */
{
    Stack * Spnd=(Stack *) malloc (sizeof(Stack));
    char buf[80];                /* 存储表达式的输入缓冲区,限定表达式最长 79 个字符 */
    int i=0,k;

    InitStack(Spnd, 80);
    printf("Input Postfix\n");
    scanf("%s", buf);            /* 输入后缀表达式 */

    while (buf[i] !='\0')        /* 表达式字符串以'\0'为结束符 */
    {
        switch (buf[i])
        {
            case '+':  k=Pop (Spnd)+Pop (Spnd);
                       Push (Spnd, k);
                       break;
            case '-':  k=Pop (Spnd);
                       k=Pop (Spnd)-k;
                       Push (Spnd, k);
                       break;
            case '*':  k=Pop (Spnd) * Pop (Spnd);
                       Push (Spnd, k);
                       break;
            case '/':  k=Pop (Spnd);
                       k=Pop (Spnd)/k;
                       Push (Spnd, k);
                       break;
            default:   /* 操作数进栈时,字符转换成数值 */
                       Push (Spnd, (int) (buf[i]-48));
        }
```

```
        i++;
    }
    printf("The value is %d\n", Pop(Spnd));
}
```

2. 栈与递归

递归是数学和计算机科学中强有力的问题求解工具。递归可使问题的描述和求解步骤变得简洁和清晰,递归算法比非递归算法易于设计、易于理解,尤其是当问题本身或所涉及的数据结构是递归定义时,采用递归算法特别合适。

若一个函数、过程或者数据结构定义的内部又直接或间接地包含有定义本身的应用,则称它们是递归的。

数学上常用的阶乘函数、幂函数、斐波那契函数等,它们的定义和计算都是递归的,对于这些递归的函数,可以用递归过程来求解。某些数据结构,如链表、树、广义表等的定义也是递归的,在这些结构上施行的操作和采用的算法也可用递归过程实现。

递归算法的采用有两个条件:一是规模较大的原问题能分解成为一个或多个规模较小的问题,但具有类似于原问题特性的子问题,即较大的问题可用较小的子问题来描述,解原问题的方法同样可用来解这些子问题,如有必要,这种分解可以继续下去;二是存在一个或多个无须分解、可直接求解的最小子问题。前者称为递归步骤,后者称为终止条件。在递归步骤中分解问题时,应使子问题相对原问题而言更接近于递归终止条件,以保证经过有限次递归步骤后,子问题的规模减至最小,达到递归终止条件而结束递归。

最简单也是最典型的两个递归问题,就是求前 n 个正整数的和以及求前 n 个正整数的积。

$$S(n) = 1 + 2 + \cdots + (n-1) + n \quad n! = n \cdot (n-1) \cdot \cdots \cdot 2 \cdot 1$$

这两个问题可以用递归方法定义如下:

$$S(n) = \begin{cases} 1, & n = 1(递归出口) \\ n + S(n-1), & n > 1(递归定义) \end{cases}$$

$$n! = \begin{cases} 1, & n = 0(递归出口) \\ n \cdot (n-1)!, & n > 0(递归定义) \end{cases}$$

由定义很容易写出递归算法。

算法 2.10 求和与阶乘的递归算法。

```
int Sum (int n)
{
    if (n==1) return 1;
    else return n+Sum (n-1);
}

int Factorial (int n)
{
    if (n==0) return 1;
    else return n * Factorial (n-1);
}
```

汉诺塔问题是比较复杂的递归问题。传说婆罗门庙里有一个塔台,台上有 3 根用钻石做成的柱子 A、B、C。在 A 柱上放着 64 个盘子,每一个都比下面的略小一点儿。把 A 柱上的盘子全部移到 C 柱上的那一天就是世界的末日。但移动必须遵守规则:一次只能移动一个盘子;移动过程中大盘不能放在小盘上面。这种移动一共要进行 $2^{64}-1$ 次,如果每秒移动一次,需要 5000 多亿年。但是汉诺塔问题的递归解决方法却是明了清晰的。图 2.6 说明了求解汉诺塔问题的递归算法。

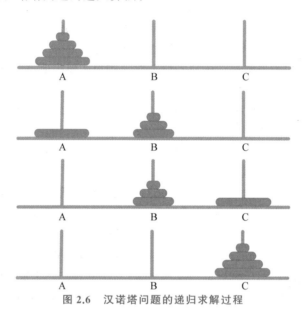

图 2.6　汉诺塔问题的递归求解过程

先将 $n-1$ 个盘子从 A 柱移到 B 柱,然后把最大的盘子移到 C 柱,再把 $n-1$ 个盘子从 B 柱移到 C 柱。这样就使问题分解成 3 个子问题:第一个子问题是把 $n-1$ 个盘子从 A 柱移到 B 柱,这其实是一个 $n-1$ 阶的汉诺塔问题;第二个子问题是把最大的盘子从 A 柱移到 C 柱,这是一个能直接求解的最小子问题,为递归终止条件;第三个子问题是把 $n-1$ 个盘子从 B 柱移到 C 柱,这也是一个 $n-1$ 阶的汉诺塔问题。把第一和第三个子问题进一步分解,就可形成 4 个 $n-2$ 阶的汉诺塔问题和 2 个能直接求解的子问题。如此重复下去,最后,n 阶汉诺塔问题将被分解成若干只需移动一个盘子的能直接求解的子问题,这样整个问题也就得到了解决。汉诺塔问题的递归求解过程如图 2.6 所示。汉诺塔问题的递归算法如下。

算法 2.11　汉诺塔问题的递归求解实现。

```
void Hanoi (int n, char a, char b, char c)
{
    if (n==1)                               /* 只有一个盘子,直接移动 */
        printf("move %c to %c\n", a, c);
    else
    {
        Hanoi (n-1, a, c, b);               /* 将 n-1 个盘子从 a 柱移到 b 柱 */
        printf("move %c to %c\n", a, c);    /* 最后一个盘子从 a 柱移到 c 柱 */
        Hanoi (n-1, b, a, c);               /* 将 n-1 个盘子从 b 柱移到 c 柱 */
```

```
    }
}

void main (void)
{
    int n;                          /*盘子个数*/
    char A='1', B='2', C='3';       /*柱名*/

    printf("Enter the number of disks:");
    scanf("%d", &n);
    printf("The solution for n=%d\n", n);
    Hanoi (n, A, B, C);
}
```

上述程序的一个运行实例如下：

```
Enter the number of disks:3
The solution for n=3
move 1 to 3
move 1 to 2
move 3 to 2
move 1 to 3
move 2 to 1
move 2 to 3
move 1 to 3
```

递归定义和递归算法可以把对复杂问题的描述简单化，但递归过程在计算机中实现时必须依赖于堆栈。

递归过程在其过程内部又调用了自己，调用结束后要返回到递归过程内部本次调用语句的后继语句处。为了保证递归过程每次调用和返回的正确执行，必须解决调用时的参数传递和返回地址保存问题。在高级语言的处理程序中，是利用一个"递归工作栈"来解决这个问题的。

每一次递归调用所需保存的信息构成一个工作记录，它基本上包括 3 个内容：返回地址，即本次调用结束后应返回去执行的语句地址；本次调用时使用的实参；本层的局部变量。每进入一层递归时，系统就要建立一个新的包括上述 3 种信息的工作记录，并存入递归工作栈的栈顶。每退出一层递归，就从递归工作栈栈顶退出一个工作记录，由于栈的"后进先出"操作特性，这个退出的工作记录恰好是进入该层递归调用所存入的工作记录。递归调用正在执行的那一层的工作记录处于栈顶，称为活动记录。

以计算 $n!$ 的递归算法为例来说明栈在递归实现中的作用，$n!$ 的递归过程及其调用如下。

算法 2.12 阶乘的递归调用。

```
void main (void)
{
    int n;
    n=Factorial(3);                 /*调用 Factorial(3)时,活动记录进栈*/
    └─────── RetLoc1               /*调用返回 RetLoc1 处*/

}
```

```
int Factorial (int n)
{
    int temp;
    if (n==0) temp=1;
    else temp=n * Factorial (n-1);        /* 递归调用,活动记录进栈 */
                    └── RetLoc2              /* 调用返回到 RetLoc2 处 */
    return temp;                            /* 返回,活动记录退栈 */
}
```

递归调用过程中,活动记录的进栈情况如图 2.7 所示。

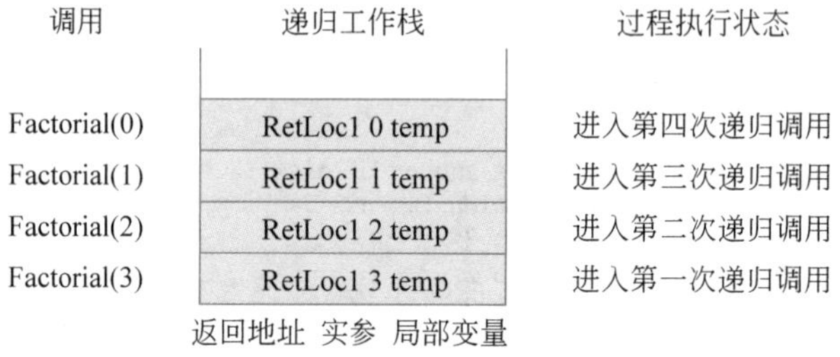

调用	递归工作栈	过程执行状态
Factorial(0)	RetLoc1 0 temp	进入第四次递归调用
Factorial(1)	RetLoc1 1 temp	进入第三次递归调用
Factorial(2)	RetLoc1 2 temp	进入第二次递归调用
Factorial(3)	RetLoc1 3 temp	进入第一次递归调用

返回地址 实参 局部变量

图 2.7　活动记录的进栈情况

递归调用返回时,活动记录的退栈情况如图 2.8 所示。

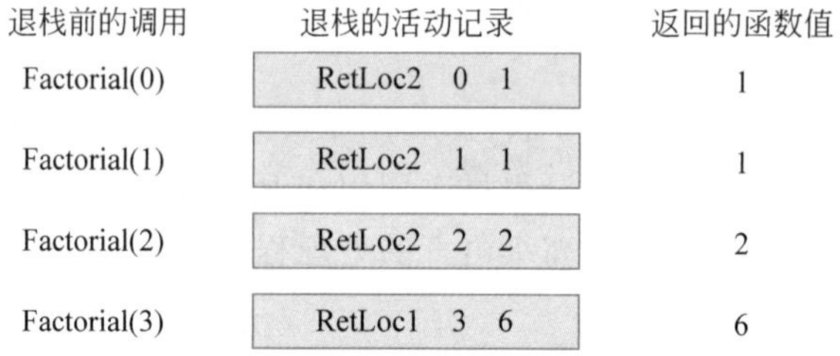

退栈前的调用	退栈的活动记录	返回的函数值
Factorial(0)	RetLoc2　0　1	1
Factorial(1)	RetLoc2　1　1	1
Factorial(2)	RetLoc2　2　2	2
Factorial(3)	RetLoc1　3　6	6

图 2.8　活动记录的退栈情况

因为递归引起的重复调用要多次组织活动记录并占用栈空间,将导致较高的时间复杂度和空间复杂度,所以递归的执行并不高效。

2.4　递归效率分析

递归不是面向对象的概念,但它却具有面向对象程序设计的优点,允许程序员管理算法中的一些关键逻辑部件而隐藏其复杂的实现细节。使用递归前,必须权衡设计和运行时的复杂度,当强调算法设计且在运行时有合理的空间复杂度和时间复杂度时,使用递归是正确的。

2.4.1　递归方程求解

定理　设 a、b、c 为非负常数(且 $c>1$),n 是 c 的整幂,则递归方程

$$T(n) = \begin{cases} b, & n = 1 \\ aT\left(\dfrac{n}{c}\right) + bn, & n > 1 \end{cases}$$

的解是

$$T(n) = \begin{cases} O(n), & a < c \\ O(n\log_2 n), & a = c \\ O(n^{\log_c a}), & a > c \end{cases}$$

证明：因

$$T\left(\frac{n}{c^{k-1}}\right) = aT\left(\frac{n}{c^k}\right) + b\,\frac{n}{c^{k-1}} \quad k = 1, 2, \cdots, N = \log_c n$$

故

$$T(n) = aT\left(\frac{n}{c}\right) + bn = a^2 T\left(\frac{n}{c^2}\right) + a\,\frac{bn}{c} + bn$$

$$= \cdots = a^N T(1) + bn \sum_{k=0}^{N-1} \left(\frac{a}{c}\right)^k = a^N b + bn \sum_{k=0}^{N-1} \left(\frac{a}{c}\right)^k$$

$$= bn^{\log_c a} + bn \sum_{k=0}^{N-1} \left(\frac{a}{c}\right)^k$$

（1）如果 $a < c$ 且 $c > 1$，因 $\log_c a < 1, 0 < \sum_{k=0}^{N-1}\left(\dfrac{a}{c}\right)^k < \sum_{k=0}^{\infty}\left(\dfrac{a}{c}\right)^k = \dfrac{1}{1-a/c}$，故 $T(n) = O(n)$。

（2）如果 $a = c$，则 $T(n) = O(n\log_c n) = O(n\log_2 n)$。

（3）如果 $a > c$，令 $r = \dfrac{a}{c}$，则

$$T(n) = bn^{\log_c a} + bn \sum_{k=0}^{N-1} r^k = bn^{\log_c a} + bn\,\frac{1-r^N}{1-r} = O(n^{\log_c a})$$

2.4.2　生成函数求解递归方程

定义 2.1　设 $a_0, a_1, a_2 \cdots$ 是一个实数序列，构造函数

$$G(z) = \sum_{k=0}^{\infty} a_k z^k$$

则函数 $G(z)$ 称为序列 $a_0, a_1, a_2 \cdots$ 的生成函数。

考虑斐波那契问题：假设小兔子每隔一个月长大成大兔子，大兔子每隔一个月生一只小兔子。第一个月有一只小兔子，求 n 月后有多少只兔子？

令 $X(n)$、$D(n)$ 分别表示第 n 个月小兔子、大兔子的数目，$T(n)$ 表示第 n 个月兔子的总数目，则成立如下关系

$$D(n) = T(n-1)$$
$$X(n) = D(n-1)$$
$$T(n) = D(n) + X(n)$$

简化上述关系后可得递归关系式

$$\begin{cases} T(n) = T(n-1) + T(n-2) \\ T(1) = T(2) = 1 \end{cases}$$

用 $T(n)$ 作为系数，构造如下的生成函数

$$F(x) = T(1)x + T(2)x^2 + T(3)x^3 + \cdots + \cdots$$

$$= \sum_{k=1}^{\infty} T(k)x^k$$

由 $F(x) - xF(x) - x^2 F(x) = x$ 得

$$F(x) = \frac{x}{1 - x - x^2} = \frac{\alpha_1}{x + \beta_1} + \frac{\alpha_2}{x + \beta_2}$$

其中

$$\alpha_1 = \frac{1}{2\sqrt{5}}(1 - \sqrt{5}) \quad \alpha_2 = \frac{-1}{2\sqrt{5}}(1 + \sqrt{5})$$

$$\beta_1 = \frac{1}{2}(1 - \sqrt{5}) \quad \beta_2 = \frac{1}{2}(1 + \sqrt{5})$$

将 $F(x)$ 展开后得

$$F(x) = \frac{1}{\sqrt{5}}[(\beta_2 - \beta_1)x + (\beta_2^2 - \beta_1^2)x^2 + \cdots]$$

故

$$T(n) = \frac{1}{\sqrt{5}}(\beta_2^n - \beta_1^n)$$

2.4.3　特征方程求解递归方程

k 阶常系数线性齐次递归方程可定义为

$$\begin{cases} f(n) = a_1 f(n-1) + a_2 f(n-2) + \cdots + a_k f(n-k) \\ f(i) = b_i \quad 0 \leqslant i < k \end{cases}$$

用 x^n 代替 $f(n)$，得上述递归方程的特征方程

$$x^n = a_1 x^{n-1} + a_2 x^{n-2} + \cdots + a_k x^{n-k}$$

化简后得

$$x^k - a_1 x^{k-1} - a_2 x^{k-2} - \cdots - a_k = 0$$

先求出特征方程的根，得到递归方程的通解，再利用递归方程的初始条件，确定通解中的待定系数，从而得到递归方程的解。当特征方程的 k 个根互不相同时，令 $q_1, q_2, \cdots, q_k$ 是特征方程的 k 个不同的根，则根据线性迭加原理得递归方程的通解为

$$f(n) = c_1 q_1^n + c_2 q_2^n + \cdots + c_k q_k^n$$

当特征方程的 k 个根有 r 个重根 $q_i, q_{i+1}, \cdots, q_{i+r-1}$ 时，则通解为

$$f(n) = c_1 q_1^n + c_2 q_2^n + \cdots + c_{i-1} q_{i-1}^n + (c_i + c_{i+1}n + \cdots c_{i+r-1}n^{r-1})q_i^n + \cdots + c_k q_k^n$$

以前面的斐波那契问题为例说明用特征方程求递归方程解的过程。对于递归方程

$$\begin{cases} T(n) = T(n-1) + T(n-2) \\ T(1) = T(2) = 1 \end{cases}$$

的特征方程为

$$x^2 - x - 1 = 0$$

特征方程的两个根分别为

$$q_1 = \frac{1 + \sqrt{5}}{2}, \quad q_2 = \frac{1 - \sqrt{5}}{2}$$

故

$$T(n) = c_1 q_1^n + c_2 q_2^n$$

其中 c_1, c_2 为待定常数。由 $T(1) = T(2) = 1$ 得

$$\begin{cases} c_1 q_1 + c_2 q_2 = 1 \\ c_1 q_1^2 + c_2 q_2^2 = 1 \end{cases}$$

解得

$$c_1 = \frac{1}{\sqrt{5}}, \quad c_2 = -\frac{1}{\sqrt{5}}$$

故

$$T(n) = \frac{1}{\sqrt{5}}(q_1^n - q_2^n)$$

上式与用生成函数得到的结果是一致的。

2.4.4 递归树方法

为了使迭代法的步骤直观明了,我们引入递归树。利用递归树,可以很快地得到递归方程解的渐近阶。它对描述递归方程的效率特别有效。我们以递归方程为例加以说明。

$$T(n) = 2T\left(\frac{1}{2}n\right) + n^2 \tag{2.1}$$

图 2.9 表示了递归方程(2.1)在迭代过程中的演变。为了方便,假设 n 恰好是 2 的幂。在这里,递归树是一棵二叉树,因为式(2.1)右端的递归项 $2T(n/2)$ 可看成 $T(n/2) + T(n/2)$。图 2.9(a)表示 $T(n)$ 集中在递归树的根处,图 2.9(b)表示 $T(n)$ 已按式(2.1)展开。也就是将组成它的自由项 n^2 留在原处,而将 2 个递归项 $T(n/2)$ 分别摊给它的 2 个子结点。图 2.9(c)表示迭代被执行一次。图 2.9(d)展示出迭代的最终结果。

图 2.9 中的每一棵递归树的所有结点的值之和都等于 $T(n)$。我们的目的是估计这个和 $T(n)$。可以看到有一个表格化的办法:先按横向求出每层结点的值之和,并记录在各相应层右端顶格处,然后从根到叶逐层地将顶格处的结果加起来便是要求的结果。照此,得到递归方程(2.1)解的渐近阶为 $O(n^2)$。

再考虑一个例子,已知递归方程

$$T(n) = T\left(\frac{1}{3}n\right) + T\left(\frac{2}{3}n\right) + n \tag{2.2}$$

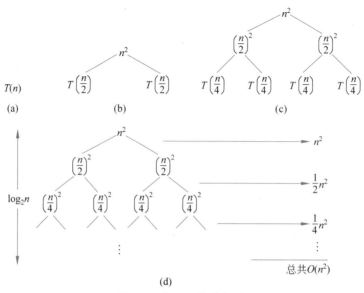

图 2.9　式（2.1）的递归树

的迭代过程相应的递归树如图 2.10 所示。其中，为简单明了，再一次略去地板函数和天花板函数。

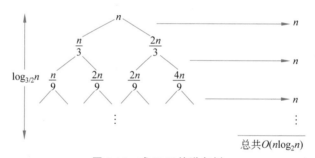

图 2.10　式（2.2）的递归树

当我们累计递归树各层的值时，得到每一层的和都等于 n，从根到叶的最长路径是 $n \to \frac{2}{3}n \to \left(\frac{2}{3}\right)^2 n \to \cdots \to 1$，设最长路径的长度为 k，则 $\left(\frac{2}{3}\right)^k n = 1$，由此得 $k = \log_{3/2} n$，于是

$$T(n) \leqslant \sum_{i=0}^{k} n = (k+1)n = n(\log_{3/2} n + 1)$$

即 $T(n) = O(n\log_2 n)$。

2.5　队列

　　与栈一样，队列也是一种操作受限的线性表。队列的插入操作只允许在表尾一端进行，而删除操作只允许在表头一端进行。队列根据存储方式的不同，可分为顺序队列和链式队列，这里只讨论顺序队列，链式队列在第 3 章介绍。

2.5.1 队列的抽象数据类型及其实现

队列的逻辑结构是线性表,与栈一样,也可用一个数组实现队列的顺序存储。

队列的数据元素又称为队列元素。往队列里插入一个队列元素称为入队,从队列中删除一个队列元素称为出队。因为队列只允许在一端插入,在另一端删除,所以只有最早进入队列的元素才能最先从队列中删除,故队列也称为先进先出(First In First Out,FIFO)表。

队列中允许插入的一端称为队尾,允许删除的一端称为队头。在插入和删除操作中,队尾和队头不断变化。不含队列元素的队列称为空队列。

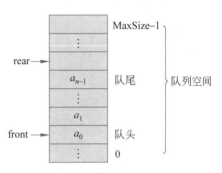

图 2.11 顺序存储的队列

建立顺序队列结构也必须为其静态分配或动态申请一片连续的存储空间,并设置两个指针进行管理。一个指针是队头指针 front,它指向队头元素;另一个指针是队尾指针 rear,它指向下一个入队元素的存储位置,如图 2.11 所示。

每次在队尾插入一个元素,rear 增 1;每次在队头删除一个元素,front 增 1。随着插入和删除操作的进行,队列元素的个数不断变化,队列所占的存储空间也在为队列结构所分配的连续空间中移动。当 front=rear 时,队列中没有任何元素,成为空队列。当 rear 增加到指向所分配的连续空间之外时,队列无法再插入新元素,但这时往往还有大量可用空间未被占用,这些空间是已经出队的队列元素曾经占用过的存储单元。队列的操作如图 2.12 所示。

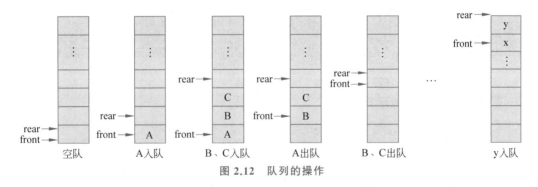

图 2.12 队列的操作

在实际使用队列时,为了使队列空间能重复使用,往往对队列的使用方法稍加改进:不论插入或删除,一旦指针 rear 增 1 或 front 指针增 1 越出了所分配的队列空间,就让它指向这片连续空间的起始位置。指针从 MaxSize−1 增 1 变到 0,可用取余运算 rear%MaxSize 和 front%MaxSize 实现。这实际上是把队列空间想象成一个环形空间,环形空间中的存储单元循环使用,用这种方法管理的队列也就称为循环队列。除一些简单应用之外,真正实用的队列是循环队列。

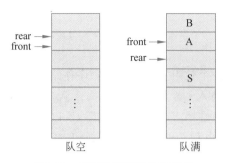

图 2.13 循环队列的队空和队满

在循环队列中，当队列为空时，有 front＝rear，而当所有的队列空间全占满时，也有 front＝rear，为了区别这两种情况，人们规定循环队列最多只能有 MaxSize－1 个队列元素，当循环队列中只剩下一个空存储单元时，队列就已经满了。因此，队列判空的条件是 front＝rear，而队列判满的条件是 front＝（rear＋1）％MaxSize。队空和队满的情况如图 2.13 所示。

通过上述分析，不难给出队列的抽象数据类型的 C 语言描述。

文件 queue.h 中的内容：

```
enum boolean {FALSE, TRUE};
typedef enum boolean Bool;

struct queue
{
    int rear, front;                    /* 队尾、队头指针 */
    ElementType * elements;             /* 存放队列元素的数组 */
    int MaxSize;                        /* 队列空间的最大尺寸 */
};
typedef struct queue Queue;

void InitQueue (Queue * , int);        /* 创建队列空间,生成一个空队列 */
void FreeQueue (Queue * );)            /* 队列空间释放 */
void MakeEmpty (Queue * );             /* 队列置空 */
Bool IsEmpty (Queue * );               /* 判队列是否为空 */
Bool IsFull (Queue * );                /* 判队列是否为满 */
int Length(Queue * );                  /* 求队列的元素个数 */
int EnQueue (Queue * , ElementType);   /* 若队列未满,则插入返回 0;否则返回-1 */
ElementType DeQueue (Queue * );        /* 若队列非空,则出队,返回队头的值;否则报错 */
ElementType GetFront (Queue * );       /* 若队列非空,则返回队头元素的值;否则报错 */
```

文件 queue.c 中的内容：

算法 2.13 队列的运算。

```
#include <stdio.h>
#include <stdlib.h>
#include "queue.h"

/* 创建队列空间 */
void InitQueue(Queue * Q, int sz)
{
    Q->MaxSize=sz;
    Q->elements=(ElementType * )malloc(sizeof(ElementType) * Q->MaxSize);
                                    /* 创建队列空间 */
    Q->front=Q->rear=0;            /* 生成一个空队列 */
}
```

```
/* 释放队列空间 */
void FreeQueue (Queue * Q)
{
    free(Q->elements);
}


/* 队列置空 */
void MakeEmpty (Queue * Q)
{
    Q->front=Q->rear=0;
}


/* 判队列是否为空 */
Bool IsEmpty (Queue * Q)
{
    return (Bool)(Q->front==Q->rear);
}


/* 判断队列是否已满 */
Bool IsFull (Queue * Q)
{
    return (Bool)(Q->front==(Q->rear+1)%(Q->MaxSize));
}


/* 求当前队列的元素个数 */
int Length(Queue * Q)
{
    return (Q->rear-Q->front+Q->MaxSize)%(Q->MaxSize);
}


/* 队列插入 */
int EnQueue (Queue * Q, ElementType item)
{                        /* 入队。若队列不满,则 item 插入队尾,返回 0;否则返回-1 */
    if (!IsFull(Q))
    {
        Q->elements[Q->rear]=item;              /* 入队 */
        Q->rear=(Q->rear+1)%(Q->MaxSize);       /* 队尾指针增 1 */
        return 0;
    }
    else return -1;
}


/* 队列元素的删除 */
ElementType DeQueue (Queue * Q)
{                /* 出队。若队列不空,则删除队头元素,返回该元素的值;否则报错返回 */
    ElementType item;
    if (! IsEmpty (Q))
    {
        item=Q->elements[Q->front];
        Q->front=(Q->front+1)%(Q->MaxSize);   /* 队头指针增 1 */
        return item;                          /* 队列非空,返回队头元素的值 */
```

```
    }
    else
    {
        printf("error!");
        exit(1);
    }
}

/* 读队列头部元素 */
ElementType GetFront (Queue * Q)
{                            /* 读队头。若队列非空,则返回队头元素的值;否则报错返回 */
    if (!IsEmpty(Q))
    {
        return Q->elements[Q->front];        /* 队列非空,返回队头元素的值 */
    }
    else
    {
        printf("error!");
        exit(1);
    }
}
```

前面讨论的队列操作特点是"先进先出",但许多应用需要另一种队列：每次入队的元素仍然顺序从队尾插入,但每次从队列中取出的都是具有最高优先级的元素,这种队列称为优先级队列。在优先级队列中,插入（PQInsert）操作和一般队列相同,只是简单地把一个新的数据元素加入队列中,而删除（PQRemove）操作则与一般队列不同,要删除的是队列中优先级最高的元素。显然,不能同时保证优先级队列的插入、删除运算的时间复杂度为 $O(1)$,有两种方式实现优先级队列的插入、删除运算,一种是正常的队列插入方式,时间复杂度为 $O(1)$,删除运算按优先级选取后删除,时间复杂度为 $O(n)$；另一种是正常的队列删除方式,时间复杂度为 $O(1)$,插入运算按优先级插入表目中,时间复杂度为 $O(n)$。下面的优先级队列中的插入、删除运算采用了前一种实现方式,读者可考虑另一种方式的实现细节。

优先级队列的结构及实现方法在文件 apqueue.h 中：

```
#define MaxPQSize 50

struct pQueue
{
    /* 优先队列元素个数 count 与队列元素存储数组 */
    int count;
    /* DataType 为用户定义的优先级类型 */
    DataType pqlist[MaxPQSize];
};

typedef struct pQueue PQueue;
void InitPQueue (PQueue * pq);                    /* 初始化优先级队列 */
void PQInsert(PQueue * pq, DataType item);        /* 在优先级队列中插入一个元素 */
```

```
DataType PQDelete(PQueue * pq);          /* 删除优先级中的队列元素 */
int PQEmpty(PQueue * pq);                 /* 判优先级队列是否为空 */
int PQFull(PQueue * pq);                  /* 判优先级队列是否为满 */
```

算法 2.14　优先级队列。

```
/* 初始化优先级队列 */
void InitPQueue(PQueue * pq)
{
    pq->count=0;
}

/* 在优先级队列中插入一个元素 */
void PQInsert (PQueue * pq, DataType item)
{
    /* 若优先级队列为满队列,则终止程序 */
    if (pq->count==MaxPQSize)
    {
        printf("Priority queue overflow!\n");
        exit(1);
    }
    /* 在队尾插入元素,count 增 1 */
    pq->pqlist[pq->count]=item;
    pq->count++;
}

/* 删除优先级中的队列元素,pqlist 中存放了优先级 */
DataType PQDelete(PQueue * pq)
{
    DataType min;
    int i, minindex=0;

    if (pq->count >0)
    {
        min=pq->pqlist[0];
        for (i=1; i<pq->count; i++)
        if (pq->pqlist[i]<min)
        {
            min=pq->pqlist[i];
            minindex=i;
        }
        pq->pqlist[minindex]=pq->pqlist[pq->count-1];
        pq->count--;
    }
    else
    {
        printf("Deleting from an empty priority queue!\n");
        exit(1);
    }
    return min;
}
```

```
/*判断优先级队列是否为空*/
int PQEmpty(PQueue * pq)
{
    return pq->count==0;
}

/*判断优先级队列是否为满*/
int PQFull(PQueue * pq)
{
    return pq->count==MaxPQSize;
}
```

* 2.5.2　队列的应用——模拟银行活动

队列在计算机中的应用十分广泛，例如操作系统中的作业管理、进程调度、I/O 请求处理等要用到队列，排序算法中的基数排序、图的宽度优先遍历、缓冲区的循环使用等都要用到队列，实时程序要处理一些随机到达的离散事件也要用到队列。

下面介绍的事件驱动模拟是队列应用的典型例子之一。

我们利用程序来模拟研究银行中客户到达（Arrival）和离开（Departure）的情况。假设在一个不少于两个（$n \geqslant 2$）出纳窗口的银行中，每个出纳窗口在某一时刻只能接待一位客户，在客户较多时需在每个窗口顺序排队。对于刚进入银行的客户，如果某个窗口正空闲，客户可立即上前办理业务；否则，他会根据队伍人数的多少和队伍前进的快慢来决定选择窗口。程序模拟的结果要得出每位客户的平均等待时间和每位出纳员的繁忙度，以此来衡量服务的效率。

我们把客户到达和离开银行这两个时刻发生的事情称为"事件"（Event），则整个模拟程序将按事件发生的先后顺序进行处理，这种模拟称为事件驱动模拟。

1. 模拟数据分析

模拟程序要处理的数据有两类：一类是客户数据；另一类是出纳员数据。有关客户的情况体现在事件中。事件描述应包的数据如下。

（1）time：事件发生的时间（客户到达/离开的时刻，以分钟为单位，从模拟开始运行起计算）。

（2）etype：事件类型（到达/离开）。

（3）customerID：客户编号。

（4）tellerID：客户选择服务的窗口编号。

（5）waittime：客户必须等待的时间。

（6）servicetime：客户需要的服务时间。

对于一个到达事件来说，必须有 time、etype 和 customerID 这 3 项数据，后 3 项数据在到达事件中不需要。对于离开事件来说，这 6 项数据都是必需的。

服务效率与每个窗口的出纳员有关，出纳员数据如下。

（1）finishService：窗口空闲时刻预告（即窗口当前的客户队伍什么时候可服务完毕）。

（2）totalCustomerCount：该出纳员服务过的客户总数。

（3）totalCustomerWait：该窗口客户总的等待时间。

（4）totalService：该出纳员总的服务时间。

出纳员数据可用一个结构来描述，多个出纳员的数据组成一个结构数组。

```
struct tellerStatus                    /* 出纳窗口信息 */
{
    int finishService;                 /* 空闲时刻预告 */
    int totalCustomerCount;            /* 服务过的客户总数 */
    int totalCustomerWait;             /* 客户总的等待时间 */
    int totalService;                  /* 总的服务时间 */
};
typedef struct tellerStatus TellerStatus;
```

窗口前排队的客户队伍的长短和前进的快慢体现在数据 finishService 中。以上 4 项数据都是根据客户的到达和离开不断变化的，有关事件及相应的实现方法在文件 event.h 中。

```
enum eventType {arrival, departure};
typedef enum eventType EventType;

struct event
{
    int time;
    EventType etype;
    int customerID;
    int tellerID;
    int waittime;
    int servicetime;
};
typedef struct event Event;

/* 事件初始化的函数 */
void InitEvent(Event * e, int t,EventType et,int cn,int tn, int wt,int st)
{
    e->time=t;
    e->etype=et;
    e->customerID=cn;
    e->tellerID=tn;
    e->waittime=wt;
    e->servicetime=st;
}
```

2. 模拟过程设计

首先介绍事件是如何驱动模拟的。模拟从银行上班时开始，设置一些系统初始条件之后，就给出第一个事件 firstEvent，将这个事件加入事件优先队列中，该事件是事件队列初态中的唯一队列元素。其数据成员是 0、Arrival、1、0、0、0。它表示客户 1 在 0 时刻到达。后面 3 个数据对于到达事件来说是不用的,这里暂且置为 0。对于每个客户到达事件,模拟程序将自动生成该客户的离开事件和下一个客户的到达事件。访问出纳员数据 finishService,就可知当前排在哪个窗口(tellerID)可以最先获得服务;用窗口空闲时刻预告 finishService 减去客户到达时刻 time,就可得到客户的等待时间 waittime;用随机数发生器可产生该客户需要服务的时间 servicetime;finishService 加上 servicetime 就是客户的离开时刻。如此就可生成该客户的离开事件。

在生成离开事件之前,还要对选中窗口的出纳员数据做相应的更新。窗口空闲时刻预告应如下修改:如果窗口空闲时刻预告 finishService 为 0,表示现在无客户,当前到达的事件立即可获得服务,应把该窗口空闲时刻预告置为该客户的到达时刻 time,这时,离开事件中的客户等待时间 waittime 为 0;否则,窗口空闲时刻预告应为 finishService 与客户需要的服务时间 servicetime 之和。该窗口接待客户的总数、客户总等待时间和总的服务时间都要相应增加。

用随机数发生器产生一个时间作为下一个客户的到达时间,则可生成下一个客户的到达事件。如果产生的时间超过了银行的下班时间,则不生成下一个客户到达事件。所有的客户到达事件和客户离开事件按事件生成的先后顺序进入队列。这个队列的队列元素是事件,称为事件队列。这个队列的入队操作与一般队列一样在队尾插入,但出队操作却不是从队头删除,而是从队列中选取事件发生时间最早,即 time 值最小的队列元素删除,这种队列是优先级队列,在这里 time 就是优先级。如果两个队列元素的优先级相同,则删除时按它们在队列中的先后顺序进行。

模拟程序从事件队列中用删除操作取一个客户事件。如果是到达事件,则生成一个该客户离开事件和一个下一客户到达事件(如果下一客户到达时间超过银行下班时间,则不生成下一客户到达事件),并将这两个事件入队。如果是离开事件,则根据离开事件的数据对该窗口空闲时刻预告做如下修改:如果该窗口再没有其他等待服务的客户,则 finishService 置为 0,一旦事件队列为空,则模拟结束。尽管客户到达时间不能超过银行的下班时间,但客户的离开时间可能在银行下班时间之后,所以模拟结束时可能超出原定的模拟时间长度。模拟结束时将输出模拟的结果数据。

3. 模拟的描述

模拟所需的数据和实现模拟的操作可用一个结构和相应的函数描述。

```
#ifndef SIMULATION
#define SIMULATION

#include <stdio.h>
#include <stdlib.h>
#include "event.h"
typedef Event DataType;
#include "apqueue.h"

/* 出纳窗口数据 */
```

```
struct tellerStats
{
    int finishService;
    int totalCustomerCount;
    int totalCustomerWait;
    int totalService;
};
typedef struct tellerStats TellerStats;

/* 模拟结构数据 */
struct simulation
{
    int simulationLength;                   /* 模拟时间长度 */
    int numTellers;                         /* 出纳窗口数 */
    int nextCustomer;                       /* 下一个客户编号 */
    int arrivalLow, arrivalHigh;            /* 下一客户达到的时间区间 */
    int serviceLow, serviceHigh;            /* 客户需要服务的时间区间 */
    TellerStats tstat[11];                  /* 出纳窗口信息 */
    PQueue pq;                              /* 优先级队列 */
};
typedef struct simulation Simulation;

void InitSimulation(Simulation * s);        /* 事件驱动模拟的初始化 */
int NextArrivalTime(Simulation * s);        /* 计算下一客户达到时间 */
int Get_ServiceTime(Simulation * );         /* 计算客户的服务时间 */
int NextAvailableTeller(Simulation * s);    /* 计算下一个可供服务的出纳窗口号 */
void RunSimulation(Simulation * s);         /* 运行事件驱动模拟 */
void PrintSimulationResults(Simulation * s); /* 输出模拟结果 */
```

算法 2.15 事件驱动模拟。

```
/* 事件驱动模拟的初始化 */
void InitSimulation(Simulation * s)
{
    int i;
    Event * firstevent=(Event * )malloc(sizeof(Event));

    for(i=1; i<=10; i++)
    {
        s->tstat[i].finishService=0;
        s->tstat[i].totalService=0;
        s->tstat[i].totalCustomerWait=0;
        s->tstat[i].totalCustomerCount=0;
    }
    s->nextCustomer=1;

    /* 输入事件模拟相关数据 */
    printf("Enter the simulation time in minutes: ");
    scanf("%d", &s->simulationLength);
    printf("Enter the number of bank tellers: ");
```

```
        scanf("%d", &s->numTellers);
        printf("Enter the range of arrival times in minutes: ");
        scanf("%d%d", &s->arrivalLow, &s->arrivalHigh);
        printf("Enter the range of service times in minutes: ");
        scanf("%d%d", &s->serviceLow, &s->serviceHigh);

        /*生成第一个达到事件并加入事件优先级队列*/
        InitEvent(firstevent,0,arrival,1,0,0,0);
        InitPQueue(&(s->pq));
        PQInsert(&(s->pq), *firstevent);
}

/*计算下一客户达到时间*/
int NextArrivalTime(Simulation * s)
{
        return s->arrivalLow+rand()%(s->arrivalHigh-s->arrivalLow+1);
}

/*计算客户的服务时间*/
int Get_ServiceTime(Simulation * s)
{
        return s->serviceLow+rand()%(s->serviceHigh-s->serviceLow+1);
}

/*计算下一个可供服务的出纳窗口号*/
int NextAvailableTeller(Simulation * s)
{
        int minfinish=s->tstat[1].finishService;
        int num[1000],m, i;
        int minfinishindex=1;

        m=1;
        num[0]=1;
        for (i=2; i<=s->numTellers; i++)
            if (s->tstat[i].finishService<minfinish)
            {
                minfinish=s->tstat[i].finishService;
                num[0]=i;
                m=1;
            }
            else
                if (s->tstat[i].finishService==minfinish)
                    num[m++]=i;

        minfinishindex=num[rand()%m];
        return minfinishindex;
}

/*运行事件驱动模拟*/
void RunSimulation(Simulation * s)
{
        Event * e=(Event *)malloc(sizeof(Event));
```

```
Event * newevent=(Event *) malloc (sizeof(Event));
int nexttime, tellerID, servicetime, waittime;

while (!PQEmpty(&(s->pq)))
{
    * e=PQDelete(&(s->pq))
    if (e->etype==arrival)
    {
        /*处理达到事件*/
        nexttime=e->time+NextArrivalTime(s);

        if (nexttime >s->simulationLength)
            /*如果达到事件在下班时刻之后,则不处理达到事件*/
            continue;
        else
        {
            /*生成下一客户达到事件并加入事件优先级队列*/
            s->nextCustomer++;
            InitEvent(newevent, nexttime, arrival, s->nextCustomer, 0, 0, 0);
            PQInsert(&(s->pq), * newevent);
        }
        printf("Time:%2d\t arrival of customer %d\n", e->time, e->customerID);

        /*生成达到事件的离开事件*/
        servicetime=Get_ServiceTime(s);
        tellerID=NextAvailableTeller(s);
        if (s->tstat[tellerID].finishService==0)
            s->tstat[tellerID].finishService=e->time;
        /*计算等待时间*/
        waittime=s->tstat[tellerID].finishService -e->time;
        /*修改出纳窗口的相关信息*/
        s->tstat[tellerID].totalCustomerWait+=waittime;
        s->tstat[tellerID].totalCustomerCount++;
        s->tstat[tellerID].totalService+=servicetime;
        s->tstat[tellerID].finishService+=servicetime;

        /*生成的离开事件加入优先级队列*/
        InitEvent(newevent, s->tstat[tellerID].finishService, departure,
        e->customerID,
                tellerID, waittime, servicetime);
        PQInsert(&(s->pq), * newevent);
    }
    else                                    /*处理离开事件*/
    {
        printf ("Time: %2d\tdeparture of customer %d\n", e->time, e->
        customerID);
        printf("\tTeller %d\tWait %d\tService %d\n",e->tellerID,e->
        waittime, e->servicetime);
        tellerID=e->tellerID;
        /*如果窗口在处理离开事件后空闲,则修改该出纳窗口的空闲时刻预告*/
        if (e->time==s->tstat[tellerID].finishService)
```

```
            s->tstat[tellerID].finishService=0;
        }
    }

    /*修改总的服务时间*/
    s - > simulationLength = ( e - > time < = s - > simulationLength ) ? s - >
    simulationLength : e->time;
}

/*输出模拟结果*/
void PrintSimulationResults(Simulation * s)
{
    int cumCustomers=0, cumWait=0, i;
    int avgCustWait, tellerWorkPercent;
    float tellerWork;

    for (i=1; i<=s->numTellers; i++)
    {
        cumCustomers+=s->tstat[i].totalCustomerCount;
        cumWait+=s->tstat[i].totalCustomerWait;
    }

    printf("\n********Simulation Summary********\n ");
    printf("Simulation of %d minutes\n", s->simulationLength);
    printf("\tNo. of Customers: %d\n", cumCustomers);
    printf("\tAverage Customer Wait: ");

    avgCustWait=(int)((float)cumWait/cumCustomers+0.5);
    printf("%d minutes\n", avgCustWait);
    for(i=1;i<=s->numTellers;i++)
    {
        printf("\tTeller #%d\tWorking ", i);
        tellerWork=(float)(s->tstat[i].totalService)/s->simulationLength;
        tellerWorkPercent=(int)(tellerWork*100.0+0.5);
        printf("%d\n", tellerWorkPercent);
    }
}

#endif                                          /* SIMULATION */
```

4. 模拟执行

下面的代码是事件驱动的主程序。

```
#include "sim.h"
void main(void)
{
    Simulation * S=(Simulation * ) malloc (sizeof(Simulation));
                                        /*声明模拟结构存储空间*/
    srand(time(NULL));
    InitSimulation(S);
```

```
    RunSimulation(S);                /* 执行模拟 */
    PrintSimulationResults(S);       /* 输出模拟结果 */
}
```

上述程序的一个运行实例如下：

```
ⓒ "E:\sjjgbook\event\Debug\event.exe"
Enter the simulation time in minutes: 10
Enter the number of bank tellers: 2
Enter the range of arrival times in minutes: 1 3
Enter the range of service times in minutes: 2 6
Time:  0        arrival of customer 1
Time:  2        departure of customer 1
        Teller 1        Wait 0 Service 6
Time:  3        arrival of customer 2
Time:  4        arrival of customer 3
Time:  6        arrival of customer 4
Time:  6        departure of customer 3
        Teller 2        Wait 0 Service 6
Time:  7        departure of customer 2
        Teller 1        Wait 0 Service 4
Time:  7        arrival of customer 5
Time: 10        departure of customer 4
        Teller 2        Wait 0 Service 6
Time: 10        departure of customer 5
        Teller 1        Wait 0 Service 4

******** Simulation Summary ********
Simulation of 10 minutes
        No. of Customers: 5
        Average Customer Wait: 0 minutes
        Teller #1        Working 90
        Teller #2        Working 60
Press any key to continue_
```

执行以上程序，在给出不同的模拟参数后，可得到不同的模拟结果。通过对模拟结果的分析，可以对银行的工作方式进行调整，以提高服务效率。

习题

2.1 正整数 1、2、3、4 依次进栈，写出所有可能的出栈次序。

2.2 循环队列的优点是什么？如何判断它的空和满？如何计算队列的长度？

2.3 试举例说明向量交运算（算法 2.6）最好、最差情况下的时间复杂度。

2.4 设有一个线性表$(a_0, a_1, \cdots, a_{n-1})$存放在一维数组 $A[\text{maxsize}]$ 的前 n 个数组元素位置，试编写将这个线性表原地置逆的算法（空间开销为 $O(1)$），即将数组的前 n 个地址的内容置换成$(a_{n-1}, a_{n-2}, \cdots, a_0)$。

2.5 假设优先级队列 PQueue 中包含整数值，用小于运算符＜定义优先级次序，同一优先级的队列元素仍采用先进先出的次序。试编写实现优先级队列的插入和删除操作的算法。

2.6 试编写将中缀表达式转换成等价的后缀表达式的算法。

2.7 试编写判断一个中缀表达式的圆括号是否正确匹配的算法。

2.8 一个双向栈 S 是在同一向量空间实现的两个栈，它们的栈底分别设在向量空间的两端。

① 试给出双向栈 S 的结构 DSstack 表示。

② 编写初始化 InitStack(DSstack ＊ S)，入栈 Push(DSstack ＊ S,i,x)和出栈 Pop(DSstack ＊ S,i)的函数，其中 i 为 0 或 1,用于指示栈号。

③ 编写一个主程序,读取 n 个整数,将所有的偶数压入一个栈,将奇数压入另一个栈。打印每一个栈的内容。

2.9　回文是指正读和反读均相同的字符序列。试编写算法,判断一个字符向量是否为回文。

2.10　试编写斐波那契函数

$$\mathrm{fib}(n) = \begin{cases} 1, & n = 0,1 \\ \mathrm{fib}(n-1) + \mathrm{fib}(n-2), & n \geqslant 2 \end{cases}$$

的递归算法。

2.11　求递归方程

$$\begin{cases} T(n) = aT(n-1) + bn \\ T(1) = b \end{cases}$$

的解。

2.12　求递归方程

$$\begin{cases} T(n) = T(n-1) - \dfrac{1}{4}T(n-2) \\ T(1) = T(2) = 1 \end{cases}$$

的解。

2.13　证明递归式

$$\begin{cases} T(n) = \displaystyle\sum_{i=1}^{n-1} T(i)T(n-i) & n > 1 \\ T(1) = 1 \end{cases}$$

的解为

$$T(n+1) = \frac{1}{n+1}\mathrm{C}_{2n}^{n}$$

($T(n)$ 称为 Catalan 数。提示：用生成函数的积的形式导出。)

第3章 链　　表

3.1　单链表

单链表是最简单的链表结构,同时也是最基本的链表结构,理解了单链表及其相关概念,其他链表结构也就很容易理解了。

3.1.1　基本概念

一个链表由若干链表结点链接而成。在单链表中,每个链表结点包括两个域:用来存储数据的数据域和用来链接下一个链表结点的指针域。为了访问到链表中的结点,每个链表有一个相关联的指针,该指针指向链表中的第一个结点,这个指针称为头指针。

例 3-1　给定线性表 A={31,27,59,40,58},采用链接存储,则对应的链表如图 3.1 所示。

图 3.1　单链表

例 3-1 中,head 为头指针;用来存储数据 31 的结点是链表的第一个结点,称为表头;用来存储数据 58 的结点是链表的最后一个结点,称为表尾,其指针域为空(NULL)。

链表中通过头指针 head 可以访问到表头结点,通过前一个结点的指针可以访问到后一个结点,当前结点指针为空时,说明已经到达表尾结点。与顺序存储相比,无论是从链表中删除一个元素还是往链表中插入一个元素都要方便得多,不涉及任何结点的移动。图 3.2 和图 3.3 分别给出了从链表中删除一个结点以及往链表中插入一个结点的处理过程。

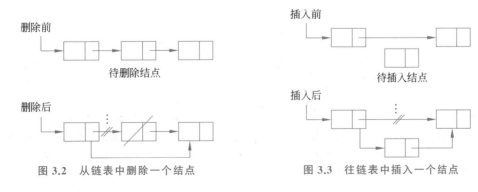

图 3.2　从链表中删除一个结点　　　　　图 3.3　往链表中插入一个结点

不含结点的链表称为空链表，此时，head 为空（NULL）。通过判断 head 是否等于 NULL，可以确定一个链表是否为空链表。当在链表中插入一个结点时，首先要判断链表是否为空链表，如果是空链表，则修改 head 使之直接指向要插入的结点即可；否则，由 head 指向的表头开始寻找到插入位置，找到后，将要插入的结点插入链表中。

为了插入方便，实际应用中可以采用附加头结点的方式组织链表，此时，头指针所指向的结点不是表头，而是一个特殊的结点，这个结点不用来存储任何数据。因此，当链表为空链表时，头指针不是空指针，于是，在对链表进行操作时，无须判断头指针是否为空。这个附加的结点称为附加头结点，附加头结点的指针所指向的结点才是表头结点。请注意附加头结点与表头结点两者之间的差别。

例 3-2   对于例 3-1 中给出的一组数据，采用附加头结点的链表进行存储时，对应的链表如图 3.4 所示。

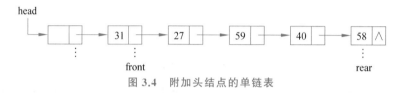

图 3.4   附加头结点的单链表

在本章后续部分的讨论中，将根据实际需要不加说明地选择使用上述两种单链表之一，请读者注意附加头结点的单链表的优点。

3.1.2   单链表结点结构

单链表结点结构的定义中包含了数据和指针这两个基本要素，关于单链表结点的常用操作包括一个对结点进行初始化处理的方法、一个在结点后插入元素的方法以及一个删除当前结点的后继结点的方法。对于每个结点，主要的操作都是与它的后继结点直接相关。单链表结点及操作方法的描述在头文件 node.h 中，实现细节在文件 node.c 中。

node.h 中的内容：

```c
#ifndef _NODE_H
#define _NODE_H
#include <stdio.h>
#include <stdlib.h>

struct node
{
    struct node * next;                      /* next 为指向下一个结点的指针 */
    ElementType data;
};
typedef struct node Node;

void InitNode(Node * , ElementType item, Node * ptr);   /* 初始化单链表结点 */
void InsertAfter(Node * , Node * );                     /* 插入一个单链表结点 */
Node * DeleteAfter(Node * );                            /* 删除一个单链表结点 */
```

```
Node * GetNode(ElementType item, Node * ptr);              /* 创建一个单链表结点 */
void  FreeNode(Node * );                                   /* 释放一个单链表结点 */

#endif
```

node.c 中的内容：

算法 3.1　单链表结点及操作。

```
#include "node.h"

void InitNode(Node * N, ElementType item, Node * ptr)
{
    N->data=item;
    N->next=ptr;
}

void InsertAfter(Node * N, Node * p)
{
    p->next=N->next;              /* 将当前结点的后继结点连接到结点 p 之后 */
    N->next=p;                    /* 将结点 p 作为当前结点的后继结点 */
}

Node * DeleteAfter(Node * P)
{
    Node * ptr=P->next;          /* 保存当前结点的后继结点 */

    if (ptr==NULL)
        return NULL;             /* 若没有后继结点,则返回空指针 */
    P->next=ptr->next;          /* 当前结点指向其原来的后继结点,即 ptr 的后继 */
    return ptr;                 /* 返回指向被删除结点的指针 */
}

Node * GetNode(ElementType item, Node * nextPtr)
{
    Node * newNode;

    /* 申请单链表结点空间 */
    newNode=(Node *) malloc(sizeof(Node));
    if (newNode==NULL)
    {
        printf("Memory allocation failure!\n");
        exit(1);
    }
    InitNode(newNode, item, nextPtr);
    return newNode;
}

void FreeNode(Node * ptr)
{
    if (!ptr)                    /* 若 ptr 为空,则给出相应提示并返回 */
    {
```

```
        printf("FreeNode:invalid node pointer!\n");
        return;
    }
    free(ptr);          /*释放结点占用的内存空间*/
}
```

请读者注意,在插入结点和删除结点这两个方法的实现过程中,都多次涉及修改指针的操作,这些操作是不能够随意调换顺序的,建议写链表的算法前先画出相应的链表结构图。

3.1.3　单链表结构

利用单链表结点结构可以构建单链表结构。显然,单链表结构中必须包含基本的数据成员表头指针 front 和表尾指针 rear。此外,为了处理方便,对单链表完整的描述还包括单链表结点个数 size、当前结点位置 position、当前结点指针 currPtr、指向当前结点前驱的指针 prevPtr。单链表是动态存储数据结构,因此,对单链表的操作应该包含申请和释放单链表中结点所需空间的方法,以及有关插入、删除、访问、修改、移动当前结点指针、获取单链表信息等方法。

下面的文件 linkedlist.h 中给出了单链表结构的类型说明及相应的操作方法,其实现细节在文件 linkedlist.c 中。

文件 linkedlist.h 中的内容:

```
#ifndef _LINKEDLIST_H
#define _LINKEDLIST_H
enum boolean {FALSE, TRUE};
typedef enum boolean Bool;

struct linkedList
{
    Node * front, * rear;                    /*指向表头和表尾的指针*/
    Node * prevPtr, * currPtr;               /*用于访问数据、插入和删除结点的指针*/
    int size;                                /*表中的结点数*/
    int position;                            /*表中当前结点位置计数*/
};
typedef struct linkedList LinkedList;

Node * GetNode(ElementType item, Node * ptr);    /*申请结点空间的函数*/
void FreeNode(Node * p);                         /*释放结点空间的函数*/
void InitLinkedList(LinkedList *);               /*初始化函数*/
Bool IsEmpty(LinkedList *);                       /*判断表是否为空*/
int NextLNode(LinkedList *);                      /*求当前结点后继的函数*/
int SetPosition(LinkedList * , int pos);          /*重定位当前结点*/
void InsertAt(LinkedList * , ElementType item);   /*在当前结点处插入结点的函数*/
void InsertLAfter(LinkedList * , ElementType item); /*在当前结点后插入结点的函数*/
void DeleteAt(LinkedList *);                       /*删除当前结点的函数*/
void DeleteLAfter(LinkedList *);                   /*删除当前结点后继的函数*/
```

```
ElementType GetData(LinkedList *);              /* 修改和访问数据的函数 */
void SetData(LinkedList *, ElementType item);
void Clear(LinkedList *);                        /* 清空链表的函数 */

#endif
```

文件 linkedlist.c 中的内容：

算法 3.2 单链表中的运算。

```
#include "linkedlist.h"
/* 单链表初始化函数 (建立一个空链表) */
void InitLinkedList(LinkedList * L)
{
    L->front=NULL;
    L->rear=NULL;
    L->prevPtr=NULL;
    L->currPtr=NULL;
    L->size=0;
    L->position=-1;
}

/* 判断表是否为空的函数 */
Bool IsEmpty(LinkedList * L)
{
    return L->size? FALSE:TRUE;
}

/* 将后继结点设置为当前结点的函数 */
int NextLNode(LinkedList * L)
{
    /* 若当前结点存在,则将其后继结点设置为当前结点 */
    if (L->position >=0 && L->position<L->size)
    {
        L->position++;
        L->prevPtr=L->currPtr;
        L->currPtr=(L->currPtr)->next;
    }
    else L->position=L->size;          /* 否则将当前位置设为表尾后 */
    return L->position;                /* 返回新位置 */
}

/* 重置链表当前结点位置的函数 */
int SetPosition(LinkedList * L, int pos)
{
    int k;
    if (!L->size) return-1;            /* 若链表为空,则返回 */
    if(pos<0||pos >L->size-1)          /* 若位置越界,则返回 */
    {
        printf("position error");
        return-1;
    }
```

```
        L->currPtr=L->front;                    /* 寻找对应结点 */
        L->prevPtr=NULL;
        L->position=0;

        for (k=0; k<pos; k++)
        {
            L->position++;
            L->prevPtr=L->currPtr;
            L->currPtr=(L->currPtr)->next;
        }
        return L->position;                      /* 返回当前结点位置 */
    }

/* 链表中在当前结点处插入新结点的函数 */
void InsertAt(LinkedList * L, ElementType item)
{
    Node * newNode;
    if (!L->size)
    {
        newNode=GetNode(item, L->front);         /* 在空表中插入 */
        L->front=L->rear=newNode;
        L->position=0;
    }
    else if (!L->prevPtr)
    {
        newNode=GetNode(item, L->front);         /* 在表头结点处插入 */
        L->front=newNode;
    }
    else
    {
        newNode=GetNode(item, L->currPtr);       /* 在链表的中间位置插入 */
        InsertAfter(L->prevPtr,newNode);
    }

    L->size++;                                   /* 增加链表的大小 */
    L->currPtr=newNode;                          /* 新插入的结点为当前结点 */
}

/* 链表中在当前结点后插入新结点的函数 */
void InsertLAfter(LinkedList * L, ElementType item)
{
    Node * newNode;
    if (!L->size)
    {
        newNode=GetNode(item, NULL);             /* 在空表中插入 */
        L->front=L->rear=newNode;
        L->position=0;
    }
    else if (L->currPtr==L->rear||!L->currPtr)
    {
        newNode=GetNode(item, NULL);             /* 在表尾结点后插入 */
        InsertAfter(L->rear, newNode);
```

```
        L->prevPtr=L->rear;
        L->rear=newNode;
        L->position=L->size;
    }
    else
    {
        newNode=GetNode(item, (L->currPtr)->next);   /* 在链表的中间位置插入 */
        InsertAfter(L->currPtr, newNode);
        L->prevPtr=L->currPtr;
        L->position++;
    }
    L->size++;                                  /* 增加链表的大小 */
    L->currPtr=newNode;                         /* 新插入的结点为当前结点 */
}
```

注意上述算法中调用的 InsertAfter 函数都可改为指针运算的调用，如 InsertAfter(L→rear，newNode)可改为 L→rear→next=newNode。

```
/* 链表中删除当前结点的函数 */
void DeleteAt(LinkedList * L)
{
    Node * oldNode;
    if (!L->currPtr)                /* 若表为空或已到表尾之后,则给出错误提示并返回 */
    {
        printf("DeleteAt: current position is invalid!\n");
        return;
    }
    if (!L->prevPtr)
    {
        oldNode=L->front;                   /* 删除的是表头结点 */
        L->front=(L->currPtr)->next;
    }
    else oldNode=DeleteAfter(L->prevPtr);   /* 删除的是表中结点 */
    if (oldNode==L->rear)
    {
        L->rear=L->prevPtr;                 /* 删除的是表尾结点,则修改表尾指针 */
    }
    L->currPtr=oldNode->next;               /* 后继结点作为新的当前结点 */
    FreeNode(oldNode);                      /* 释放原当前结点 */
    L->size--;                              /* 链表大小减 1 */
}

/* 链表中删除当前结点后继的函数 */
void DeleteLAfter(LinkedList * L)
{
    Node * oldNode;
    if (!L->currPtr||L->currPtr==L->rear)
                                /* 若表为空或已到表尾,则给出错误提示并返回 */
    {
        printf("DeleteAfter:  current position is invalid!\n");
        return;
```

```
        oldNode=DeleteAfter(L->currPtr);
                                /* 保存被删除结点的指针并从链表中删除该结点 */
        if (oldNode==L->rear)
            L->rear=L->currPtr;    /* 删除的是表尾结点 */
        FreeNode(oldNode);         /* 释放被删除结点 */
        L->size--;                 /* 链表大小减 1 */
    }

/* 链表中获取当前结点数据的函数 */
ElementType GetData(LinkedList * L)
{
    if (!L->size||!L->currPtr)  /* 若表为空或已经到达表尾之后,则出错 */
    {
        printf("Data:  current node does not exist!\n");  /* 给出出错信息并退出 */
        exit(1);
    }
    return L->currPtr->data;
}

/* 链表中修改当前结点数据的函数 */
void SetData(LinkedList * L, ElementType item)
{
    if (!L->size||!L->currPtr)             /* 若表为空或已经到达表尾之后,则出错 */
    {
        printf("Data:  current node does not exist!\n");
        exit(1);
    }
    L->currPtr->data=item;                 /* 修改当前结点的值 */
}

/* 链表中清空链表的函数 */
void Clear(LinkedList * L)
{
    Node * currNode=L->front, * nextNode;
    while (currNode)
    {
        nextNode=currNode->next;           /* 保存后继结点指针 */
        FreeNode(currNode);                /* 释放当前结点 */
        currNode=nextNode;                 /* 原后继结点成为当前结点 */
    }
    L->front=L->rear=L->prevPtr=L->currPtr=NULL;
    L->size=0;
    L->position=-1;                        /* 修改空链表数据 */
}
```

请注意,单链表结构中究竟包括哪些具体数据以及哪些具体方法并不是确定不变的,读者可以根据实际需要定义自己的单链表结构和相应的操作方法。例如,可以定义一个合并两个链表的方法,也可以定义一个具有附加表头结点的单链表结构。

例 3-3   对于例 3-1 中给出的一组数据,采用单链表进行存储,其对应的存储结构如图 3.5 所示。

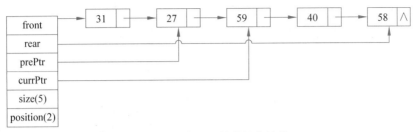

图 3.5　一个实际的单链表结构

单链表应用举例如下。

例 3-4　创建一个长度为 10 的单链表,该单链表的表目为随机产生的整型数,试编写算法实现由键盘输入的整数值,由此生成长度为 10 的单链表并检索该单链表中有相同整数值的表目个数。

解决这个问题的关键是建立单链表和在单链表中移动以达到检索单链表的目的。下面用两种方法建立算法。方法一是通过单链表结点结构建立 Nodelib 库,调用 Nodelib 库中的函数实现单链表的建立和访问。方法二是通过已建好的单链表结构中的方法实现单链表的建立和访问。

方法一:利用单链表结点结构构建的 Nodelib 库,该库中实现了单链表的若干运算,可利用库中部分运算解决例 3-4 中的问题。Nodelib 库中的内容:

```c
#ifndef NODE_LIBRARY
#define NODE_LIBRARY

enum appendNewline {noNewline,addNewline};
typedef enum appendNewline AppendNewline;

/* 打印链表 */
void PrintList(Node * head, AppendNewline addnl)
{
    Node * currPtr=head;
    /* 打印当前结点数据直至表尾 */
    while(currPtr !=NULL)
    {
        if(addnl==addNewline)
            printf("%d\n", currPtr->data);
        else
            printf("%d ", currPtr->data);
        /* 指针调整指向其后继结点 */
        currPtr=currPtr->next;
    }
}

/* 单链表中基于表目的查找 */
int Find(Node * head, ElementType item)
{
    Node * currPtr=head, * prevPtr=NULL;
    while(currPtr !=NULL)
```

```
        {
            if (currPtr->data==item)              /* 比较链表结点的数据域 */
            {
                return 1;
            }
            prevPtr=currPtr;
            currPtr=currPtr->next;
        }
        return 0;                                 /* 查找失败 */
    }

    /* 在单链表的头部插入一个新的单链表结点 */
    void InsertFront(Node **head, ElementType item)
    {
        /* 申请新插入结点的空间 */
        Node * newNode=(Node * ) malloc (sizeof(Node));
        newNode->data=item;
        newNode->next= * head;
        * head=newNode;
    }

    /* 删除单链表的头结点 */
    void DeleteAt(Node **head)
    {
        Node * p= * head;
        if ( * head !=NULL)
        {
            * head= * head->next;
             free(p);
        }
        else
        printf("delete failure");

    }

    /* 删除单链表中值为 key 的结点 */
    void Delete (Node **head, ElementType key)
    {
        Node * currPtr= * head, * prevPtr=NULL;

        if (currPtr==NULL) return;
        while (currPtr !=NULL && currPtr->data !=key)
        {
            prevPtr=currPtr;
            currPtr=currPtr->next;
        }

        if (currPtr !=NULL)
        {
            if(prevPtr==NULL)
                * head= ( * head)->next;
            else
```

```
            DeleteAfter(prevPtr);
        free(currPtr);
    }
}

/*在有序单链表中插入新结点*/
void InsertOrder(Node **head, ElementType item)
{
    Node * currPtr, * prevPtr, * newNode;

    prevPtr=NULL;
    currPtr= * head;
    while (currPtr !=NULL)
    {
        if (item<currPtr->data) break;
        prevPtr=currPtr;
        currPtr=currPtr->next;
    }
    if (prevPtr==NULL)
        InsertFront(head,item);
    else
    {
        newNode=GetNode(item, NULL);
        InsertAfter(prevPtr, newNode);
    }
}

/*删除整个单链表*/
void ClearList(Node **head)
{
    Node * currPtr, * nextPtr;
    currPtr= * head;
    while(currPtr !=NULL)
    {
        nextPtr=currPtr->next;
        free(currPtr);
        currPtr=nextPtr;
    }
    head=NULL;
}

#endif                              /* NODE_LIBRARY */
```

算法 3.3   用 nodelib 中的函数实现单链表的建立和查找。

```
typedef int ElementType;

#include <time.h>
#include "node.h"
#include "nodelib.h"

void main(void)
```

```
{
    Node * head=NULL, * currPtr;         /* 初始时链表头指针 head 为 NULL */
    int i, key, count=0, k;

     srand(time(NULL));
    for (i=0; i<10; i++)                 /* 依次从链表头部随机插入 10 个整数表目 */
    {
        k=1+rand()%10;
        InsertFront(&head, k);
    }

    printf("List:");                     /* 显示链表 */
    PrintList(head,noNewline);
    printf("\n");

    printf("Enter a key:");              /* 由键盘输入一个整数 */
    scanf("%d", &key);

    currPtr=head;                        /* 遍历整个链表 */
    while (currPtr !=NULL)
    {
                                         /* 统计链表中表目值等于 key 的结点个数 */
        if (currPtr->data==key)
            count++;
        currPtr=currPtr->next;
    }
    printf("The data value %d occurs %d times in the list\n", key, count);
}
```

上述算法的一次运行结果如下：

```
List:5 6 1 3 1 4 5 7 8 2
Enter a key:5
The data value 5 occurs 2 times in the list
```

方法二：用基于单链表结构的操作方法实现。与前面的基于单链表结点的操作方法不同，由于基于单链表的操作方法实现了对整个单链表的操作，利用这些方法可方便实现单链表的建立，单链表中基于表目元素值的查找、打印等。

算法 3.4　基于单链表结构的操作方法实现单链表的建立和查找。

```
typedef int ElementType;

#include "node.h"
#include "linkedlist.h"
#include <time.h>

void main(void)
{
    LinkedList * L=(LinkedList * ) malloc (sizeof(LinkedList));   /* 声明链表 */
    int i, key, count=0, k;

    srand(time(NULL));
```

```
        InitLinkedList(L);
        for (i=0; i<10; i++)                /* 随机插入 10 个表目为整数的链表结点 */
            InsertLAfter(L, 1+rand()%10);

        printf("List:");                    /* 显示链表 */
        k=0;
        while(k<L->size)
        {
            SetPosition(L, k++);
            printf("%d ", GetData(L));
        }
        printf("\n");

        printf("Enter a key:");             /* 由键盘输入一个整数 */
        scanf("%d", &key);
        k=0;                                /* 遍历整个链表 */
        while (k<L->size)
        {
            SetPosition(L, k++);            /* 统计链表中表目值等于 key 的结点个数 */
            if (GetData(L)==key)
            count++;
        }
        printf("The data value %d occurs %d times in the list\n", key, count);
}
```

上述算法的一次运行结果如下：

```
List:7 1 7 9 9 6 4 1 7 5
Enter a key: 5
The data value 5 occurs 1 times in the list
```

3.1.4　栈的单链表实现

用单链表结构存储的栈又称为链栈,可以用前面定义的单链表结构描述栈结构,在此存储模式下实现栈的运算,假设用单链表的表头代表栈顶,有关链栈结构声明及操作描述在文件 linkedstack.h 中。

文件 linkedstack.h 中的内容为：

```
struct linkedStack
{
    LinkedList * stack;                     /* 存放栈元素的链表 */
};
typedef struct linkedStack LinkedStack;

void InitLinkedStack(LinkedStack *);        /* 初始化函数 */
void Push(LinkedStack * , ElementType item); /* 操作栈的方法 */
ElementType Pop(LinkedStack *);             /* 弹栈 */
ElementType Top(LinkedStack *);             /* 取栈顶的表目 */
```

链栈的操作方法的实现细节在文件 linkedstack.c 中,因为栈的插入、删除运算始终在栈的一端进行，因此，规定非空链栈的当前结点始终在 position＝0 的位置。

linkedstack.c 中的内容见算法 3.5。

算法 3.5 链栈运算。

```c
#include "node.h"
#include "linkedlist.h"
#include "linkedstack.h"

/* 链栈的初始化函数 */
void InitLinkedStack(LinkedStack * LS)
{
    LS->stack=(LinkedList * ) malloc (sizeof(LinkedList));
    InitLinkedList(LS->stack);
}

/* 链栈的入栈函数 */
void Push(LinkedStack * LS, ElementType item)
{
    InsertAt(LS->stack, item);
}

/* 链栈的弹栈函数 */
ElementType Pop(LinkedStack * LS)
{
    ElementType tmpData;
    if (!LS->stack->size)
    {                                          /* 栈空,给出出错信息并退出 */
        printf("Pop:  underflowed!\n");
        exit(1);
    }
    tmpData=GetData(LS->stack);                /* 删除栈顶元素 */
    DeleteAt(LS->stack);
    return tmpData;                            /* 返回栈顶数据 */
}

/* 链栈的读栈顶函数 */
ElementType Top(LinkedStack * LS)
{
    if (!LS->stack->size)
    {                                          /* 栈空,给出出错信息并退出 */
        printf("Top:  underflowed!\n");
        exit(1);
    }
    return GetData(LS->stack);                 /* 返回栈顶数据 */
}
```

3.1.5 队列的单链表实现

用单链表结构存储的队列又称为链队列，与链栈类似，可以用前面定义的单链表结构描述队列结构,在此存储方式上实现的队列的运算,有关链队列结构声明及操作描述在文件 linkedqueue.h 中,实现细节在 linkedqueue.c 中。

文件 linkedqueue.h 中的内容:

```
struct linkedQueue
{
    LinkedList * queue;
};
typedef struct linkedQueue LinkedQueue;

void InitLinkedQueue(LinkedQueue *);          /* 初始化一个链队列 */
void In(LinkedQueue *, ElementType item);     /* 在队列中插入一个新数据元素 */
ElementType Out(LinkedQueue *);               /* 在队列中删除一个数据元素 */
ElementType Front(LinkedQueue *);             /* 取队列的头部元素 */
void ClearLQ(LinkedQueue *);                  /* 清除队列中的数据元素 */
Bool IsEmptyLQ(LinkedQueue *);                /* 判队列是否为空 */
```

文件 linkedqueue.c 中的内容见算法 3.6。

算法 3.6　链队列运算。

```
#include "node.h"
#include "linkedlist.h"
#include "linkedqueue.h"

/* 初始化一个链队列 */
void InitLinkedQueue(LinkedQueue * LQ)
{
    LQ->queue=(LinkedList *) malloc (sizeof(LinkedList));
    InitLinkedList(LQ->queue);
}

/* 在队列中插入一个新数据元素 */
void In(LinkedQueue * LQ, ElementType item)
{
    SetPosition(LQ->queue, (LQ->queue)->size-1);  /* 设置队尾元素为当前结点 */
    InsertLAfter(LQ->queue, item);                /* 在队尾结点后插入新结点 */
}

/* 在队列中删除一个数据元素 */
ElementType Out(LinkedQueue * LQ)
{
    ElementType  tmpData;

    if (!(LQ->queue)->size)                       /* 若队列为空,提示出错信息 */
    {
        printf("Out:  underflowed!\n");
        exit(1);
    }

    SetPosition(LQ->queue, 0);                    /* 当前结点位置移到队列头 */
    tmpData=GetData(LQ->queue);                   /* 保存队列头结点的数据 */
```

```
    DeleteAt(LQ->queue);                    /*删除队列头结点*/

    return tmpData;                         /*返回被删除的队列头数据*/
}
```

其他队列操作方法:取队列的头部元素,清除队列中的数据元素,求队列中的元素个数,判断队列是否为空的实现可借鉴单链表结构的实现方法类似实现,这些代码请读者自行完成。

上述队列的实现是借助单链表结构实现的。其优点是能方便调用单链表结构中的函数,模块化的程序设计思想能够很好地体现;缺点是因为反复调用 SetPosition 函数,链队列的插入、删除运算不能保证 $O(1)$。下面给出了一种直接基于单链表结点结构的链队列实现方法,能保证链队列的插入、删除运算的时间开销为 $O(1)$。

头文件 clnkqueue.h(循环链式队列,只用了尾结点指针):

```
typedef int T;
struct LNode {
    T data;
    LNode * next;
};
typedef LNode CLnkQueue;
void CLQ_Free(CLnkQueue * q);
void CLQ_MakeEmpty(CLnkQueue** q);
BOOL CLQ_IsEmpty(CLnkQueue * q);
int CLQ_Length(CLnkQueue * q);
void CLQ_In(CLnkQueue** q, T x);
T CLQ_Out(CLnkQueue** q);
T CLQ_Head(CLnkQueue * q);
void CLQ_Print(CLnkQueue * q);
```

实现文件 clnkqueue.c 如下:

```
#include <stdio.h>
#include <stdlib.h>
#include "clnkqueue.h"

void CLQ_Free(CLnkQueue * q)                    /*q指向尾结点*/
{
    CLQ_MakeEmpty(q);
}

void CLQ_MakeEmpty(CLnkQueue** q)               /**q指向尾结点*/
{
    if (* q==NULL) return;
    LNode * node1= * q;
    LNode * node= * node1->next;
    free(node1);
    while (node!= * q) {
        LNode * next=node->next;
        free(node);
```

```
            node=next;
        }
        * q=NULL;
}

BOOL CLQ_IsEmpty(CLnkQueue * q)                    /* q 指向尾结点 */
{
    return q==NULL;
}

int CLQ_Length(CLnkQueue * q)                      /* q 指向尾结点 */
/* 求队列长度 */
{
    if (q==NULL) return 0;
    int count=1;
    LNode * node=q->next;
    while(node!=q) {
        count++;
        node=node->next;
    }
    return count;
}

void CLQ_In(CLnkQueue** q, T x)                    /**q 指向尾结点 */
/* 入队列, 新结点加入链表尾部 */
{
    LNode * node=(LNode * )malloc(sizeof(LNode));
    node->data=x;
    if( * q==NULL) {
        node->next=node;
    }
    else {
        node->next= * q->next;
        * q->next=node;
    }
    * q=node;
}

T CLQ_Out(CLnkQueue** q)                           /**q 指向尾结点 */
/* 出队列函数 */
{
    if ( * q) {
        LNode * head= * q->next;
        T x=head->data;
        if (head== * q) * q=NULL;
        else * q->next=head->next;
        free(head);
        return x;
    }
    else {
        printf("CLQ_Out(): queue is empty\n");
```

```
        exit(1);
    }
}

T CLQ_Head(CLnkQueue * q)                          /* q 指向尾结点 */
/* 获取队列头的函数 */
{
    if (q)
        return q->next->data;
    else {
        printf("CLQ_Head(): queue is empty\n");
        exit(1);
    }
}
void CLQ_Print(CLnkQueue * q)                       /* q 指向尾结点 */
/* 打印队列的函数 */
{
    if (q==NULL) {
        printf("The queue is empty. \n");
        return;
    }
    printf("The queue is: ");
    LNode * node=q;
    do {
        node=node->next;
        printf("%d  ", node->data);
    }while (node!=q);
    printf("\n");
}
```

3.1.6　单链表的应用举例

作为单链表应用实例之一，下面讨论模拟打印缓冲池的实现。模拟打印缓冲池的工作原理如下：有一个待打印队列用来存储用户的打印作业，每个打印作业包括文件名、总打印页数、已打印页数 3 项信息；打印缓冲池接受用户的打印请求并将待打印的文件插入队列中，当打印机可用时，打印缓冲池从队列中读取打印作业并提交给打印机进行打印，一个请求中的全部打印页打印完毕，则将这个打印作业从队列中删除。为了方便编程实现，已打印页数的修改是这样进行的：已知打印机每分钟可打印的页数，系统每隔一个固定的时间段计算一次此时间段内已打印的页数，以此更新当前打印作业已经打印的页数。

打印请求信息可以定义成一个结构 PrintJob，结构中含有待打印作业的文件名、总打印页数和已打印页数。

假设打印机以高达每分钟 50 页的速度连续打印。在打印机进行打印的同时，用户可以和系统进行交互，列出打印队列中的每个作业、加入新的打印作业、查看打印队列大小等。打印缓冲池每隔 10 秒以上计算一次打印的页数，为了计算时间段的时长，需要记录上次计算打印页数时的时刻。当计算出本次时间段内打印的页数后，对打印队列进行一次更新,删除已打印完的作业,或更新当前打印作业的已打印页数。

　　通过以上分析,可以确定打印缓冲池应包含的数据成员和打印缓冲池的驱动方法。有关模拟打印缓冲池的结构定义与实现方法描述在头文件 spooler.h 中,相应的实现部分在文件 spooler.c 中。

　　文件 spooler.h 中的内容:

```
#define PRINTSPEED        50          /*每分钟打印页数*/
#define DELTATIME         10          /*更新打印队列的最小时间间隔为 10 秒*/

/*打印作业结构声明*/
struct PrintJob
{
    char filename[31];                /*待打印作业的文件名,最长不超过 30 个字符*/
    int totalpages;                   /*总打印页数*/
    int printedpages;                 /*已打印页数*/
};

/*模拟打印缓冲池的结构声明*/
struct spooler
{
    LinkedList * jobList;             /*存放打印作业及状态的队列*/
    time_t lasttime;                  /*打印作业的状态时间*/
};
typedef struct spooler Spooler;

/*模拟打印缓冲池的驱动方法*/
void UpdateSpooler(Spooler * , int timedelay);  /*更新打印缓冲池*/
void InitSpooler(Spooler * );                   /*初始化打印缓冲池*/
void AddJob(Spooler * , ElementType * job);     /*加入打印作业*/
void ListJob(Spooler * );                       /*显示打印缓冲池的打印作业*/
int NumberOfJobs(Spooler * );                   /*求打印缓冲池的作业数*/
```

　　与 spooler.h 对应的 spooler.c 文件中的主要内容见算法 3.7。

　　算法 3.7　打印缓冲池。

```
#define WAITTIME 60

void InitSpooler(Spooler * SP)                          /*初始化打印缓冲池*/
{
    SP->jobList=(LinkedList * ) malloc (sizeof(LinkedList));
    InitLinkedList(SP->jobList);
    time(&(SP->lasttime));
}

/*设定每页所需打印时间, 删除打印完的作业并修改正在打印作业的未打印页数*/
void UpdateSpooler(Spooler * SP, int timedelay)
{
    struct PrintJob job;

    int printedpages,remainpages;
```

```
        printedpages=timedelay * PRINTSPEED/60;          /* 计算时间段内打印的页数 */
        SetPosition(SP->jobList, 0);                      /* 定位到队列头 */
        while (!IsEmpty(SP->jobList) && printedpages >0)  /* 更新打印队列 */
         {
             job=GetData(SP->jobList);            /* 取打印队列中的当前被打印作业 */
             /* 打印机可打印当前打印作业的页数 */
             jobprintpages=min(job.totalpages-job.printedpages, printedpages);
             printedpages-=jobprintpages;     /* 打印机打印完当前作业后还能打印的页数 */
             if((job.printedpages+=jobprintpages) >=job.totalpages)
                 DeleteAt(SP->jobList);                /* 当前作业打印完毕,删除 */
             else
                 SetData(SP->jobList, job);     /* 当前作业未打印完,更新 */
         }
    }


    /* 修改缓冲池加入新打印作业;计算缓冲池下次修改事件的随机时间 */
    void AddJob(Spooler  * SP, ElementType * job)
    {
        if(IsEmpty(SP->jobList))              /* 若打印队列为空,则重置时间段开始时刻 */
             time(&(SP->lasttime));
        job->printedpages=0;                      /* 置已打印页数为 0 */
        SetPosition(SP->jobList, (SP->jobList)->size-1);  /* 定位到打印队尾 */
        InsertLAfter(SP->jobList, * job);                 /* 将当前作业插入队尾 */
    }


    void ListJob(Spooler * SP)                   /* 显示打印缓冲池的打印作业 */
    {
        struct PrintJob job;
        time_t currtime;
        int k;

        /* 判断更新打印队列的时间段是否已到 */
        if(difftime(time(&currtime), SP->lasttime) >=DELTATIME)
        {
             k=(int)difftime(currtime, SP->lasttime);
             UpdateSpooler(SP, k);                        /* 更新打印队列 */
             SP->lasttime=currtime;                       /* 重置时间段开始时刻 */
        }

        if(IsEmpty(SP->jobList))
             printf("Print queue is empty\n");
        else
        {
             printf("Current print job are:\n");       /* 输出每个作业的相关信息 */
             for(SetPosition(SP->jobList,0); (SP->jobList)->position<=(SP->jobList)->size-1;NextLNode(SP->jobList))
             {
                 job=GetData(SP->jobList);
                 printf("Job=%s\t ", job.filename);
                 printf("TotalPages=%d\t ", job.totalpages);
                 printf("PrintedPages=%d\n", job.printedpages);
```

```
        }
    }
}

int NumberOfJobs(Spooler * SP)              /*输出打印缓冲池的作业数*/
{
    printf("Current spooler size=%d \n", (SP->jobList)->size);
    return (SP->jobList)->size;
}
```

在实现打印缓冲池的程序的主函数 main 中,定义了一个 Spooler 结构和相应的驱动方法。程序的主体部分在一个循环内反复执行,每次循环都等待用户的一次选择,以便确定下一步的动作。可选择的菜单项包括增加一个作业的选项 A,列出打印队列中全部作业的选项 L,查询打印队列大小的选项 N,以及退出程序的选项 Q。当超过 1min 后用户还未输入,程序将自动选择选项 L 以便及时更新队列信息。当用户选择退出程序选项后,控制程序退出循环,从而结束程序的运行。

算法 3.8 模拟打印缓冲池的实现主函数。

```
#include <conio.h>
#include <ctype.h>
#include <time.h>
#include "node.h"
#include "linkedlist.h"
#include "spooler.h"
typedef struct PrintJob ElementType;

void main(void)
{
    Spooler * spool=(Spooler *) malloc (sizeof(Spooler));
    struct PrintJob * job = (struct PrintJob *) malloc (sizeof (struct
PrintJob));
    char response='L';

    InitSpooler(spool);
    for(;response!='Q';)
    {
        time_t ctime,btime;
        time(&btime);                                   /*保存开始等待时间*/
        printf("\nAdd(A) List(L) Number(N) Quit(Q)==>\n");  /*提示用户选择*/
        do                                              /*定时等待用户选择*/
        {
            time(&ctime);
            if(difftime(ctime,btime)>=WAITTIME)    /*若等待时间过长,则结束等待*/
                break;
        }while(!_kbhit());

        /*若用户有输入则取得用户的选择,否则自动选择L*/
        response=(_kbhit())?toupper(getch()):'L';
        switch(response)
```

```
    {
      case 'A':
            printf("File name:");
            scanf("%s", job->filename);
            printf("Number of pages to be printed:\n");
            scanf("%d", &(job->totalpages));
            AddJob(spool, job);
            break;
      case 'L':
            ListJob(spool);
            break;
      case 'N':
            NumberOfJobs(spool);
            break;
      case 'Q':
            break;
      default:
            printf("Invalid input!\n");
            break;
    }
  }
}
```

上述程序的一个运行实例如下：

```
            Add(A) List(L) Number(N) Quit(Q) ==>
            File name:a
            Number of pages to be printed:
            23

            Add(A) List(L) Number(N) Quit(Q) ==>
            File name:b
            Number of pages to be printed:
            43

            Add(A) List(L) Number(N) Quit(Q) ==>
            Current print job are:
            Job=a,   TotalPages= 23  PrintedPages= 12,
            Job=b    TotalPages= 43  PrintedPages= 0

            Add(A) List(L) Number(N) Quit(Q) ==>
            Current spooler size= 2

            Add(A) List(L) Number(N) Quit(Q) ==>
            Current print job are:
            Job=b    TotalPages= 43  PrintedPages= 2
```

3.2 循环链表

在前面介绍的单链表中，表尾结点的指针域值为空，判断是否已经到达表尾，只需判断当前结点的指针是否为空。从已经讨论过的链表类的实现可以看到，在对这种形式的单链表进行操作时，需要增加大量复杂的判断程序代码，以确定表是否为空或已经到达表尾，而在表尾进行操作时，为了维护表尾指针 rear 的正确性，也需要增加不少的代码。

为了克服上述单链表的固有缺陷，我们引入一种新的单链表，称为循环链表。循环链表是一种附加头结点的单链表,由于附加头结点 header 的存在,无论表是否为空,表中总有结点存在。在循环链表中,表尾的指针域指向表的附加头结点,整个表构成一个环,故称循环链表,简称循环表。

当循环表为空时,实际上表中还有一个结点,即附加头结点,如图 3.6 所示。此时,附加头结点的指针指向其自身,因此,判断循环表是否为空,只要判断附加头结点 header 的指针是否指向附加头结点自身即可。显然,在循环链表中,空指针 NULL 永远也不会用到。对 3.1 节已经讨论过的结点类的实现方法进行适当的修改,即可用于构建循环链表。此时,用于申明循环链表的头文件和单链表中的情形是一致的,不同的是方法的实现。例如,对于循环链表而言,其构造函数应该产生一个空结点作为附加头结点。

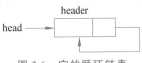

图 3.6　空的循环链表

为了更方便地处理循环链表,可以定义循环链表结点结构,其申明头文件 cnode.h 如下:

```
struct cNode
{
    struct cNode * next;              /* 指向结点后继的循环指针 */
    ElementType data;                 /* 循环结点的数据域 */
};
typedef struct cNode CNode;

void InitCNode(CNode *, ElementType);           /* 初始化函数 */
void InsertCNAfter(CNode *, CNode * ptr);        /* 插入和删除结点的函数 */
CNode * DeleteCNAfter(CNode *);                  /* 循环链表删除本结点后继的函数 */
CNode * NewCNode(ElementType item);              /* 申请循环链表结点空间的函数 */
```

相应的实现细节在下述文件 cnode.c 中。

算法 3.9　循环链表运算。

```
#include <stdio.h>
#include <stdlib.h>
#include "cnode.h"

void InitCNode(CNode * CN, ElementType item)      /* 循环链表结点初始化函数 */
{
    CN->next=CN;                                   /* 后继指针指向其自身 */
    CN->data=item;
}

void InsertCNAfter(CNode * CN, CNode * ptr)
/* 循环链表在当前结点后插入新结点的函数 */
{
    ptr->next=CN->next;           /* 本结点的后继作为新插入结点的后继 */
    CN->next=ptr;                 /* 插入结点作为本结点的后继 */
}

CNode * DeleteCNAfter(CNode * CN)      /* 循环链表删除本结点后继的函数 */
```

```
{
    CNode * tmpPtr;
    if (CN->next==CN)
        return NULL;                    /* 若无后继结点,则返回空指针 */
    tmpPtr=CN->next;                     /* 保存指向本结点后继的指针 */
    CN->next=(CN->next)->next;           /* 将本结点后继从链表中断开 */
    return tmpPtr;                       /* 返回指向被删除结点的指针 */
}

CNode * NewCNode(ElementType item)       /* 申请循环链表结点空间的函数 */
{
    CNode * newnode=(CNode *)malloc(sizeof(CNode));
    newnode->data=item;
    newnode->next=NULL;
    return newnode;
}
```

基于循环链表结点结构,可以很容易地构建循环链表结构,请读者自行完成。需要指出的是,在循环链表中,由于从表尾可以回到表头,因此表头指针 head 和表尾指针 rear 只需一个即可,而且通常使用表尾指针,因为从表尾出发只需经过一个结点就可以方便地访问到表头。

3.3 双链表

对于单链表或循环链表,从表头结点开始扫描,可以遍历链表中的每个结点,而循环链表可以从任何结点出发对各个结点进行遍历。但它们都有一个共同的缺陷,就是无法快速地访问结点的前驱。例如,为了删除结点 p,必须首先找到 p 的前驱结点,这需要从表头开始查找链表,直到某个结点 q 的后继等于 p,q 即为 p 的前驱。显然,这是极不方便的。

为了支持双向快速访问结点,引入了双向链表的概念。在双向链表中,每个结点含有两个指针域和一个数据域,如图 3.7 所示。

图 3.7　双链表结点

通过两个指针域,多个双链结点可构成两个循环链,建立了一种灵活、有效的动态表结构,称为双向循环链表,简称双链表,如图 3.8 所示。

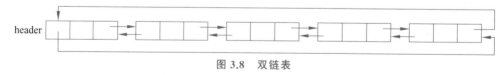

图 3.8　双链表

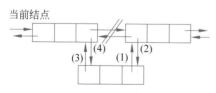

图 3.9　向双链表中插入一个结点

在双链表中插入一个结点时,涉及插入点前一结点的 next 指针、插入点后一结点的 prev 指针以及被插入结点的两个指针的修改。在结点后插入的处理过程如图 3.9 所示。需要注意的是,如果不引用临时指针变量,则必须按合理的顺序进行操作,例如按(1)、(2)、(3)、(4)的顺序或者按(1)、(3)、(2)、(4)的顺序,如图 3.9 所示。

从双链表中删除一个结点的过程,只需修改前一结点的 next 指针和后一结点的 prev 指针即可,如图 3.10 所示。

图 3.10　从双链表中删除一个结点

下面给出双链表结点结构 DNode 的申明头文件 dnode.h。

```
struct dNode
{
    struct dNode * prev;              /*指向前驱的指针*/
    struct dNode * next;              /*指向后继的指针*/
    ElementType data;                 /*数据*/
};
typedef struct dNode DNode;

void InitDNode(DNode *, ElementType);        /*初始化函数*/
void InsertDNBefore(DNode *, DNode * ptr);   /*在当前结点前插入结点*/
void InsertDNAfter(DNode *, DNode * ptr);    /*在当前结点后插入结点*/
DNode * DeleteDNAt(DNode *);                 /*删除结点*/
DNode * NewDNode(ElementType item);          /*申请双链表结点空间的函数*/
```

相应地实现细节在文件 dnode.c 中。

算法 3.10　双链表中的运算。

```
#include <stdio.h>
#include <stdlib.h>
#include "dnode.h"

/*双链表结点的初始化*/
void InitDNode(DNode * DN, ElementType item)
{
    DN->prev=DN->next=DN;                /*前驱和后继均指向其自身*/
    DN->data=item;
}

/*双链结点表中在当前结点前插入结点的函数*/
void InsertDNBefore(DNode * DN, DNode * ptr)
{
    ptr->next=DN;                        /*将插入结点链到双链表中*/
    ptr->prev=DN->prev;
    (DN->prev)->next=ptr;        /*插入结点前一结点的后继指针指向插入结点*/
    DN->prev=ptr;                /*插入结点后一结点的前驱指针指向插入结点*/
}

/*双链结点表中在当前结点后插入新结点的函数*/
void InsertDNAfter(DNode * DN, DNode * ptr)
```

```
{
    ptr->next=DN->next;              /* 将插入结点链到双链表中 */
    ptr->prev=DN;
    (DN->next)->prev=ptr;            /* 插入结点的后一结点的前驱指针指向插入结点 */
    DN->next=ptr;                    /* 插入结点的前一结点的后继指针指向插入结点 */
}

/* 双链结点表中删除当前结点的函数 */
DNode * DeleteDNAt(DNode **DN)
{
    if ((*DN)->next==*DN)
        return NULL;                 /* 若只有一个结点(附加头结点)则返回空指针 */
    (*DN)->next->prev=(*DN)->prev;       /* 从双链中将当前结点断开 */
    (*DN)->prev->next=(*DN)->next;
    *DN=(*DN)->next;
    return *DN;                      /* 返回指向当前结点的指针 */
}

/* 申请双链表结点空间的函数 */
DNode * NewDNode(ElementType item)
{
    DNode * newnode=(DNode * )malloc(sizeof(DNode));
    newnode->data=item;
    newnode->prev=newnode->next=NULL;
    return newnode;
}
```

习题

3.1   执行下面的程序段：

```
Node  *p1, *p2, *p3;
p1=(Node *) malloc (sizeof(Node));
InitNode(p1, 20, NULL);
p2=(Node *) malloc(sizeof(Node));
p2->data=31;
InsertAfter(p2,p1);
p3=(Node *) malloc (sizeof(Node));
p3->data=17;
InsertAfter(p2,p3);
printf("%d%t%d", p2->data, p2->next->data);
printf("%d\n", p2->next->next->data);
```

其输出结果是什么？

3.2   给出 Node 对象的下述链表以及指针 p1、p2、p3 和 p4，如图 3.11 所示。对于每个代码段，画出下述表示链表和 4 个指针的状态变化图。

```
(a) p2=p1->next;
(b) head=p1->next;
```

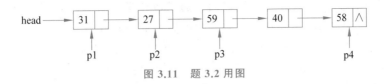

图 3.11 题 3.2 用图

```
(c) p3->data=(*p1).next->data;
(d) p4=DeleteAfter(p3);
    free(p4);
(e) Node * p=(Node *) malloc(sizeof(Node));
    InitNode(p, 20, NULL);
    InsertAfter(p2->next, p);
(f) Node * p=p2;
    while (p !=NULL)
    {
        p->data++;
        p=p->next;
    }
(g) Node * p=p1;
    while (p->next !=NULL)
    {
        p->data++;
        p=p->next;
    }
```

3.3 假设函数

```
void Append(Node * list, Node * p);
```

将从结点 p 开始的链表复制到链表 list 的尾部。请写出该函数。

3.4 写出采用循环链表解 Josephus 问题的算法。

3.5 基于单链表结构编写算法实现单链表逆转,执行该算法后,p 指向的链表中的结点变为:第一个结点是原来的倒数第一个结点,第二个结点是原来的倒数第二个结点……最后一个结点是原来的第一个结点。写出该算法,要求不改变链表占用的内存空间,且使用最少的临时变量。

3.6 已知线性表中的元素以值递增有序排列,并以单链表作为存储结构。试编写一个高效算法,删除该表中所有值大于 min 且小于 max 的元素(若表中存在这样的元素),同时释放被删除结点的存储空间。

3.7 一个多项式形如

$$f(x) = a_n x^n + a_{n-1} x^{n-1} + \cdots + a_1 x + a_0$$

其中 a_i 为系数。定义数据结构 Term 为

```
struct Term
{
    double coeff;                    /* 系数 */
    int power;                       /* 幂次 */
}
```

试编写一个程序,该程序接收用户输入的系数和幂次对后,将其保存到链表中。输入系数和幂次对时,不要求一定按幂次由高到低的顺序输入,但最后输入的系数和幂次对中的幂次必定为0;然后,按幂次由高到低打印出用户输入的多项式;最后,程序反复提示用户输入 x 的值,并计算出该多项式的值,直到输入 x 的值为 0 时程序执行结束。

3.8 试编写一个程序,对于任意给定的整数链表,将其转换成双循环整数链表,并要求转换后的双循环链表中的负数连续存放在前面,正数连续存放在后面,如果存在整数 0,则 0 恰好将负数和正数分隔开。

第 4 章　串

串(string)也称字符串,它是一种特殊的线性表,即它的每个结点仅由一个字符组成。在早期的程序设计语言中,已经出现了串的概念,在如今的几乎每一种高级程序设计语言中,串已经成为一种重要的数据类型。串不仅在输入输出中,而且在文本编辑、词法扫描、符号处理、定理证明、信息搜索等应用领域得到越来越广泛的应用。特别是Internet 和 Web 服务的飞速发展,导致网上信息的急剧膨胀,如何快速地搜索到有用的信息成为网络信息服务的关键问题之一,任何一个搜索引擎的核心技术,就是如何实现高效快速的串匹配算法。

本章首先介绍串的基本概念以及串的各种存储表示,然后介绍串的相关运算,最后,重点讨论基于串的 3 种模式匹配算法:朴素的串匹配算法、无回溯的 KMP 算法以及高效的 BM 算法。

4.1　基本概念

串是零个或多个字符的有限序列。显然,串是一种线性表。与一般的线性表不同的是,构成串的每个元素都是单个的字符,而具体的字符依赖于所采用的字符集。一个串中所包含的字符个数,称为这个串的长度。长度为零的串称为空串,空串不包含任何字符。

在 C 语言中,一个确定的字符串常量是用双引号引起来的那些字符。例如:

(1) "This is a sample string!"

(2) "a sample string"

(3) "The emergency phone number is 119"

(4) " "

(5) ""

上述(1)～(5)都是合法的字符串。需要注意的是,空白字符在此用" "标示。这 5 个字符串的长度分别为 24、15、33、1、0。应特别注意,串(4)和串(5)是两个不同的串,其中串(4)是仅由一个空白字符组成的非空串,而串(5)则是一个空串(长度为 0),两者之间有着本质的差异。

仔细观察一下串(1)和串(2),串(2)是串(1)的一部分,串(2)包含在串(1)中,称串(2)是串(1)的一个子串。一般地,串中任意多个连续的字符组成的子序列称为该串的子串。特别地,空串是任何串的子串。任意串 S 都是 S 本身的子串,除 S 本身以外的 S 的其他子串称为 S 的真子串。

在一个串中,相同的子串可能不止出现一次。例如,串(4)是串(1)的子串,且串(4)作为子串在串(2)中出现了 4 次。为了描述一个特定的子串,必须说明该子串在串中出现的位置。通常,可以采用子串在串中出现的起始位置和结束位置来标示一个子串,或者采用子串出现的起始位置和子串的长度来标示一个子串。

4.2 串的存储

　　既然串是一种特殊的线性表，那么，线性表的存储方式也完全适用于串的存储。因此，串也可以采用两种基本的存储表示：顺序存储和链接存储。

　　顺序存储是串最常用的存储方式，为了标示字符串的结束，通常在字符串最后附加一个特殊字符，用@来表示这个特殊字符，在 C 中，这个特殊字符就是 0x00（十六进制的全零）。根据计算机字长和存储时是否紧缩，顺序存储又有两种不同的方式。比如，如果计算机的字长为 32 位，则每个字长相当于 4 字节。第一种存储方式是串中的每个字符占用一个计算机字，则串"a sample string"的存储表示如图 4.1 所示。图 4.1 所示的存储表示中，有 75% 的空间是空闲的。显然，采用这种策略存储串时，计算机字长越大，空间的浪费也越大。为此，可以采用第二种存储方式，即将每 4 个字符存储在一个计算机字中，则对应串的存储表示如图 4.2 所示。

a			
一			
s			
a			
m			
p			
l			
e			
一			
s			
t			
r			
i			
n			
g			
@			

图 4.1　串的顺序存储

a	一	s	a
m	p	l	e
一	s	t	r
i	n	g	@

图 4.2　串的紧缩顺序存储

　　由于采取将多个字符紧缩到一个计算机字中进行存储，因此，这种顺序存储也称为紧缩存储。无论采用哪一种策略，顺序存储时，对串进行删除和插入操作都需要移动内存块。为了避免顺序存储的这一缺陷，可以采用链接存储。上述字符串采用单链表的存储表示如图 4.3 所示。

head

图 4.3　串的链接存储

在各种存储表示中,实际上还未考虑串的长度这一属性的存储。请读者自行分析一下,当考虑到串的长度时,如果采用不同的存储表示,串所占用的实际存储空间应该如何计算。在实际的程序设计语言中,串有着不同的存储表示,但都是属于上述介绍的顺序存储和链接存储两大类型。

例如:在标准 PASCAL 语言中,串的存储采用数组表示,数组元素为单字节长,这实际上就是紧缩的顺序存储表示;在 C/C++ 和 Borland PASCAL 语言中,串的存储采用连续字节块,最后加上一个空字符(0x00)以标示字符串的结束,这实际上也是一种紧缩的顺序存储表示;在标准 PROLOG 语言中,串的存储采用链表,这实际上就是链接存储。

4.3　串结构和串的运算

串是一类特殊而重要的线性表,因而串也有着它自己特殊的运算。为了讨论串的各种运算,我们首先构造一个串结构,其中串的存储采用紧缩的顺序存储。串结构的声明在下述文件 CMyString.h 中。

```
#define MAX_STRING_SIZE 1024

struct cMyString
{
    int length;                              /* 串的实际长度 */
    /* 字符串存储空间,包括一个附加的结束字符的存储空间 */
    char str[MAX_STRING_SIZE+1];
};
typedef struct cMyString CMyString;

void InitCMyString(CMyString *, char * s);
/* 初始化函数,构造一个字符指针所指的串 */
void Concatenate(CMyString *, CMyString * s);
/* 将字符串 s 附加到本字符串之后 */
void InsertS(CMyString *, int pos, CMyString * s);
/* 将字符串 s 插入本字符串 pos 所指向的位置 */
void DeleteS(CMyString *, int pos, int len);
/* 删除从 pos 位置起的连续 len 个字符 */
CMyString SubString(CMyString *, const int pos, const int len);
/* 提取一个子串,从 pos 位置起长度为 len 的字符 */
char * GetString(CMyString *);
/* 获取本字符串 */
int Find(CMyString *, CMyString * s);
/* 在本字符串中查找字符串 s 首次出现的位置,如果不包含 s 则返回 0 */
```

串运算的实现文件 CMyString.c:
算法 4.1　串运算。

```
#include <stdio.h>
#include <stdlib.h>
#include <string.h>
```

```
#include "cmystring.h"
void InitCMyString(CMyString * CS, char * s)
{
    char * p1, * p2;
    for (CS->length=0, p1=CS->str, p2=(char *)s; * p2; CS->length++)
        * p1++= * p2++;
    * p1=0;
}

void Concatenate(CMyString * CS, CMyString * s)
{
    if (CS->length+s->length<=MAX_STRING_SIZE)
    {
        memcpy(CS->str+CS->length, s->str, s->length+1);
        CS->length+=s->length;
    }
    else printf("error:  string length is overflow!\n");
}

void DeleteCS(CMyString * CS, int pos, int len)
{
    int rlen=len;
    if (pos+rlen >CS->length)
        rlen=CS->length-pos;
    CS->length-=rlen;
    memcpy(CS->str+pos, CS->str+pos+rlen, CS->length-pos+1);
}

char * GetString(CMyString * CS)
{
    char * tmpStr=(char *)malloc(sizeof(char) * (CS->length+1));
    memcpy(tmpStr, CS->str, CS->length+1);
    return tmpStr;
}

void Insert(CMyString * CS, int pos, CMyString * s)
{
    if (CS->length+s->length<=MAX_STRING_SIZE)
    {
        memcpy(CS->str+pos+s->length, CS->str+pos, CS->length-pos+1);
        memcpy(CS->str+pos, s->str, s->length);
        CS->length+=s->length;
    }
    else
        printf("error:  string length is overflow!\n");
}

CMyString SubString(CMyString * CS, const int pos, const int len)
{   int rlen=len;
    CMyString * tmpStr=(CMyString *) malloc(sizeof(CMyString));

    InitCMyString(tmpStr," ");
```

```
    if (pos+len >CS->length)
        rlen=CS->length-pos;
    memcpy(tmpStr->str, CS->str+pos, rlen);
    tmpStr->length=rlen;
    tmpStr->str[tmpStr->length]=0;
    return * tmpStr;
}
```

4.4 模式匹配

在 4.3 节给出的串结构的各种方法中，Find()方法具体如何实现还是一个未知的问题。如果给定一个子串，要求找出某个字符串中该子串的所有出现位置，这是一个比 Find()方法更一般的问题。

假设 P 是给定的子串，T 是待查找的字符串，要求从 T 中找出与 P 相同的所有子串，这个问题称为模式匹配问题。P 称为模式，T 称为目标。如果 T 中存在一个或多个模式为 P 的子串，就给出该子串在 T 中的位置，称为匹配成功；否则，称为匹配失败。

4.4.1 朴素的模式匹配算法

求解模式匹配问题的最简单和最直接的做法是用 P 中的字符依次与 T 中的字符进行比较。设：
$$T = t_0 t_1 t_2 \cdots t_{n-1}, \quad P = p_0 p_1 p_2 \cdots p_{m-1}, \quad m \leqslant n$$
首先从 T 的最左端开始比较，如图 4.4 所示。如果对于所有的 $k=0,1,2,\cdots,m-1$，均有 $t_k = p_k$，则匹配成功；否则，必有某个 $k(0 \leqslant k < m)$，使得 $t_k \neq p_k$。此时，可将 P 右移一个字符，重新进行比较，如图 4.5 所示。

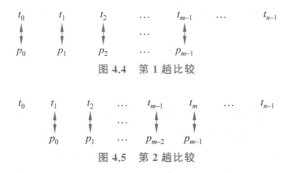

图 4.4 第 1 趟比较

图 4.5 第 2 趟比较

如果对于所有的 $k=0,1,2,\cdots,m-1$，均有 $t_{k+1} = p_k$，则匹配成功；否则，反复执行上述过程，直到某次匹配成功或者到达 P 的最右字符移出 T 为止，此时，P 无法继续与 T 进行比较，因而匹配失败。

例如：若 $P = $"aaaba"，$T = $"aaabbaaaaaaaba"，则匹配过程如图 4.6 所示。

有关朴素的模式匹配算法的具体实现，请读者自行完成。不难分析，在最坏的情况下，

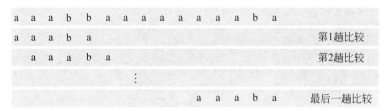

图 4.6　朴素的模式匹配算法执行过程

每趟比较都在最后出现不等，即每趟最多比较 m 次，最多比较 $n-m+1$ 趟，总的比较次数最多为 $m\times(n-m+1)$，故朴素的模式匹配算法的时间复杂度为 $O(m\times n)$。朴素的模式匹配算法中存在着回溯，这影响匹配算法的效率，因而朴素的模式匹配算法在实际应用中很少采用。实际应用中，主要采用无回溯的匹配算法，下面介绍的 KMP 算法和 BM 算法均为无回溯的匹配算法。

4.4.2　KMP 匹配算法

仔细分析一下朴素的模式匹配算法，可以看出，每当本次匹配不成功时，P 右移一个字符，下一趟的比较又总是从 P 的第 0 个字符开始，而不管上一趟比较的中间结果是什么，因而回溯是不可避免的，而实际上这种回溯往往是不必要的。例如，在图 4.6 中，第 1 趟比较到 P 的第 4 个字符时失败，此时，P 右移一个字符，开始第 2 趟比较，按朴素的模式匹配算法，本趟比较仍然从 P 的第 0 个字符开始比较，而实际上，模式 P 中的前 3 个字符是相同的，这意味着：基于第 1 趟比较的结果，第 2 趟比较时 P 的前 2 个字符实际上无须再比较，只需要从模式 P 的第 2 个字符和目标 T 的第 3 个字符开始比较即可。

再仔细分析一下图 4.6 中模式 P 以及第 1 趟比较的结果，实际上可以将 P 右移不止一个字符。因为在第 1 趟比较过程中比较时失败的是 P 的第 4 个字符，这表明 P 的前 4 个字符在第 1 趟比较中是成功的，而模式 P 第 3 个字符在它之前的 3 个字符中并没有出现，因此，下一趟比较时，至少应该将 P 右移 4 个字符；同时，第 1 趟失败时 P 中参与比较的是第 4 个字符，和 P 中第 0 个字符是一样的，因此，将 P 右移 4 个字符后再从 P 的第 0 个字符开始比较也肯定不等。所以，第 2 趟比较前，应该将 P 右移 5 个字符，再从 P 的第 0 个字符和 T 的第 5 个字符开始比较。

KMP 匹配算法是由 Knuth、Morris 和 Pratt 提出的一种快速的模式匹配算法，该匹配算法考虑了前面这个例子中所提到的两方面问题，即其一，当比较出现不等时，确定下一趟比较前应该将 P 右移多少个字符；其二，P 右移后，应该从 P 中的哪个字符开始和 T 中刚才比较时不等的那个字符继续开始比较。解决了这两个问题，也就消除了回溯。

KMP 算法借助于一个辅助数组 next，来确定当匹配过程中出现不等时，P 右移的位数和开始比较的字符位置。在这个数组中，$\text{next}[i]$ 的取值只与 P 的前 $i+1$ 个字符本身相关，而与目标 T 无关。在匹配过程中，一旦遇到 p_i 和 t_j 比较时不相等，则：若 $\text{next}[i]\geqslant0$，应将 P 右移 $i-\text{next}[i]$ 个字符，用 P 中第 $\text{next}[i]$ 个字符与 t_j 进行比较；若 $\text{next}[i]=-1$，P 中任何字符都不必再与 t_j 比较，而应将 P 右移 $i+1$ 个字符，从 p_0 和 t_{j+1} 开始重新进行下一趟比较。

一旦计算出与 P 相关的 next 数组,则基于 next 数组的上述含义,可以很容易地给出串的匹配算法。

算法 4.2 KMP 匹配算法。

```
int Find(CMyString * CS, CMyString * s)
{
    int i, j, * next=(int * ) malloc(sizeof(int) * s->length);

    /*构造模式 s 的 next 数组,详见下面的求 next 数组的算法 */
    GenKMPNext(next, s);
    for (i=0,j=0; i<s->length && j<CS->length;)
    {
        if (s->str[i]==CS->str[j])
            { i++; j++; }
        else if (next[i]>=0)
                i=next[i];
            else
                { i=0; j++; }
    }
    if (i>=s->length)
        return j-s->length;            /*匹配成功,返回子串的起始位置 */
    else
        return-1;                      /*匹配失败,返回-1*/
}
```

现在的关键问题是如何计算 next 数组。这要从 next 数组的意义入手,分析 next 数组的特殊性质,从而导出 next 数组的计算方法。next 数组具有下列特性。

性质 1

$next[i]$ 是一个整数,并且满足 $-1 \leqslant next[i] < i$。

性质 2

一旦在匹配过程中出现 p_i 和 t_j 比较时不相等,此时已有

$$p_0 = t_{j-i}, p_1 = t_{j-i+1}, \cdots, p_{i-1} = t_{j-1} \tag{4.1}$$

按照 $next[i]$ 的含义,此时应将 P 右移 $i - next[i]$ 个字符,用 $p_k (k = next[i] \geqslant 0)$ 与 t_j 继续比较。为了保证这样的比较是有效的,应有

$$p_0 = t_{j-k}, p_1 = t_{j-k+1}, \cdots, p_{k-1} = t_{j-1} \tag{4.2}$$

结合式(4.1)和式(4.2),有

$$p_0 = p_{i-k}, p_1 = p_{i-k+1}, \cdots, p_{k-1} = p_{i-1} \tag{4.3}$$

亦即,$next[i]$ 的取值应使 $p_0 p_1 \cdots p_{i-1}$ 的最左端 k 个字符组成的子串和最右端 k 个字符组成的子串相同。

性质 3

为了不丢失任何可能的成功匹配,当满足性质 2 的 k 存在多个可能的取值时,k 的取值应保证 P 右移的位数 $i - next[i] = i - k$ 最小,亦即应取满足性质 2 的最大的 k。

性质 4

如果在 $p_0 p_1 \cdots p_{i-1}$ 的最左端和最右端不存在相同的子串（或者说仅存在相同的空子串），则 $k=0$，亦即一旦在匹配过程中出现 p_i 和 t_j 比较时不相等，应将 P 右移 i 个字符，并从 p_0 和 t_j 开始继续比较。显然，当 $i=0$ 且 $p_0 \neq t_j$ 时，需将 P 右移 $i - \text{next}[i]=1$ 个字符，并从 p_0 和 t_j 开始继续比较，这表明 $\text{next}[0]=-1$。

性质 5

由性质 2 可知，在匹配过程中出现 p_i 和 t_j 比较时不相等，P 右移 $i - \text{next}[i]=i-k$ 个字符，从 p_k 和 t_j 开始继续比较，而 P 中前 k 个字符无须再进行比较。若此时已知 $p_k = p_i$，则继续比较时一开始就必有 $p_k \neq t_j$，而下一趟则是从 $p_{\text{next}[k]}$ 开始和 t_j 进行比较，这意味着可跳过 p_k 和 t_j 的比较，直接从 $p_{\text{next}[k]}$ 开始和 t_j 进行比较。注意到 $i > k$，在计算 $\text{next}[i]$ 时 $\text{next}[k]$ 的值已确定，因此，当 $p_i = p_k$ 时，可将 $\text{next}[i]$ 的值直接取为 $\text{next}[k]$。

基于 next 的上述性质，可以给出计算 next 数组的算法。为方便起见，将该算法就作为串的一个方法来实现。

算法 4.3 计算 next 数组。

```
void GenKMPNext(int * next, CMyString * s)
{
    int i=0, j=-1;

    next[0]=-1;
    while (i<s->length-1)
    {
        /* 找出 p₀,p₁,…,pᵢ 中最大的相同的最左端子串和最右端子串 */
        while (j>=0 && s->str[i]!=s->str[j])
            j=next[j];
        i++; j++;
        if (s->str[i]==s->str[j])
            next[i]=next[j];
        else next[i]=j;
    }
}
```

算法效率分析如下。

记 P 的长度为 m，目标 T 的长度为 n，则 KMP 匹配算法的时间复杂度分析如下：整个匹配算法由 Find() 和 GenKMPNext() 两部分的算法组成。在 Find() 中包含一个循环，j 的初值为 0，每循环一次 j 的值严格增加 1，直到 j 等于 n 时循环结束，故循环执行了 n 次。在 GenKMPNext() 中，表面上有两重循环，时间复杂度似乎为 $O(m^2)$，其实不然，GenKMPNext() 的外层循环恰好执行 $m-1$ 次；另外，j 的初值为 -1，外层循环中每循环一次，j 的值增加 1，同时，在内层循环中 j 被减小，但最小不会小于 -1，因此，内层循环中 $j=\text{next}[j]$ 语句的总的执行次数应小于或等于 j 的值在外层循环中被增加 1 的次数，亦即在算法 GenKMPNext() 结束时，$j=\text{next}[j]$ 被执行的总次数小于或等于 $m-1$ 次。

综上所述，对于长度为 m 的模式 P 和长度为 n 的目标 T 的模式匹配，KMP 算法的时间复杂度为 $O(m+n)$。

为了加深对 KMP 算法的理解,下面举例说明采用 KMP 算法求解模式匹配问题的处理过程。

给定模式 $P=$"abcabcd",目标 $T=$"aaabcaabcabcda",则计算 next 数组的过程如图 4.7 所示。

a b c a b c d	置 next[0]=−1, i=0, j=−1
	因 j<0,故不执行内循环;执行 i++;j++;得到 i=1,j=0
a	因 p[i=1]≠p[j=0],故 next[i=1]=j=0
a	因 j≥0 且 s−>str[i=1]≠s−>str[j=0],故执行内循环,j=next[j=0]=−1
	执行 i++;j++;得到 i=2,j=0
a	因 p[i=2]≠p[j=0],故 next[i=2]=j=0
a	因 j≥0 且 s−>str[i=2]≠s−>str[j=0],故执行内循环,j=next[j=0]=−1
	执行 i++;j++;得到 i=3,j=0
a	因 p[i=3]=p[j=0],故 next[i=3]=next[j=0]=−1
a	因 j≥0 但 s−>str[i=3]=s−>str[j=0],故不执行内循环
	执行 i++;j++;得到 i=4,j=1
a b	因 p[i=4]=p[j=1],故 next[i=4]=next[j=1]=0
a b	因 j≥0 但 s−>str[i=4]=s−>str[j=1],故不执行内循环
	执行 i++;j++;得到 i=5,j=2
a b c	因 p[i=5]=p[j=2],故 next[i=5]=next[j=2]=0
a b c	因 j≥0 但 s−>str[i=5]=s−>str[j=2],故不执行内循环
	执行 i++;j++;得到 i=6,j=3
a b c a	因 p[i=6]≠p[j=3],故 next[i=6]=3

图 4.7 模式 P="abcabcd"的 next 数组的计算过程

计算出 next 数组后,即可调用 KMP 匹配算法开始模式匹配,其过程如图 4.8 所示。

a a a b c a a b c a b c d a	
a b c a b c d	p[1]和 t[1]不等,依据 next[1]=0,模式 P 右移 1 个字符,p[0]和 t[1]继续比较
a b c a b c d	p[1]和 t[2]不等,依据 next[1]=0,模式 P 右移 1 个字符,p[0]和 t[2]继续比较
a b c a b c d	p[4]和 t[6]不等,依据 next[4]=0,模式 P 右移 4 个字符,p[0]和 t[6]继续比较
a b c a b c d	当比较到 p[6]和 t[12]也相等时,匹配成功,返回子串在目标 T 中的起始位置 12−6=6

图 4.8 基于 KMP 匹配算法的模式匹配过程

*4.4.3 BM 匹配算法

在 KMP 匹配算法中,每当遇到比较不相等时,虽然导致比较不相等的因素涉及模式和目标,但实际所采取的行动仅取决于模式本身,而与目标的当前状况无关。那么,有没有改进的可能呢？我们先看一个实际的例子，该例子采用了从右往左的字符匹配方式，同时考虑了目标串中当前字符的信息确定匹配过程中模式串向右滑动的距离。

给定模式 $P =$ "at_that" 和目标 $T =$ "which_finally_halts_at_that"，首先考虑 P 的最后一个字符的比较情况：

```
T:w h i c h _ f i n a l l y _ h a l t s _ a t _ t h a t
P:a t _ t h a t
```

在最右端的字符比较时不相等。不考虑其他字符，则此状态可一般地表示为如下情形：

```
T:? ? ? ? ? ? ? f ? ? ? ? ? ? ? ? ? ? ? ? ? ? ? ? ? ? ?
P:a t _ t h a t
```

此时应该如何动作呢？实际上，目标 T 中当前比较的字符"f"在模式 P 中根本没有出现，因此，此时最明智的做法是，将模式 P 整个右移（即将 P 右移 7 个位置）到 T 中当前比较的字符"f"之后，成为

```
T:? ? ? ? ? ? ? f ? ? ? ? ? ? ? ? ? ? ? ? ? ? ? ? ? ? ?
P:                a t _ t h a t
```

显然，这样处理比 KMP 匹配算法要高效得多。这就是 BM 匹配算法所采取的策略之一。

BM 匹配算法由 Boyer 和 Moore 共同提出，该算法采用两个数组来决定一旦比较不相等时应该将模式右移多少个字符以及从模式中的哪一个位置继续开始比较。

以模式 $P =$ "at_that" 为例，其长度 $m = 7$，BM 匹配算法中的第 1 个数组是 delta1，该数组指出字符集中的每个字符在模式中相对于最右端的距离，用 $*$ 代表任何一个未出现在模式中的字符，则对于给定的模式 P，有

```
P:      *  a t _ t h a t
delta1: 7  1 0 4 0 2 1
```

第 2 个数组是 delta2，该数组指出一旦模式中第 i 个字符比较不相等时，模式可以右移的位数。delta2 按如下方法确定。

首先，令 delta2[7] = 1，对于任意的 $k = 6, 5, \cdots, 2, 1$，考虑子串 $s = p_{k+1} p_{k+2} \cdots p_7$，相对于模式而言依次向左移动子串 s，如果子串 s 没有匹配上，则继续向左移动子串 s，直到匹配或者无法继续匹配（s 的最左端字符移出到模式的最左端），记匹配或无法继续匹配之前子串 s 移动的位数为 n，则

$$delta2[k] = 7 - k + n$$

因此，对于给定的模式，有

```
P:      a  t  _  t  h  a  t
delta2: 7  7  7  7  6  3  1
```

匹配时，首先将模式和目标左对齐，从模式最右端开始向左进行比较，匹配过程中，一

且 p_i 和 t_j 不相等,计算 $k=\max(\text{delta1}[t[j]],\text{delta2}[i])$,并将 P 右移 $k+i-m$ 位(m 为模式串的长度),用 p_m 和 t_{j+k} 继续比较。

回到前面的例子,看看 BM 匹配算法的处理过程,当前参与比较的一对字符用方框标示:

```
T:w h i c h _ f i n a l l y _ h a l t s _ a t t h a t
P:a t _ t h a t
```

$p_7 \neq t_7$,$k=\max(\text{delta1}[t[j]],\text{delta2}[i])=\max(7,1)=7$,则将模式右移 $k+i-m=7+7-7=7$(位),$j+k=7+7=14$,p_7 和 t_{14} 继续比较,此时有

```
T:w h i c h _ f i n a l l y _ h a l t s _ a t _ t h a t
P:          a t _ t h a t
```

$p_7 \neq t_{14}$,$k=\max(\text{delta1}[t[j]],\text{delta2}[i])=\max(4,1)=4$,则将模式右移 $k+i-m=4+7-7=4$(位),$j+k=14+4=18$,p_7 和 t_{18} 继续比较,此时有

```
T:w h i c h _ f i n a l l y _ h a l t s _ a t _ t h a t
P:              a t _ t h a t
```

$p_7 = t_{18}$,继续比较,$p_6 \neq t_{17}$,$k=\max(\text{delta1}[t[j]],\text{delta2}[i])=\max(7,3)=7$,则将模式右移 $k+i-m=7+7-7=6$(位),$j+k=17+7=24$,p_7 和 t_{24} 继续比较,此时有

```
T:w h i c h _ f i n a l l y _ h a l t s _ a t _ t h a t
P:                      a t _ t h a t
```

$p_7 = t_{24}$,继续比较,$p_6 \neq t_{23}$,$k=\max(\text{delta1}[t[j]],\text{delta2}[i])=\max(4,3)=4$,则将模式右移 $k+i-m=4+6-7=3$(位),$j+k=23+4=27$,p_7 和 t_{27} 继续比较,此时有

```
T:w h i c h _ f i n a l l y _ h a l t s _ a t _ t h a t
P:                        a t _ t h a t
```

$p_7 = t_{27}$,$p_6 = t_{26}$,$p_5 = t_{25}$,$p_4 = t_{24}$,$p_3 = t_{23}$,$p_2 = t_{22}$,$p_1 = t_{21}$。至此,模式已匹配完,匹配成功!

对于本例,读者不妨用 KMP 匹配算法重做一遍,比较两者之间的计算过程,看看 BM 匹配算法是否要快于 KMP 匹配算法。有关 BM 匹配算法的具体实现,有兴趣的读者可自行完成。

习题

4.1 设计算机字长为 2,试给出字符串"sample string"的两种顺序存储表示。

4.2 设计算机字长为 4,试分析采用非紧缩顺序存储、紧缩顺序存储和链接存储时,存

储空间的有效利用率。

4.3 已知 0-1 字符串"01101110011",试求 next[7]的值。

4.4 编写算法实现朴素的模式匹配算法。

4.5 采用朴素的模式匹配算法,画出求解 $P = $"aaab"和目标 $T = $"aaaaaaaaaaaab"之间的模式匹配问题的过程。

4.6 采用 KMP 匹配算法,重新求解习题 4.5。

4.7 采用 KMP 匹配算法,求解 $P = $"sample string"和目标 $T = $"This is a sample string!"之间的模式匹配问题。

*4.8 编程实现 BM 匹配算法。

第 5 章 排　　序

排序是数据结构的一种重要运算。本章 5.1 节~5.6 节介绍内排序的各种方法,5.7 节介绍外排序方法。此外,堆排序也是一种典型的选择排序,有关堆排序算法,将在第 8 章介绍。

5.1　基本概念

在讨论排序的概念之前,首先引入排序码的概念。所谓排序码是结点中的一个或多个字段,其值作为排序运算中的依据。排序码可以是关键码,这时排序即是按关键码对文件进行排序;排序码也可以不是关键码,这时可能有多个结点的排序码具有相同的值,因而排序结果就可能不唯一。排序码的数据类型可以是整数,也可以是实数、字符串,乃至复杂的组合数据类型。

习惯上,在排序中将结点称为记录,将一系列结点构成的线性表称为文件。在本书中后续涉及排序时,都要使用记录和文件这两个概念,请读者将它们和外存中的记录、文件等概念加以区别。

排序(sorting)又称分类。假定具有 n 个记录 $\{A_1, A_2, \cdots, A_n\}$ 的文件,每个记录有一个排序码 K_i,$\{K_1, K_2, \cdots, K_n\}$ 是相应的排序码的集合。排序运算就是将上述文件中的记录按排序码非递减(或非递增)的次序排列成有序序列。

由于各种待排序的文件中,记录的大小和数量不等,有的文件记录本身较大、数量很多,有的文件的记录本身较小、数量较少。对于较小的文件,可以一次将文件全部调入内存进行排序处理;而对于很大的文件,无法一次全部调入内存进行排序处理,因而在排序过程中需要涉及内外存之间的数据交换。在排序过程中,文件全部放在内存处理的排序算法称为“内排序”;在排序过程中,不仅需要使用内存,而且还要使用外存的排序算法称为“外排序”。按照所采用的策略的不同,排序方法可以分为 5 种类型,即插入排序、选择排序、交换排序、分配排序、归并排序。当然,由于关注的重点不同,一个具体的排序算法既可以看成是这种排序,也可以看成是那种排序,也就是说,一个具体的排序算法究竟应该属于上述 5 种类型中的哪一种并不是唯一的。

在待排序的文件中,可能存在着多个具有相同排序码的记录。如果一个排序算法对于任意具有相同排序码的多个记录在排序之后,这些具有相同排序码的记录的相对次序仍然保持不变,则称该排序算法为“稳定的”;否则称该排序算法是“不稳定的”。排序的方法很多,就其性能而言,很难说哪一种算法是最好的。每一种算法都有各自的优缺点,适合于不同的应用领域。有两个评价排序算法性能的重要指标:一个是算法执行时所需的时间;另一个是算法执行时所需的内存空间。其中,时间开销是衡量一个排序算法好坏的最重要的性能指标。为便于分析,排序算法的时间开销通常用算法执行中的比较次数和记录移动次数表示。许多排序算法执行排序时所耗费的时间不仅与算法本身有关，而且与待排序文件的记录顺序有关，衡量这些排序算法的性能可以采用最大执行时间和平均执行时间。

为讨论方便起见，假定排序要求都是按非递减序进行排序的。

本章后续各节将分别讨论插入排序、选择排序、交换排序、分配排序、归并排序和外排序，给出典型排序算法的面向对象的具体实现描述。同时，对主要排序算法的性能进行必要的分析和讨论。执行排序算法所需要的空间量一般都不大，对算法性能好坏的影响并不大，我们只给出结果，而不加以讨论。

5.2 插入排序

插入排序的基本思想是：每次选择待排序的记录序列的第 1 个记录，按照排序码的大小将其插入已排序的记录序列中的适当位置，直到所有记录全部排序完毕。

5.2.1 直接插入排序

直接插入排序是一种最简单的排序方法，整个排序过程为：先将第 1 个记录视为一个有序的记录序列，然后从第 2 个记录开始，依次将未排序的记录插入这个有序的记录序列中，直到整个文件中的全部记录排序完毕。在排序过程中，前面的记录序列是已经排好序的，而后面的记录序列有待排序处理。

例 5-1　假设有 5 个元素构成的数组，其排序码依次为 50、20、40、75、35，整个数组完成直接插入排序的过程如图 5.1 所示。

初始：	50　20 40 75 35	从50开始
第1趟扫描后：	20　50　40 75 35	将20插入位置0；50后移到位置1
第2趟扫描后：	20　40　50　75 35	将40插入位置1；50后移到位置2
第3趟扫描后：	20　40　50　75　35	记录75位置不变
第4趟扫描后：	20　35　40　50　75	将35插入位置1；后面各记录右移

图 5.1　直接插入排序的过程

下面给出直接插入排序的函数 DirectInsertionSort，该函数的参数是存放被排序文件的数组 A 和文件中所包含的记录个数（即数组 A 的大小）n。考察第 $i(1 \leqslant i \leqslant n-1)$ 遍的情况，子文件 A[0] 到 A[$i-1$] 已按非递减序排列，这一遍将记录 A[i] 插入到子文件 A[0] 到 A[$i-1$] 中。将 A[i] 向子文件 A[0] 到 A[$i-1$] 的前部移动，移动 A[i] 前，将 A[i] 的排序码与记录 A[$i-1$]、A[$i-2$] 等进行比较。在小于或等于 A[i] 的排序码的第 1 个记录 A[j] 或到达第 1 个记录 A[0] 处停止扫描。当 A[i] 往前移动时，要将子文件中每个遇到的记录 A[j] 后移一个位置。当找到 A[i] 的正确位置 j 后，将其插入到位置 j。假设文件的排序码是 ElementType 类型的，key 是它的一个排序码。

sort.h 文件如下：

```
typedef int ElementType;
struct forSort
{
    ElementType key;
};
typedef struct forSort ForSort;

void InitForSort(ForSort * FS, int a)
{
    FS->key=a;
}
```

算法 5.1 直接插入排序。

```
void DirectInsertionSort(ForSort A[], int n)
{
    int i,j;
    ForSort temp;

    for(i=1; i<n; i++)
    {
        j=i;
        temp=A[i];
        while(j >0 && temp.key<A[j-1].key)
        {
            A[j]=A[j-1];
            j--;
        }
        A[j]=temp;
    }
}
```

将记录 $A[0]$，$A[1]$，$\cdots$，$A[n-1]$ 采用直接插入排序，需要进行 $n-1$ 趟扫描。一般地，在第 i 趟，插入发生在 $A[0]$ 到 $A[i]$，平均大约需要 $i/2$ 次比较。总的比较次数为

$$1/2+2/2+\cdots+(n-1)/2=n(n-1)/4$$

显然，插入排序不需要交换。按比较次数衡量，算法的时间复杂度为 $O(n^2)$。最好的情况是待排序文件的记录已经是排好序的，在第 i 趟，插入发生在 $A[i]$ 处，每趟只需一次比较，总的比较次数为 $n-1$ 次，算法的时间复杂度为 $O(n)$。最坏的情况是待排序文件的记录已按非递增序排序，每次插入发生在 $A[0]$ 处，第 i 趟需要进行 i 次比较，总的比较次数为 $n(n-1)/2$，算法的时间复杂度为 $O(n^2)$。

直接插入排序是稳定的。

5.2.2 折半插入排序

将直接插入排序中寻找 $A[i]$ 的插入位置的方法改为采用折半比较，便得到折半插入排序算法。在处理 $A[i]$ 时，$A[0]$，$A[1]$，$\cdots$，$A[i-1]$ 已经按排序码排好序。所谓折半比

较，就是在插入 $A[i]$ 时，取 $A\left[\left\lfloor\dfrac{i-1}{2}\right\rfloor\right]$ 的排序码与 $A[i]$ 的排序码进行比较，如果 $A[i]$ 的排序码小于 $A\left[\left\lfloor\dfrac{i-1}{2}\right\rfloor\right]$ 的排序码，说明 $A[i]$ 只能插入 $A[0]$ 到 $A\left[\left\lfloor\dfrac{i-1}{2}\right\rfloor\right]$ 之间，故可以在 $A[0]$ 到 $A\left[\left\lfloor\dfrac{i-1}{2}\right\rfloor-1\right]$ 之间继续使用折半比较；否则 $A[i]$ 只能插入 $A\left[\left\lfloor\dfrac{i-1}{2}\right\rfloor\right]$ 到 $A[i-1]$ 之间，故可以在 $A\left[\left\lfloor\dfrac{i-1}{2}\right\rfloor+1\right]$ 到 $A[i-1]$ 之间继续使用折半比较。如此反复，直到最后能够确定插入的位置为止。一般地，在 $A[k]$ 和 $A[r]$ 之间采用折半，其中间结点为 $A\left[\left\lfloor\dfrac{k+r}{2}\right\rfloor\right]$，经过一次比较，可以排除一半的记录，把可能插入的区间减少了一半，故称折半。执行折半插入排序的前提是文件记录必须按顺序存储。

例 5-2　将例 5-1 中的 5 个记录采用折半插入排序，在前 4 个记录已经排序的基础上，插入最后一个记录的比较过程如图 5.2 所示。

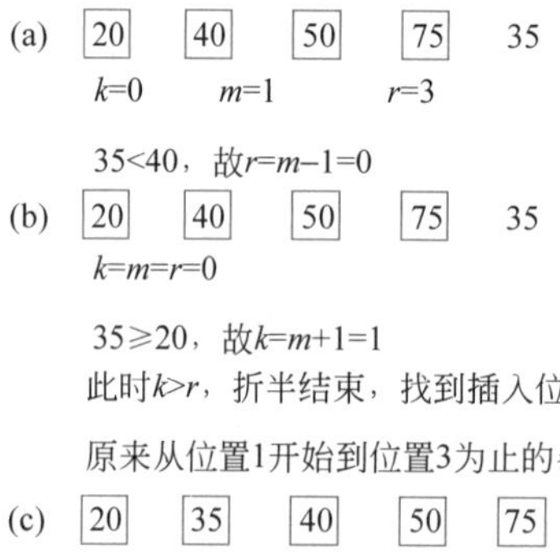

图 5.2　折半查找过程

下面给出折半插入排序的函数 BinaryInsertionSort，该函数的参数是存放被排序文件的数组 A 和文件中所包含的记录个数（即数组 A 的大小）n。

算法 5.2　折半插入排序。

```
/ * 用折半插入排序法对文件 A[0],A[1],…,A[n-1]排序 * /
void BinaryInsertionSort(ForSort A[], int n)
{
    int i,k,r;
    ForSort temp;

    for(i=1;i<n;i++)
    {
        temp=A[i]; / * 采用折半法在已排序的子文件 A[0]~A[i-1]找 A[i]的插入位置 * /
        k=0;
        r=i-1;
        while(k<=r)
        {
            int m;
```

```
            m=(k+r)/2;
            if(temp.key<A[m].key)
                r=m-1;                    /* 在前半部分继续找插入位置 */
            else
                k=m+1;                    /* 在后半部分继续找插入位置 */
        }

        /* 找到插入位置为 k,先将 A[k]~A[i-1]右移一个位置 */
        for(r=i;r>k;r--)
            A[r]=A[r-1];
        A[k]=temp;                        /* 将 temp 插入 */
    }
}
```

在算法中,采用 $k>r$ 来控制折半的结束,此时, k 就是 A[i]应该插入的位置。在判别下一步应该是在前半部分还是在后半部分继续使用折半时,采用 temp.key<A[m].key 作为依据,保证了排序过程是稳定的。

使用折半插入排序时,需进行的比较次数与记录的初始状态无关,仅依赖于记录的个数。在插入第 i 个记录时,如果 $i=2^j(0 \leqslant j \leqslant \lfloor \log_2 n \rfloor)$,则无论排序码取什么值,都需要恰好经过 $j=\log_2 i$ 次比较才能确定应该插入的位置;如果 $2^j < i \leqslant 2^{j+1}$,则需要的比较次数大约为 $j+1$。因此,将 n 个记录用折半插入排序所要进行的总的比较次数约为(为推导简便起见,假设 $n=2^k$):

$$\sum_{i=1}^{n} \lceil \log_2 i \rceil = 0+1+2+2+3+3+3+3+\cdots+k+\cdots+k$$

$$= 2^0+2^1+2^2+\cdots+2^{k-1}+2^1+\cdots 2^{k-1}+2^2+\cdots+$$

$$2^{k-1}+\cdots+2^{k-2}+2^{k-1}+2^{k-1}$$

$$= \sum_{i=1}^{k} \sum_{j=i}^{k} 2^{j-1}$$

$$= \sum_{i=1}^{k} (2^k-2^{i-1})$$

$$= k \cdot 2^k - 2^k + 1$$

$$= n\log_2 n - n + 1$$

$$\approx n\log_2 n$$

即折半插入排序的时间复杂度为 $O(n\log_2 n)$。当 n 较大时,显然要比直接插入排序的最大比较次数少得多,但是大于直接插入排序的最小比较次数。算法 BinaryInsertionSort 的记录移动次数与算法 DirectInsertionSort 相同,最坏情况是待排序文件中的记录已按非递增序排好序,此时总的移动次数为 $n(n-1)/2$;最好情况是待排序文件中的记录已按非递减序排好序,此时总的移动次数为 $2(n-1)$。

5.2.3　Shell 排序

Shell 排序法又称希尔排序法、缩小增量排序法。Shell 排序的基本思想是:先选定

一个整数 $s_1 < n$，把待排序文件中的所有记录分成 s_1 个组，所有距离为 s_1 的记录分在同一组内，并对每一组内的记录进行排序。然后，取 $s_2 < s_1$，重复上述分组和排序的工作。当到达 $s_i = 1$ 时，所有记录在同一个组内排好序。

各组内的排序通常采用直接插入法。由于开始时 s 的取值较大，每组内记录数较少，所以排序比较快。随着 s_i 的不断缩小，每组内的记录数逐步增多，但由于已经按 s_{i-1} 排好序，因此排序速度也比较快。

例 5-3 设某文件中待排序记录的排序码分别为 28、13、72、85、39、41、6、20。用 Shell 排序法对该文件进行排序，取 $s_1 = \dfrac{n}{2} = 4$，$s_{i+1} = \left\lfloor \dfrac{s_i}{2} \right\rfloor$，排序过程如图 5.3 所示。

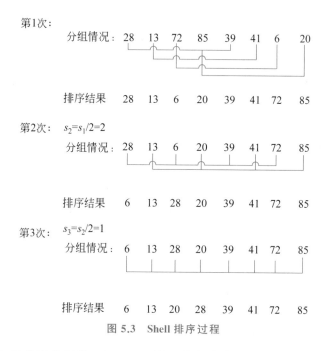

图 5.3 Shell 排序过程

下面给出 Shell 排序的函数 ShellSort，该函数的参数是存放被排序文件的数组 A、文件中所包含的记录个数（即数组 A 的大小）n、首次分组间隔（增量）s。

算法 5.3 Shell 排序。

```
/*用 Shell 排序对文件 A[0],A[1],…,A[n-1]排序,初始增量为 s*/
void ShellSort(ForSort A[],int n,int s)
{
    int i,j,k;
    ForSort temp;
    /*分组排序,初始增量为 s,每循环一次增量减半,直到增量为 0 时结束*/
    for(k=s;k>0;k>>=1)
    {
        for(i=k;i<n;i++)                        /*分组排序*/
        {
            temp=A[i];
            j=i-k;
```

```
                    /*组内排序,将 temp 直接插入组内合适的记录位置*/
                    while(j>=0&&temp.key<A[j].key)
                    {
                        A[j+k]=A[j];
                        j-=k;
                    }
                    A[j+k]=temp;
                }
            }
        }
```

一般而言,Shell 排序算法的速度要快于直接插入排序。具体分析比较复杂,请参见 Knuth 所著的《计算机程序设计技巧第 3 卷》。Shell 排序的平均比较次数和平均移动次数为 $O(n^{1.3})$。在 Shell 排序算法中,对各组内的排序,也可以采用直接插入法或其他排序算法。

Shell 排序是不稳定的。

5.3 选择排序

选择排序的基本思想是:每次从待排序的记录中选出排序码最小的记录,再在剩下的记录中选出次最小的记录,重复这个选择过程,直到完成全部排序。本节介绍直接选择排序和树形选择排序。

5.3.1 直接选择排序

基本思想:每次从待排序的记录中选出排序码最小的记录,顺序放在已排序的记录序列的最后,直到完成全部排序。

例 5-4 设某文件中待排序的记录的排序码分别为 42、32、31、12、25、11、43、10、8。用直接选择排序的排序过程如图 5.4 所示。

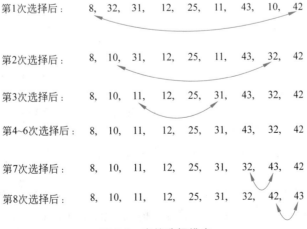

第1次选择后: 8, 32, 31, 12, 25, 11, 43, 10, 42

第2次选择后: 8, 10, 31, 12, 25, 11, 43, 32, 42

第3次选择后: 8, 10, 11, 12, 25, 31, 43, 32, 42

第4~6次选择后: 8, 10, 11, 12, 25, 31, 43, 32, 42

第7次选择后: 8, 10, 11, 12, 25, 31, 32, 43, 42

第8次选择后: 8, 10, 11, 12, 25, 31, 32, 42, 43

图 5.4 直接选择排序

算法 5.4 直接选择排序。

```
void DirectSelectSort(ForSort A[], int n)
{
    int i, j, k;
    ForSort temp;

    for (i=0; i<n-1; i++)
    {
        k=i;
        for(j=i+1;j<n;j++)
            if(A[j].key<A[k].key)
                k=j;
        if(i!=k)
        {
            temp=A[k];
            A[k]=A[i];
            A[i]=temp;
        }
    }
}
```

直接选择排序的比较次数与排序码的初始顺序无关,总的比较次数为

$$\sum_{i=1}^{n-1}(n-i)=\sum_{i=2}^{n}(i-1)=\frac{n(n-1)}{2}$$

当初始文件已排序时,移动次数最少为 0 次,最多为 $3(n-1)$ 次,即对应每趟选择后都要执行交换的情况。选择排序是不稳定的。

5.3.2 树形选择排序

树形选择排序又称为竞赛树排序或胜者树。

基本思想:把 n 个排序码两两进行比较,取出 $\left\lceil\dfrac{n}{2}\right\rceil$ 个较小的排序码作为第 1 步比较的结果保存下来,再把 $\left\lceil\dfrac{n}{2}\right\rceil$ 个排序码两两进行比较,重复上述过程,一直比较出最小的排序码为止。

例 5-5 设某文件中待排序记录的排序码分别为 40、35、30、13、24、15、42、14、17。用树形选择排序的排序过程如图 5.5 所示。

重复上述选择过程,共进行 8 次选择后完成整个文件的排序码排序,图 5.6 中的 ∞ 代表比 n 个记录的排序码都大的整数。

n 个记录的排序码用树形选择排序,总的比较次数为

$$(n-1)+(n-1)\log_2 n \approx n\log_2 n$$

移动次数不超过比较次数,总的时间开销为 $O(n\log_2 n)$。此外,存储开销方面需要增加相当多的存储空间保留中间结果。第 8 章将介绍时间开销为 $O(n\log_2 n)$,空间开销仅为 $O(1)$ 的另一树形选择排序方法(堆排序)。

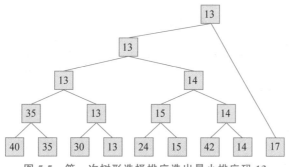

图 5.5　第一次树形选择排序选出最小排序码 13

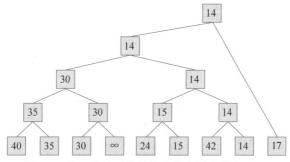

图 5.6　第二次树形选择排序选出最小排序码 14

5.4　交换排序

交换排序的基本思想是：每次将待排序文件中的两个记录的排序码进行比较，如果不满足排序要求，则交换这两个记录在文件中的顺序，直到文件中任意两个记录之间都满足排序要求为止。常用的交换排序包括起泡排序和快速排序。

5.4.1　起泡排序

起泡排序是最简单的交换排序。起泡排序的排序过程如下：首先比较第 1 个记录和第 2 个记录的排序码，如果不满足排序要求，则交换第 1 个记录和第 2 个记录的位置；然后对第 2 个记录（可能是新交换过来的最初的第 1 个记录）和第 3 个记录进行同样的处理；重复此过程，直到处理完第 $n-1$ 个记录和第 n 个记录为止。上述过程称为一次起泡过程，这个过程的处理结果就是将排序码最大（非递减序）或最小（非递增序）的那个记录交换到最后一个记录位置，到达这个记录在最后排序后的正确位置。然后，重复上述起泡过程，但每次只对前面的未排好序的记录进行处理，直到所有的记录均排好序为止。

在每次起泡过程中，可以设立一个标志位，用于标示每次起泡过程中是否进行过记录交换。如果某次起泡过程中未发生交换，则表明整个记录已经达到了排序要求。显然，对 n 个记录的排序处理最多需要 $n-1$ 次起泡过程。

例 5-6   设某文件中待排序记录的排序码分别为 28、6、72、85、39、41、13、20。用起泡排序法对该文件进行排序，排序过程如图 5.7 所示。

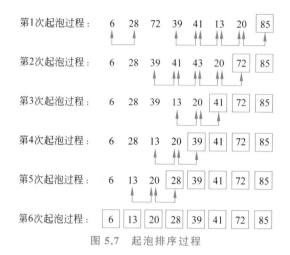

第1次起泡过程：　6　28　72　39　41　13　20　│85│

第2次起泡过程：　6　28　39　41　43　20　│72││85│

第3次起泡过程：　6　28　39　13　20　│41││72││85│

第4次起泡过程：　6　28　13　20　│39││41││72││85│

第5次起泡过程：　6　13　20　│28││39││41││72││85│

第6次起泡过程：│6││13││20││28││39││41││72││85│

图 5.7   起泡排序过程

下面给出起泡排序的函数 BubbleSort，该函数的参数是存放被排序文件的数组 A 和文件中所包含的记录个数（即数组 A 的大小）n。

算法 5.5   起泡排序。

```
/*用起泡排序法对文件 A[0],A[1],…,A[n-1]排序*/
void BubbleSort(ForSort A[],int n)
{
    int i,j;
    Bool flag;
    ForSort temp;

    for(i=n-1,flag=(Bool)1;i>0&&flag;i--)
    {
        flag=FALSE;                       /*设置未交换标志*/
        for(j=0;j<i;j++)
            if(A[j+1].key<A[j].key)
            {
                flag=TRUE;                /*有交换发生,置标志*/
                temp=A[j+1];              /*交换*/
                A[j+1]=A[j];
                A[j]=temp;
            }
    }
}
```

在执行起泡排序前，如果待排序文件中的记录顺序已经满足排序要求，则只需一次起泡过程即可，此时比较次数和移动次数均为最少，比较次数为 $n-1$ 次，移动次数为 0 次；如果待排序文件中的记录顺序是与排序要求逆序的，则需要进行 $n-1$ 次排序，此时比较次数和移动次数均达到最大，比较次数为

$$\sum_{i=1}^{n-1} i = \frac{n(n-1)}{2}$$

每次比较后要进行交换，每次交换需要 3 次移动，移动次数为

$$3\sum_{i=1}^{n-1} i = \frac{3n(n-1)}{2}$$

显然，起泡排序是稳定的。

5.4.2　快速排序

快速排序算法又称分区交换排序算法，该排序算法使用分割法对排序文件中的记录进行排序。快速排序算法的排序处理过程如下：从待排序记录中任选一个记录，以这个记录的排序码作为中心值，将其他所有记录划分成两部分，第 1 部分包括所有排序码小于或等于中心值的记录，第 2 部分包括所有排序码大于中心值的记录，而其排序码作为中心值的这个记录，在排序后必然处在这两部分的中间位置；对上述两部分继续采用同样的方式进行排序处理，直到每部分为空或者只含有一个记录为止。至此，待排序文件中的每个记录都被放置到正确的排序位置。

例 5-7　设某文件中待排序记录的排序码分别为 28、13、72、85、39、41、6、20。用快速排序法对该文件进行排序，第 1 趟排序过程如下。

取第 1 个记录的排序码 28 为中心值，排序过程采用从两边向中间夹入的方法进行分组处理。首先，取出第 1 个记录，将第 1 个记录的位置空出，将中心值 28 与最后一个（第 8 个）记录的排序码 20 进行比较，因为 28 大于 20，故将第 8 个记录交换到空出的第 1 个记录位置。这样，当前空出的记录位置为第 8 个记录位置，比较改为在前端进行，即将中心值 28 与第 2 个记录的排序码 13 进行比较，因 28 大于 13，故第 2 个记录保持不变；继续比较中心值 28 和第 3 个记录的排序码 72，因 28 小于 72，故将第 3 个记录交换到当前空出的第 8 个记录位置。此时，空出的记录位置是第 3 个记录位置，比较改为在后端进行，即将中心值 28 与第 7 个记录的排序码 6 进行比较，因 28 大于 6，故将第 7 个记录交换到当前空出的第 3 个记录位置。此时，空出的记录位置是第 7 个记录位置，比较又改为在前端进行，即将中心值 28 与第 4 个记录的排序码 85 进行比较，因 28 小于 85，故将第 4 个记录交换到当前空出的第 7 个记录位置。此时，空出的记录位置是第 4 个记录位置，比较改为在后端进行，即将中心值 28 与第 6 个记录的排序码 41 进行比较，因 28 小于 41，故第 6 个记录保持不变；继续比较中心值 28 和第 5 个记录的排序码 39，因 28 小于 39，故第 5 个记录也保持不变。此时，所有记录均比较完毕，将中心值 28 所对应的记录排序到正确的位置，即当前空出的第 4 个记录位置。

第 1 趟排序的处理过程如图 5.8 所示。

所有记录比较完毕，当前空出的记录位置是第 4 个记录，故将取出的中心值记录放在第 4 个记录位置，该记录已正确排好序。第 1 趟排序处理后的结果为

第 1 趟处理结果：20　13　6　28　39　41　85　72

```
初始状态：        28   13   72   85   39   41   6   20

取出第1个记录：   □    13   72   85   39   41   6   20
```

第1次比较，在后端进行，28>20，交换

```
第1次交换：       20   13   72   85   39   41   6   □
```

第2次比较，在前端进行，13<28，不交换

第3次比较，继续在前端进行，72>28，交换

```
第2次交换：       20   13   □    85   39   41   6   72
```

第4次比较，在后端进行，28>6，交换

```
第3次交换：       20   13   6    85   39   41   □   72
```

第5次比较，在前端进行，85>28，交换

```
第4次交换：       20   13   6    □    39   41   85  72
```

第6次比较，在后端进行，28<41，不交换

第7次比较，继续在后端进行，28<39，不交换

图 5.8　第 1 趟快速排序的比较过程

中心值将其他所有记录划分成两部分，第 1 部分是中心值记录前端的部分，包括 3 个记录，其排序码均小于或等于中心值；第 2 部分是中心值记录后端的部分，包括 4 个记录，其排序码均大于中心值。

对上述两部分采用同样方法进行处理，直到所有记录排好序。可以看出，快速排序是一个递归算法。

下面给出快速排序的函数 QuickSort，该函数的参数是存放被排序文件的数组 A、待排序的一组记录在数组 A 中的起始位置 low 和结束位置 high。

算法 5.6　快速排序。

```
/*用快速排序法对文件中的一组记录A[low],…,A[high]排序*/
void QuickSort(ForSort A[],int low,int high)
{
    int i,j;
    ForSort temp;

    if(low>=high) return;

    i=low;
    j=high;
    temp=A[i];
    while(i<j)
    {
        /*从后往前进行比较,直到当前记录的排序码小于或等于中心值*/
        while(i<j&&temp.key<A[j].key) j--;
```

```
    if(i<j)    /* 将排序码小于或等于中心值的记录交换到前面当前空出的记录位置 */
        A[i++]=A[j];    /* 从前往后进行比较,直到当前记录的排序码大于中心值 */
        while(i<j&&A[i].key<=temp.key) i++;
    if(i<j)    /* 将排序码大于中心值的记录交换到后面当前空出的记录位置 */
        A[j--]=A[i];
    }

    A[i]=temp;                /* 找到中心值对应的记录所在的位置,写入中心值对应的记录 */
    QuickSort(A,low,--j);        /* 递归处理排序码小于或等于中心值的那组记录 */
    QuickSort(A,++i,high);       /* 递归处理排序码大于中心值的那组记录 */
}
```

快速排序算法可以改写成非递归的算法,这需要引入一个栈,栈的大小取决于递归调用的深度。如果每次先处理较短的部分,则递归深度最多不超过 $\log_2 n$,因而,快速排序算法所需的附加存储空间为 $O(\log_2 n)$。

快速排序最好的情况是,每次选取的中心值记录恰好将其他记录分成大小相等(最多相差一个记录)的两部分。第 1 遍扫描时,经过大约 n 次(实际为 $n-1$ 次)比较,产生 2 个大小约为 $n/2$ 的子文件。第 2 遍扫描时,对每个子文件经过大约 $n/2$ 次比较,产生 4 个大小约为 $n/4$ 的子文件,这一阶段总的比较次数约为 $2(n/2)$ 次。第 3 遍扫描时,处理 4 个大小约为 $n/4$ 的子文件,需要大约 $4(n/4)$ 次比较。以此类推,在经过 $k=\log_2 n$ 遍扫描后,所得到的子文件大小为 1,算法终止,排序结束。因此,总的比较次数约为

$$1(n/1)+2(n/2)+4(n/4)+\cdots+2(n/n)=n+n+\cdots+n$$
$$=nk=n\log_2 n$$

最坏的情况下,所选取的中心值总是最大或最小的排序码,当待排序文件中的记录已经符合排序要求的记录顺序时就是如此。第 1 遍扫描时,经过 $n-1$ 次比较,得到一个大小为 $n-1$ 的子文件。第 2 遍扫描时,经过 $n-2$ 次比较,得到一个大小为 $n-2$ 的子文件。以此类推,第 $n-1$ 遍扫描时,得到一个大小为 1 的子文件,算法终止。因此,总的比较次数为

$$(n-1)+(n-2)+\cdots+1=n(n-1)/2$$

总体而言,可以证明快速排序算法的平均时间复杂度为 $O(n\log_2 n)$,下面给出证明过程。

设 $T(n)$ 代表对长度为 n 的文件进行快速排序的平均时间开销,显然进行一趟快速排序的时间与文件的长度 n 成正比,设为 $c \times n$,不难得到

$$T(n)=T(i)+T(n-1-i)+cn \tag{5.1}$$

设快速排序将待排序文件分成长度为 $(0,n-1),(1,n-2),\cdots,(n-1,0)$ 的两个子文件的概率相同,设为 $1/n$,则

$$\frac{T(i)+T(n-1-i)}{2}=\frac{1}{n}\sum_{k=0}^{n-1}\frac{T(k)+T(n-1-k)}{2}$$
$$=\frac{1}{n}\sum_{k=0}^{n-1}T(k) \tag{5.2}$$

将式(5.2)代入式(5.1)得

$$T(n) = cn + \frac{2}{n} \sum_{k=0}^{n-1} T(k) \tag{5.3}$$

故

$$nT(n) = cn^2 + 2 \sum_{k=0}^{n-1} T(k) \tag{5.4}$$

以 $n-1$ 代替 n，式(5.4)改写为

$$(n-1)T(n-1) = c(n-1)^2 + 2 \sum_{k=0}^{n-2} T(k) \tag{5.5}$$

式(5.4)减式(5.5)得

$$nT(n) - (n-1)T(n-1) = c(2n-1) + 2T(n-1) \tag{5.6}$$

即

$$nT(n) = (n+1)T(n-1) + 2cn - c \tag{5.7}$$

忽略式(5.7)中常数 c 得

$$nT(n) = (n+1)T(n-1) + 2cn \tag{5.8}$$

式(5.8)改写为

$$\frac{T(n)}{n+1} = \frac{T(n-1)}{n} + \frac{2c}{n+1} \tag{5.9}$$

由式(5.9)递推得

$$\frac{T(n)}{n+1} = \frac{T(1)}{2} + 2c \sum_{i=1}^{n+1} \frac{1}{i} = \ln(n+1) + \gamma - \frac{3}{2} = O(\log_2 n) \tag{5.10}$$

这里 $\gamma \approx 0.577$ 为 Euler（欧拉）常数。因此，快速排序算法的平均时间复杂性为 $O(n\log_2 n)$，平均需要 $O(\log_2 n)$ 趟快速排序过程，平均空间开销为 $O(\log_2 n)$。如果需要在任何情况下都能达到这个性能，则可以选择堆排序算法，这是一个更加健壮的时间复杂度为 $O(n\log_2 n)$ 的排序算法，其时间复杂度仅取决于待排序文件的大小。

快速排序算法是不稳定的。

5.5　分配排序

5.5.1　基本思想

为了帮助理解分配排序的基本思想，先看一个具体问题。有一堆卡片，记载了从 1981 年 1 月 1 日到 2000 年 12 月 30 日之间每天的工作摘要；每张卡片上标明了日期（年、月、日），并记载了当日的工作内容摘要。现在的问题是，为了查找卡片方便，需要对这一堆卡片进行排序，按年月日的先后顺序将这些卡片有序地存放起来，这样，当需要了解某一天的工作概况时，可以非常方便地查找到所需要的卡片。

解决这个问题有两种具体方法。第 1 种方法是，先将所有卡片按年份分成大组，第 1 大组中是 1981 年的卡片，第 2 大组中是 1982 年的卡片，最后一个大组中是 2000 年的卡片；然后对分在同一大组中的所有卡片按月份分成小组，每一大组中的第 1 小组是 1 月份

的卡片,第 2 小组是 2 月份的卡片,……,第 12 小组是 12 月份的卡片;再对每一小组中的卡片按日期由小到大的顺序进行排序;最后,将所有排序后的各组卡片依次收集起来,最上面的是第 1 大组中第 1 小组的卡片,紧接着是第 1 大组中第 2 小组的卡片,以此类推,最下面的卡片是最后一个大组中的第 12 组卡片。第 2 种方法是,先将所有卡片按日期分成 31 个组,第 1 组中是日期为 1 号的卡片,第 2 组中是日期为 2 号的卡片,第 31 组是日期为 31 号的卡片,然后将所有卡片依次收集起来,第 1 组在最上面,第 31 组在最下面;对收集起来的全部卡片,再按月份依次分到 12 个组内,每组内的卡片保持在本次收集起来后未分组前的相对先后关系,第 1 组是 1 月份的卡片,第 2 组是 2 月份的卡片,最后一组是 12 月份的卡片,然后又将所有卡片依次收集起来,第 1 组在最上面,第 12 组在最下面;最后,再将所有卡片按年份分到 20 个组,同样地,每组内的卡片保持在本次收集起来后未分组前的相对先后关系,第 1 组是 1981 年的卡片,第 2 组是 1982 年的卡片,第 20 组是 2000 年的卡片,然后再将所有卡片收集起来,第 1 组在最上面,紧接着是第 2 小组的卡片,最下面是第 20 组卡片。

显然,这两种方法都涉及一个先分配后收集的过程。所不同的是,第 1 种方法是从处在最高位的年份开始进行分配,称为"最高位优先(Most Significant Digit First)分配法";第 2 种方法是从处在最低位的日期开始进行分配,称为"最低位优先(Least Significant Digit First)分配法"。采用"最高位优先分配法"时,先分成大组,然后对每一大组进行再分组,以此类推,最后经过一次收集即可。显然,不断分组的过程是一个递归的过程。因此,通常采用"最低位优先分配法"。

从上述对卡片排序的过程可以看出,当排序码是多个字段的组合时,采用分配排序是一种非常自然的排序方法。但是,分配排序也可以用于解决由单个字段构成的简单的排序码情况,这就是下面要讨论的基数排序。

5.5.2 基数排序

基数排序的基本思想是把每个排序码看成是一个 d 元组:

$$K_i = (K_i^0, K_i^1, \cdots, K_i^{d-1})$$

其中每个 K_i 有 r 种可能的取值:$c_0, c_1, \cdots, c_{r-1}$。基数 r 的选择和排序码的类型有关,当排序码是十进制数时,最自然的取值是 $r=10, c_0=0, c_1=1, \cdots, c_{r-1}=9, d$ 为排序码的最大位数。当排序码是大写英文字符串时,$r=26, c_0=$'A', $c_1=$'B',$\cdots, c_{r-1}=$'Z',d 为排序码字符串的最大长度。排序时,先按最低位 K_i^{d-1} 的值从小到大将待排序的记录分配到 r 个盒子中,然后依次收集这些记录,再按 K_i^{d-2} 的值从小到大将全部记录重新分配到 r 个盒子中,并注意保持每个盒子中记录之间在分配前的相对先后关系,再重新收集起来……如此反复,直到对最高位 K_i^0 分配后,收集起来的序列就是排序后的有序序列,至此,基数排序完成。

例 5-8 设某文件中待排序记录的排序码由 3 位十进制数组成,分别为 114、179、572、835、309、141、646、520。如图 5.9 所示,用基数排序法对该文件进行排序。

初始状态：头→114→179→572→835→309→141→646→520

第1次分配后：

第1组：头→520←尾

第2组：头→141←尾

第3组：头→572←尾

第4组：

第5组：头→114←尾

第6组：头→835←尾

第7组：头→646←尾

第8组：

第9组：

第10组：头→179→309←尾

第1次收集后：头→520→141→572→114→835→646→179→309

第2次分配后：

第1组：头→309←尾

第2组：头→114←尾

第3组：头→520←尾

第4组：头→835←尾

第5组：头→141→646←尾

第6组：

第7组：

第8组：头→572→179←尾

第9组：

第10组：

第2次收集后：头→309→114→520→835→141→646→572→179

第3次分配：

第1组：

第2组：头→114→141→179←尾

第3组：

第4组：头→309←尾

第5组：

第6组：头→520→572←尾

第7组：头→646←尾

第8组：

第9组：头→835←尾

第10组：

第3次收集后，得到排序结果：头→114→141→179→309→520→572→646→835

图 5.9　基数排序的分配和收集过程

执行基数排序算法时，可采用顺序存储结构，用一个数组存放待排序的 n 个记录，用 r 个数组存放分配时所需的 r 个队列，每个队列最大需要 n 个记录的空间。每分配一次，需要移动 n 个记录，收集一次也需要移动 n 个记录，这样，d 趟分配和收集共需移动 $2dn$

个记录,且需要 rn 个附加空间,显然代价很高。如果采用链式存储结构,将移动记录改为修改指针,则可克服顺序存储所存在的空间和时间耗费问题,示例中给出的便是采用链式存储结构。

下面给出基数排序的函数 RadixSort,该函数的参数是指向被排序文件的单链表的指针 pData(包含头结点)、组成排序码的基数的下界 Clow 和上界 Chigh、排序码的最大长度 d。

算法 5.7 基数排序。

```c
struct forSort
{
    int key[3];                          /* 假设排序码有 3 位 * /
    struct forSort * next;
};
typedef struct forSort ForSort;

void RadixSort(ForSort * pData, int Clow, int Chigh, int d)
{
    typedef struct
    {
        ForSort * pHead;
        ForSort * pTail;
    }TempLink;
    int r=Chigh-Clow+1, i, j, k;
    TempLink * tlink;
    ForSort * p;
    tlink=(TempLink *)malloc(sizeof(TempLink) * r);

    for(i=d-1;i>=0;i--)
    {
        /* 初始化 r 个分配队列 * /
        for(j=0;j<r;j++)
            tlink[j].pHead=tlink[j].pTail=NULL;

        /* 将记录的排序码分配到 r 个队列中 * /
        for(p=pData;p!=NULL;p=p->next)
        {
            j=p->key[i]-Clow;
            if(tlink[j].pHead==NULL)
                tlink[j].pHead=tlink[j].pTail=p;
            else
            {
                tlink[j].pTail->next=p;
                tlink[j].pTail=p;
            }
        }
        /* 收集 r 个队列中的排序码 * /
        j=0;
        while(tlink[j].pHead==NULL) j++;
        pData=tlink[j].pHead;
        p=tlink[j].pTail;
```

```
        for(k=j+1; k<r; k++)
            if(tlink[k].pHead!=NULL)
            {
                p->next=tlink[k].pHead;
                p=tlink[k].pTail;
            }
        p->next=NULL;
    }

    /* 输出排序结果 */
    for(p=pData; p!=NULL; p=p->next)
    {
        for(i=0; i<d; i++)
            printf("%d", p->key[i]);
        printf(", ");
    }

    free(tlink);
    printf("\n");
}
```

基数排序算法的时间复杂度取决于基数和排序码的长度。每执行一次分配和收集，队列初始化需要 $O(r)$ 的时间，分配工作需要 $O(n)$ 的时间，收集工作需要 $O(r)$ 的时间，即每一趟需要 $O(n+2r)$ 的时间，总共执行 d 趟，共需要 $O[d(n+2r)]$ 的时间，排序过程中不涉及记录的移动。需要的附加存储空间包括每个记录增加一个指针共需要 $O(n)$ 的空间，以及需要一个分配队列占用 $O(r)$ 的空间，总的附加空间为 $O(n+r)$。

基数排序适合于记录较多、排序码分布比较均匀（d 较小）的情况，特别是排序过程中不需要移动记录，因而当记录的数据信息较大时执行效率很高。

基数排序算法是稳定的。

5.6 归并排序

当待排序的文件已经是部分排序时，可以采用将已排序的部分进行合并的方法，将部分排序的记录归并成一个完全有序的文件，这就是将要讨论的归并排序。所谓部分排序，是指一个文件划分成若干子文件，整个文件是未排序的，但每个子文件内是已经排序的。

归并排序的基本思想：将已经排序的子文件进行合并，得到完全排序的文件。合并时只要比较各子文件的第 1 个记录的排序码，排序码最小的那个记录就是排序后的第 1 个记录，取出这个记录，然后继续比较各子文件的第 1 个记录，便可找出排序后的第 2 个记录。如此反复，对每个子文件经过一趟扫描，便可得到最终的排序结果。

对于任意的待排序文件，可以把每个记录看作一个子文件，显然这样的子文件是已经部分排序的，因而可以采用归并排序进行排序。但是，要想经过一趟扫描将 n 个子文件全部归并显然是困难的。通常，可以采用两两归并的方法，即每次将两个子文件归并成一个大的子文件。第 1 趟归并后,得到 $\frac{n}{2}$ 个长度为 2 的子文件;第 2 趟归并后,得到 $\frac{n}{4}$ 个长度为 4 的子文件。如此反复,直到最后将两个长度为 $\frac{n}{2}$ 的记录经过一趟归并,即可完成对文件的排序。

　　上述归并过程中,每次都是将两个子文件归并成一个较大的子文件,这种归并方法称为"二路归并排序",此外,也可以采用"三路归并排序"或"多路归并排序"。通常采用"二路归并排序"方法。

　　例 5-9　设某文件中待排序记录的排序码分别为 28、13、72、85、39、41、6、20。用二路归并排序法对该文件进行排序。其处理过程如图 5.10 所示。

```
初始状态：     [28] [13] [72] [85] [39] [41] [6] [20]
第 1 趟归并后： [13 28] [72 85] [39 41] [6 20]
第 2 趟归并后： [13 28 72 85] [6 20 39 41]
第 3 趟归并后： [ 6 13 20 28 39 41 72 85]
```

图 5.10　二路归并过程

　　下面给出二路归并排序的函数 MergeSort,该函数的参数是存放被排序文件的数组 A 和待排序文件中记录个数 n。

　　算法 5.8　归并排序。

```
/*用二路归并排序对 A[0],A[1],…,A[n-1]排序*/
void MergeSort(ForSort A[],int n)
{
    int k;
    ForSort * B=(ForSort *) malloc(n * sizeof(ForSort));

    /*初始子文件长度为 1*/
    k=1;
    while(k<n)
    {
    /*将 A 中的子文件经过一趟归并存储到数组 B*/
    OnePassMerge(B,A,k,n);

    /*归并后子文件长度增加一倍*/
    k<<=1;

    if(k>=n)
    /*已归并排序完毕,但结果在临时数组 B 中,调用标准函数 memcpy()将其复
        制到 A 中。memcpy()包含在头文件<memory.h>或<string.h>中*/
        memcpy(A,B,n * sizeof(ForSort));
    else
    {
        /*将 B 中的子文件经过一趟归并存储到数组 A*/
        OnePassMerge(A,B,k,n);
        /*归并后子文件长度增加一倍*/
```

```
                    k<<=1;
            }
        }
}
```

算法 5.9 一趟两组归并。

```
/* 一趟归并函数,将 Src 中部分排序的多个子文件归并到 Dst 中,子文件的长度为 Len */
void OnePassMerge(ForSort Dst[], ForSort Src[],int Len,int n)
{
    int i;

    for(i=0;i<n-2*Len;i+=2*Len)
        /* 执行两两归并,将 Src 中长度为 Len 的子文件归并成长度为 2*Len 的子文件,
           结果存放在 Dst 中 */
        TwoWayMerge(Dst,Src,i,i+Len-1,i+2*Len-1);

    if(i<n-Len)
        /* 尾部至多还有两个子文件 */
        TwoWayMerge(Dst,Src,i,i+Len-1,n-1);
    else
        /* 尾部可能还有一个子文件,直接复制到 Dst 中 */
        memcpy(&Dst[i],&Src[i],(n-i)*sizeof(ForSort));
}
```

算法 5.10 两组归并。

```
/* 两两归并函数,将 Src 中从 s 到 e1 的子文件和从 e1+1 到 e2 的子文件进行归并,结果存放
Dst 中从 s 开始的位置 */
void TwoWayMerge(ForSort Dst[], ForSort Src[],int s,int e1,int e2)
{
    int s1, s2;
    for(s1=s,s2=e1+1;s1<=e1&&s2<=e2;)
        if(Src[s1].key<=Src[s2].key)
            /* 第 1 个子文件最前面记录其排序码小,将其归并到 Dst */
            Dst[s++]=Src[s1++];
        else
            /* 第 2 个子文件最前面记录其排序码小,将其归并到 Dst */
            Dst[s++]=Src[s2++];

    if(s1<=e1)
        /* 第 1 个子文件未归并完,将其直接复制到 Dst 中 */
        memcpy(&Dst[s],&Src[s1],(e1-s1+1)*sizeof(ForSort));
    else
        /* 第 2 个子文件未归并完,将其直接复制到 Dst 中 */
        memcpy(&Dst[s],&Src[s2],(e2-s2+1)*sizeof(ForSort));
}
```

归并排序算法对 n 个记录排序,需要调用函数 OnePassMerge 约 $\log_2 n$ 次,而每次调用函数 OnePassMerge 的时间复杂度为 $O(n)$,此外,归并排序算法在最后可能执行 n 次移动,所以,总的时间复杂度为 $O(n\log_2 n)$,归并排序算法需要 n 个附加存储空间。

*5.7　外部排序

前面已经研究了内排序的方法。若待排序的文件很大,就无法将整个文件的所有记录同时调入内存进行排序,只能将文件存放在外存上,称这种排序为外部排序。外部排序的过程,主要是依靠数据的内外存交换和"内部归并"两者的结合实现的。首先,按可用内存大小,将外存上含有 n 个记录的文件分成若干长度为 t 的子文件(或段);其次,利用内部排序的方法,对每个子文件的 t 个记录进行内部排序。这些经过排序的子文件(段)通常称为顺串(run),当顺串生成后即将其写入外存。这样,在外存上就得到了 $m(m=\lceil n/t \rceil)$ 个顺串。最后,对这些顺串进行归并,使顺串的长度逐渐增大,直至所有待排序的记录成为一个顺串为止。本节主要研究对顺串进行归并的方法。

5.7.1　二路合并排序

二路合并是最简单的合并方法,合并的实现与内排序中的二路归并无本质区别。下面通过具体例子分析二路合并外部排序的过程。

例 5-10　有一个含有 9000 个记录的文件需要排序(基于关键字)。假定系统仅能提供容纳 1800 个记录的内存空间。文件在外存(如磁盘)上分块存储,每块有 600 个记录。外部排序的过程分为生成初始顺串和对顺串进行归并两个阶段。生成初始顺串阶段,每次读入 1800 个记录(3 块)到内存,采用内排序依次生成顺串 $R_1,R_2,\cdots,R_5$,每个顺串长度为 1800 个记录。这些顺串依次写入外存储器中。

顺串生成后,就可开始对顺串进行归并。首先将内存等分成 3 个缓冲区 B_1、B_2、B_3,每个缓冲区可容纳 600 个记录,其中 B_1、B_2 为输入缓冲区,B_3 为输出缓冲区,每次从外存读入待归并的块到 B_1、B_2,进行内部归并,归并后的结果送入 B_3,B_3 中的记录写满时,再将 B_3 中的记录写回外存。若 B_1(或 B_2)中的记录为空,则将待归并顺串中的后续块读入 B_1(或 B_2)中进行归并,直到待归并的两个顺串都已归并为止。重复上述归并方法,由含有 3 块共 1800 个记录的顺串经二路归并的一趟归并后生成含有 6 块共 3600 个记录的顺串,再经第 2 趟……第 s 趟($s=\lceil \log_2 m \rceil$,m 为初始顺串的个数),生成含所有记录的顺串,从而完成了二路归并外部排序。图 5.11 给出了由初始 5 个顺串经二路归并的过程。

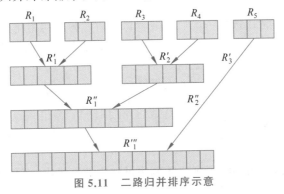

图 5.11　二路归并排序示意

在对文件进行外部排序的过程中,因为对外存的读写操作所用的时间,远远超过在内存中产生顺串、合并顺串所需时间,所以,常用对外存的读写操作所用的时间作为外部排序的主要时间开销。分析上述二路归并排序对外存的读写时间。初始时生成 5 个顺串的读写次数为 30 次(每块的读写次数为 2 次),完成第 1、2、3 趟归并时的读写次数分别为 24 次、24 次和 30 次,因此总的读写次数为 108 次。

类似地,可得到二路、三路……多路合并方法。

5.7.2 多路替代选择合并排序

5.7.1 节的二路合并排序的方法不难推广到多路合并。显然,采用多路合并技术,可以减少合并遍数,从而减少块读写次数,加快排序速度。但路数的多少依赖于内存容量的限制。此外,多路合并排序的快慢还依赖于内部归并算法的快慢。

设文件有 n 个记录,m 个初始顺串,采用 k 路合并方法,那么合并阶段将进行 $\log_k m$ 遍合并。k 路合并的基本操作是从 k 个顺串的第 1 个记录中选出最小记录(即关键字最小的记录),把它从输入缓冲区移入输出缓冲区。若采用直接的选择方式选择最小元,需 $k-1$ 次比较,$\log_k m$ 遍合并共需 $n(k-1)\log_k m = \dfrac{k-1}{\log_2 k} \cdot n\log_2 m$ 次比较。由于 $\dfrac{k-1}{\log_2 k}$ 随 k 的增长而增大,则内部归并时间亦随 k 的增大而增长。这将抵消由于增大 k 而减少外存信息读写时间所得的效果。若在 k 个记录中采用树形选择方式选择最小元,则选择输出一个最小元之后,只需从某叶到根的路径上重新调整选择树,就可以选出下一个最小元,重新构造选择树,仅用 $O(\log_2 k)$ 次比较,于是内部合并时间为 $O(n\log_2 k \cdot \log_k m) = O(n\log_2 m)$,它与 k 无关,它不再随 k 的增大而增大。

下面介绍基于"败者树"的多路替代选择合并排序方法。

图 5.12 所示的比赛树中,内部结点不是记载一次比赛的胜者(称前面内排序中的树形选择排序的树为胜者树),而是记载败者(即记录两个所比较关键字大者的缓冲区号),而让胜者参加上一级比赛,称这样的比赛树为败者树。

败者树是一棵特殊的完全二叉树,其内结点指向某片叶,叶结点指向对应缓冲区中的一个记录。由于全胜者(最小元)所在的叶到根的路径上的内结点都记载着全胜者所击败的对手,所以输出最小元并由其后继代替它后,重新构造选择树时,就很容易找到比较的对手(对手在当前结点的父母结点对应的缓冲区中),实现替代选择合并的算法也就简单了。图 5.13 是图 5.12 替代选择一次后的败者树。败者树的初始化也容易实现,只要先令所有的叶结点指向一个含最小关键字的叶结点,然后从各个叶结点出发调整内结点为新的败者即可。

败者树还可用来构造初始顺串,有兴趣的读者可参考文献[4]。

5.7.3 最佳合并排序

若初始顺串等长,采用多路顺序合并方法可完成外部排序,而且合并方法简单、算法

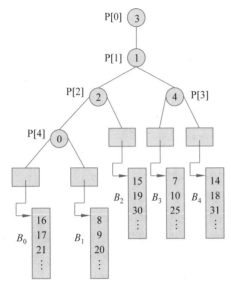

图 5.12　实现五路合并败者树　　　　图 5.13　实现五路合并一次替代选择后的败者树

效率高。但当初始顺串不等长,若仍采用顺序合
并的方法,则未必能得到高效的合并排序算法,
如图 5.14 所示。

　　例如,有 9 个初始顺串待合并,其长度(记录
数)依次为 6、10、8、4、12、10、13、15、39,假定进行
三路合并。按顺序合并可得图 5.14 所示的合并
树。图中每个方框表示一个初始归并段,框中数

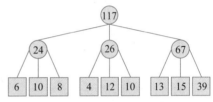

图 5.14　顺序合并的三路合并树

字表示归并段的长度。假设每个记录占一个物理块,则两趟归并所需对外存块读写次
数为

$$2 \times 2 \times (6 + 10 + 8 + 4 + 12 + 10 + 13 + 15 + 39) = 468$$

　　若将初始归并段的长度看成是归并树中叶结点的权,则此三叉树的带权外部路径长
度的 2 倍恰为 468,因此,找最佳合并排序算法等价于找带权外部路径最小的三叉树,对
一般的 k 路合并算法,则需要找带权最小外部路径长度的 k 叉树,这种 k 叉树正是
Huffman 树。后面将介绍的二叉 Huffman 树的构造可推广到 k 叉 Huffman 树。图 5.15
是一棵三路最佳合并树,其归并过程中读写外存块的次数为 426 次。

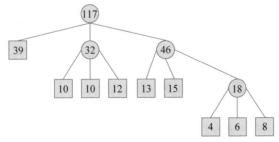

图 5.15　三路最佳合并树

习题

5.1 用直接插入排序对以下关键码序列排序,要求说明每一趟结束以后的结果。

(1) 8、4、1、9、2、1、7、4。

(2) V、B、L、A、Z、Y、C、H、S、B、H。

5.2 用折半插入排序对习题 5.1 中的序列进行排序,说明每一趟的处理过程。

5.3 用 Shell 排序对习题 5.1 中的序列进行排序,说明每一趟的处理过程。

5.4 用冒泡排序对数组 A 进行排序,列出每一趟结束以后的结果,并指明仍需排序的子文件

$$A[12] = \{85, 40, 10, 95, 20, 15, 70, 45, 40, 90, 80, 10\}$$

5.5 用快速排序对习题 5.4 中的数组进行排序,中心值选为待排序文件或子文件的中间点,在每一趟操作过程中,列出所有的记录交换,并列出每一趟结束后的结果。

5.6 如果将快速排序算法的中心值选为最后一个记录,则算法的时间复杂性仍为 $O(n\log_2 n)$,但最坏情况下的性能有所改变,如何改变?

5.7 在已经讨论的多种排序算法中,哪些排序算法能有效地处理已排序的文件? 如果是逆排序的文件呢?

5.8 举例说明各种排序算法的稳定性问题。

5.9 在冒泡排序中,有些记录在中间阶段的排序过程中,可能会向与最终排序结果相反的方向移动,请举例说明。

5.10 在冒泡排序中,可以交替地从两个方向进行扫描,第 1 遍扫描从前往后,将最大排序码记录放到最后,第 2 遍扫描从后往前,将最小排序码记录放到最前。请修改冒泡排序算法。

5.11 证明:基数排序是可以正确地排序的(提示:对排序码长度采用数学归纳法)。

5.12 对排序码序列:107、426、677、703、503、879、145、601、512、653、014、257,采用二路归并排序算法进行排序。要求列出每一趟归并的记录和归并后的结果。

5.13 采用基数排序法对习题 5.12 中的排序码序列进行排序,请给出中间结果并加以说明。

5.14 请写出在单链表上实现二路归并排序的算法。

5.15 设有一个文件含有 50 000 个记录,把每 200 个记录组成一个存储块。内存容量为 5×400(个记录)。试叙述如何对该文件作四路合并排序(假定产生的初始顺串是等长的),并画出对该文件排序时的合并树,计算排序期间共进行的块读写次数。

5.16 画出图 5.13 连续输出 4 个记录的败者树变化图。

5.17 设文件上的各初始顺串长度(块数)依次为 2、3、6、8、10、12、21、30,试画出三路合并的最佳合并树,计算出合并阶段最少块读写次数。

*5.18 编写算法实现基于"败者树"的 k 路替代选择合并排序方法。

第6章 查 找

查找是数据处理领域最常用的一种重要运算,也称为检索。查找的对象可以是线性表,也可以是复杂的树结构和文件结构。本章主要讨论基于线性表的查找。

6.1 基本概念

查找就是在给定的数据结构中搜索满足某种条件的结点。最常见的查找是给出一个值,在数据结构中找出关键码等于指定值的结点。例如,在学生成绩表中,查找指定学号的学生成绩,学号是学生成绩表的关键码,因为每个学生都有唯一的学号。查找的结果有两种情况:第一种情况是学生成绩表中有相应学号的学生成绩,自然可以查找到该学生的成绩,称为"查找成功";第二种情况是学生成绩表中没有相应学号的学生成绩,也就不可能查找对应的成绩,称为"查找失败"。

除了基于关键字的查找以外,还可能按其他属性值进行查找。例如,可能需要查找学生成绩表中英语成绩为 95 分的学生。显然,查找的结果有多种,可能没有任何一个学生的成绩为 95 分,可能有一个学生的成绩为 95 分,也可能有多个学生的成绩为 95 分。对于有多个满足条件的结点,有些查找只要求给出一个结点即可,例如为了确定所有学生中是否有英语成绩为 95 分的学生;有些查找要求给出所有满足条件的结点,例如要找出所有学生中有哪些学生的英语成绩为 95 分。一般来说,基于关键码的查找和基于属性值的查找没有太多的区别。对不同的存储结构,可以采用的查找方法也不尽相同。同时,为了提高查找的速度,也常常针对不同场合采用不同的存储结构。衡量一个查找算法的好坏的依据主要是查找过程中需要执行的平均比较次数,或者称为平均查找长度,通常用 $E(n)$ 来表示,其中 n 为线性表中的结点个数。此外,还要考虑算法所需要的附加存储空间,以及算法本身的复杂性等。

为方便起见,在本章以后的讨论中,均假设结点是等长的,查找都是基于关键码的查找,且关键码都是整数。这些假设是合理的,因为,如果结点是不等长,则可以讨论结点的目录表;如果关键码不是整数,则可以在关键码和整数之间建立一一对应的关系。

6.2 顺序查找

顺序查找是一种最简单也是效率比较低下的查找算法。顺序查找时,将每个结点的关键码和给定的待查的关键码值进行比较,直到找出相等的结点或者找遍了所有结点。执行顺序查找算法时,被查找的线性表可以是顺序存储的,也可以是链接存储的,对结点没有排序要求,因而顺序查找具有非常好的适应性。

下面给出顺序查找的函数 SeqSearch，该函数的参数是存放被查找结点集合的数组 A、结点数 n、要查找的关键码值 key。

算法 6.1 顺序查找。

```
typedef struct
{
    int key;
}T;

/* 用顺序查找法找出 A[0],A[1],…,A[n-1]中关键码等于给定的关键码值 key 的结点。如果
查找成功,则返回查找到的结点在 A 中的位置(结点的下标);如果查找失败,则返回-1* /
int SeqSearch(T A[], int key, int n)
{
    int i;

    for (i=0; i<n; i++)
        if (A[i].key==key)
        {
            printf("seq: key %d is found, subscript is %d\n", key, i);
            /* 查找成功,返回结点的下标 * /
            return i;
        }

    /* 查找失败,返回-1* /
    return -1;
}
```

顺序查找的时间复杂度在最好情况和最差情况下差别很大。最好情况是线性表中的第一个结点就是要查找的结点，其时间复杂度为 $O(1)$。最差情况是直到找到线性表中的最后一个结点，或者表中根本就没有符合条件的结点，其时间复杂度为 $O(n)$。一般地，线性表中的每个结点具有相同的查找概率，此时顺序查找的平均查找长度约为 $n/2$。因此，顺序查找的时间复杂度为 $O(n)$。

对于顺序查找，介绍两种提高查找效率的办法。

（1）将查找概率大的数据元素放在线性表的前面，这时检索成功的平均查找长度不会超过 $\dfrac{n+1}{2}$。

数学上，上述结论可表述为设 $i<j$，$p_i \geqslant p_j$，p_i 为检索第 i 个数据元素的概率，$\sum\limits_{i=1}^{n} p_i = 1$，则

$$\sum_{i=1}^{n} p_i \cdot i \leqslant \frac{n+1}{2} \tag{6.1}$$

上述结论可由数学归纳法证明。

证明：

当 $n=2$ 时，因

$$p_1 \cdot 1 + p_2 \cdot 2 = p_1 + p_2 + p_2 = 1 + p_2 \leqslant 1 + \frac{1}{2} = \frac{2+1}{2}$$

结论成立。

设式(6.1)对于 $n=k$ 成立，k 为大于 2 的自然数，当 $n=k+1$ 时，有

$$\sum_{i=1}^{k+1} p_i \cdot i = \sum_{i=1}^{k} p_i \cdot i + p_{k+1} \cdot (k+1)$$

$$= \sum_{i=1}^{k}\left(p_i + \frac{p_{k+1}}{k}\right) \cdot i - \frac{1}{k}\sum_{i=1}^{k} p_{k+1} \cdot i + p_{k+1} \cdot (k+1)$$

$$= \sum_{i=1}^{k}\left(p + \frac{p_{k+1}}{k}\right) \cdot i + \frac{p_{k+1}}{2}(k+1) \tag{6.2}$$

因 $\sum\limits_{i=1}^{k}\left(p_i + \dfrac{p_{k+1}}{k}\right) = 1$，由归纳法假设得

$$\sum_{i=1}^{k}\left(p_i + \frac{p_{k+1}}{k}\right) \cdot i \leqslant \frac{k+1}{2} \quad \text{及} \quad p_{k+1} \leqslant \frac{1}{k+1}$$

代入式(6.2)得

$$\sum_{i=1}^{k+1} p_i \cdot i \leqslant \frac{k+1}{2} + \frac{p_{k+1}}{2} \cdot (k+1) \leqslant \frac{k+1+1}{2}$$

证毕。

（2）顺序查找前，将关键码先排序，再进行顺序查找，此时，查找失败不必比较到线性表的表尾，平均查找长度将会缩小。

6.3　折半查找

顺序查找适合于任意的存储结构，且不要求被查找的结点一定是有序的。如果待查找的结点是顺序存储而且是有序的（已经按关键字排好序），可以有更加高效的查找算法，这就是折半查找算法，也称为"二分法查找"算法。

折半查找算法也是一种常用的查找算法。日常生活中，存在着大量的采用折半查找的具体实例。例如，人们在字典中查找某个单词时，可以先翻到字典的中间，如果要查找的单词按字典顺序小于当前页中的第一个单词，则在前面部分进行折半查找；如果要查找的单词按字典顺序大于当前页中的最后一个单词，则在后面部分进行折半查找。重复上述查找过程，直到找到这个单词或者字典中根本没有这个单词为止。

采用折半查找算法在线性表中查找结点时，首先找到表的中间结点，将其关键码与给定的要找的值进行比较，若相等，则查找成功；若当前结点的关键码大于要找的值，则继续在表的前半部分进行折半查找，否则继续在表的后半部分进行折半查找。

例 6-1　设有 8 个结点组成的线性表，它们已经按关键码排好序，其关键码序列为 3、5、7、9、14、32、46、85。采用折半查找算法在线性表中查找关键码等于 46 的结点，查找过程如图 6.1 所示。

下面给出实现折半查找的函数 BinarySearch，该函数的参数是线性表 A、结点个数 n、要查找的值 key。

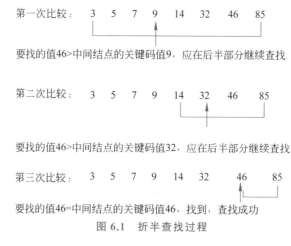

要找的值46>中间结点的关键码值9，应在后半部分继续查找

第二次比较： 3 5 7 9 14 32 46 85

要找的值46>中间结点的关键码值32，应在后半部分继续查找

第三次比较： 3 5 7 9 14 32 46 85

要找的值46=中间结点的关键码值46，找到，查找成功

图 6.1 折半查找过程

算法 6.2 折半查找。

```
/* 用折半查找算法在线性表 A 中查找 key 值,若找到,返回其下标值,否则返回-1 */
int BinarySearch(T A[], int key, int n)
{
    int low, high, mid;

    /* 初始查找区间为整个表 */
    low=0;
    high=n -1;

    while (low<=high)
    {
        /* 计算中间结点位置 */
        mid=(low+high)>>1;
        if (key==A[mid].key)
        {
            printf("Binary: key %d is found, subscript is %d\n", key, mid);
            /* 找到 key 值,返回对应结点的下标 */
            return mid;
        }
        else if (key>A[mid].key)
            /* 修改折半查找区间的左下标 */
            low=mid+1;
        else
            /* 修改折半查找区间的右下标 */
            high=mid -1;
    }
    /* 未找到,返回-1 */
    return -1;
}
```

折半查找算法的最好情况是第一次比较就找到了对应的结点,因为只进行了一次比较,故此时时间复杂度为 $O(1)$。最差情况是表中根本没有要找的结点,此时需要进行约 $\log_2 n$ 次比较,时间复杂度为 $O(\log_2 n)$。

事实上，$n=2^j-1$ 时，用于折半查找的最大比较次数为 j 次；当 $n=2^j-1$ 时，用于折半查找最大的比较次数为 j 次；当 $j=1,2,\cdots,2^j-1<n\leqslant 2^{j+1}-1$ 时，最大查找长度为 $\lceil\log_2(n+1)\rceil$。设线性表中的结点数 $n=2^j-1$，则平均查找长度为

$$E(n)=\frac{1}{n}\left(\sum_{i=1}^{j} i\times 2^{i-1}\right)=\frac{n+1}{n}\log_2(n+1)-1$$

实际上，折半查找算法的平均时间复杂度和最坏情况下的时间复杂度均为 $O(\log_2 n)$。和顺序查找的平均时间复杂度相比，折半查找具有明显的高效率。

6.4 分块查找

折半查找虽然具有很好的性能，但其前提条件是线性表顺序存储而且按关键码排序，这一前提条件在结点数很大且表元素动态变化时是难以满足的。当然顺序查找可以解决表元素动态变化的问题，但查找效率很低。如果既要保持对线性表的查找具有较快的速度，又要能够满足表元素动态变化的要求，则可以采用分块查找的方法。分块查找要求把一个大的线性表分解成若干块，在每一块中的结点可以任意存放，但块与块之间必须排序。假设排序是按关键码值非递减的，那么，这种块与块之间必须是已排序的要求，实际上就是对于任意的 i，第 i 块中所有结点的关键码值必须都小于第 $i+1$ 块中所有结点的关键码值。此外，还要建立一个索引表，把每块中的最大关键码值作为索引表的关键码值，按块的顺序存放一个辅助数组中，显然，这个辅助数组是按关键码值非递减排序的。查找时，首先在索引表中进行查找，确定要找的结点所在的块，由于索引表是排序的，因此，对索引表的查找可以采用顺序查找或折半查找；然后，在相应的块中采用顺序查找，即可查找到对应的结点。

分块查找在现实生活中也是很常用的。例如，一个学校有很多个班级，每个班级有几十名学生。给定一个学生的学号，要求查找这个学生的相关资料。显然，每个班级的学生档案是分开存放的，没有任何两个班级的学生的学号是交叉重叠的，那么，最好的查找方法是先确定这个学生所在的班级，然后再在这个学生所在的班级的档案中查找这个学生的资料。上述查找学生资料的过程，实际上就是一个典型的分块查找过程。

例 6-2　设有一个线性表包括 17 个结点，现将其分为 3 块，前两块各有 6 个结点，最后一块有 5 个结点，各块采用顺序存储，分别存放在 3 个连续的内存空间中，辅助数组有 3 个元素，每个元素包括两个字段，一个是对应块中的最大关键码值，一个是存放在该块中的结点的连续内存空间的起始地址，如图 6.2 所示。

现在给定值 80，要求查找到关键码值等于 80 的对应结点。采用分块查找方法，首先查找索引表，将给定值与索引表的第一项的 key 值进行比较，因 $80>20$，说明要找的结点不可能在第一块中；继续比较索引表中的第二项的 key 值，因 $80>56$，说明要找的结点也不可能在第二块中；继续比较索引表中的第三项的 key 值，因 $80=80$，因此，要查找的节点如果存在的话，必在第三块中。由第三项的 link 域可以得到第三块的起始地址，在第三块中进行顺序查找，经过 5 次比较，可以找到第三块中的第五个结点满足要求。上述查找过程总共经过了 8 次比较，如果将所有结点顺序存放在一起，采用顺序查找方法，则找

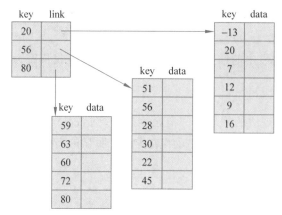

图 6.2　分块查找过程

到对应的结点需要经过 17 次比较。

基于前面讨论的顺序查找算法和折半查找算法，不难写出实现分块查找的算法。在此，只分析一下分块查找算法的时间复杂度，而不给出具体的算法描述。

分块查找的平均查找长度由两部分组成：一部分是对索引表进行查找的平均查找长度 E_b；另一部分是对块内结点进行查找的平均查找长度 E_w，总的平均查找长度为 $E(n) = E_b + E_w$。线性表中共有 n 个结点，分成大小相等的 b 块，每块有 $s = n/b$ 个结点。假定对索引表也采用顺序查找，只考虑查找成功的情况，并假定对每个结点的查找概率是相等的，则对每块的查找概率为 $1/b$，对块内每个结点的查找概率为 $1/s$。因为

$$E_b = \sum_{i=1}^{b} \left(i \times \frac{1}{b} \right) = \frac{b+1}{2}$$

$$E_s = \sum_{i=1}^{s} \left(i \times \frac{1}{s} \right) = \frac{s+1}{2}$$

所以

$$E(n) = E_b + E_w = \frac{b+1}{2} + \frac{s+1}{2} = \frac{n+s^2}{2s} + 1$$

当 $s = \sqrt{n}$ 时，$E(n)$ 取最小值，此时：

$$E(n) = \sqrt{n} + 1 \approx \sqrt{n}$$

上式实际上也给出了采用分块查找算法时对全部结点如何进行分块的原则。

分块查找的速度虽然不如折半查找算法，但比顺序查找算法要快得多，同时又不需要对全部结点进行排序。当结点很多、块数很大时，对索引表可以采用折半查找，可以进一步提高查找的速度。

分块查找由于只要求索引表是有序的，对块内结点没有排序要求，因此，特别适合于结点动态变化的情况。当增加或减少结点以及结点的关键码改变时，只需调整该结点到所在的块即可。在空间复杂度上，分块查找的主要代价是增加了一个辅助数组。

需要注意的是，当结点变化很频繁时，可能会导致块与块之间的结点数相差很大，某些块具有很多的结点，而另一些块则可能只有很少的结点，这将会导致查找效率的下降。

6.5　散列查找

6.5.1　概述

前面讨论的多种查找算法,其平均查找长度与结点数密切相关,都不可能达到 $O(1)$ 的时间复杂度。那么,是否就没有这样的查找算法呢?答案是否定的。

假设有一组结点,它们的关键码是整数值,最小的关键码值是 0,最大的关键码值是 79 999,那么,通过建立一个大小为 80 000 的数组,将这些结点存放在这个数组中,每个结点的存放位置就是其关键码值所对应的那个位置。于是,当要查找具有给定的关键码值所对应的结点时,根本不需要查找,直接以给定的值为下标访问数组的对应元素即可。

上述快速查找的思想无疑是很好的,但问题是,可能所有的结点数只有几十个,这样,数组的绝大部分空间闲置。更为严重的是,可能最小的关键码值和最大的关键码值之差是一个巨大的数,按照这个数创建一个数组,内存空间远远不够用,这将导致这个方法无法实际使用。

为了解决这个矛盾,提出了一种关键码值转换的函数,称为散列函数,也称哈希(Hash)函数,利用这个函数,将分散的关键码值映射到一个较小的区间,再利用映射后的值作为访问结点的下标。由于采用了一个转换函数,关键码不一定要求是整数,也可以是字符串,只要针对具体类型的关键码构造一个合适的散列函数,将关键码值转换成整数即可。

假设有一组关键码值为整数的同类型结点,散列函数将关键码值映射到 $0 \sim n-1$ 范围内的整数值。与散列函数相关联的是一个表,其索引范围也是 $0 \sim n-1$。这个表称为散列表或哈希表(Hash Table),该表用来存放结点的数据或数据的引用。

例 6-3　设 key 是正整数,一个简单的散列函数 Hash()将 key 映射为 key 的个位值。索引范围为 $0 \sim 9$。例如,若 key=49,则 Hash(49)=9,这个散列函数用模 10 运算求值。该散列函数为

```
/*散列函数值取为关键码值的个位数的函数*/
int Hash(int key)
{
    return key %10;
}
```

散列函数经常是"多对一"的,这就必然导致了"冲突"(Collisions),也称为"碰撞",具有相同散列值的关键码值称为"同义词"。对于例 6-3 中的散列函数,Hash(49)和 Hash(29)的值都是 9。更一般地,在此例中,所有个位为 9 的关键码值其返回值都是 9。当冲突发生后,两个或多个结点被关联到散列表的同一个表项。但两个结点不可能占据同一个位置,所以,必须设计一种解决冲突的策略。

为了更好地讨论冲突及其解决办法以及评价散列法的检索效率,引入一个散列法的重要参数——负载因子,负载因子 α 定义为

$$\alpha = \frac{\text{散列表中的结点数目}}{\text{散列表的长度}}$$

这里的散列表的长度是指散列表中存储单元的个数。

6.5.2　散列函数

散列函数必须将关键码值映射到指定的 $0 \sim n-1$ 范围内的整数值。设计散列函数时，应该考虑两个主要方面：一是散列函数应该能够有效地减少冲突；二是散列函数必须具有很高的执行效率。有几种主要的散列函数构造方法可以满足这些要求。因为任何不是整数的关键码都可以通过建立 1-1 映射转换成为整数型的关键码，所以，下面的讨论中，假定关键码都是整数。

1. 除留余数法

除留余数法是最常用的一种散列方法，它利用求余数运算将整数型的关键码值映射到 $0 \sim n-1$ 的范围内。选择一个适当的正整数 p，用 p 去除关键码值，所得余数就是对应关键码值的散列值。这个方法的关键是选取适当的 p，如果 p 为偶数，则它总是把奇数转换成奇数，把偶数转换成偶数，这无疑会增加冲突的发生。如果选择 p 为 10 的幂次也不好，因为这等于只取关键码值的最后几位，同样不利于减少冲突。一般地，选 p 为不大于散列表长度 n 的最大素数比较好。例如：

$$n = 8, 16, 32, 64, 128, 256, 512, 1024$$
$$p = 7, 13, 31, 61, 127, 251, 503, 1021$$

2. 数字分析法

当关键码的位数很多时，可以通过对关键码的各位进行分析，丢掉分布不均匀的位，留下分布均匀的位作为散列值。

例 6-4　对下列关键码值集合采用数字分析法计算散列值，关键码是 9 位的，散列值是 3 位的，需要经过数字分析丢掉 6 位。

key	Hash(key)
100319426	326
000718309	709
000629443	643
100758615	715
000919697	997
000310329	329

数字分析法只适合于静态的关键码值集合，当关键码值集合发生变化后，必须重新进行数字分析。这无疑限制了数字分析法在实际中的应用。

3. 平方取中法

平方取中法的具体做法是，首先计算关键码值的平方值，然后从平方值的中间位置选取连续若干位,将这些位构成的数作为散列值。

例 6-5 对下列关键码值集合采用平方取中法计算散列值,取平方值中间的两位。

key	key^2	Hash(key)
319426	102032969476	29
718309	515967819481	78
629443	396198480249	84
758615	575496718225	67
919697	845842571809	25
310329	096304088241	40

下面给出平方取中法的散列函数。

```
/* 平方取中法散列函数,假设关键码值是 32 位的整数,
散列函数将返回 key * key 的中间 10 位 */
int Hash(int key)
{
    key * =key;              /* 计算 key 的平方 */
    key >>=11;              /* 去掉低 11 位 */
    return key %1024;       /* 返回低 10 位(即 key * key 的中间 10 位) */
}
```

4. 随机乘数法

随机乘数法使用一个随机实数 $f(0 \leqslant f < 1)$。乘积 $f \times \text{key}$ 的分数部分在 $0 \sim 1$,用这个分数部分的值与 n(散列表的长度)相乘,乘积的整数部分就是对应的散列值,显然,这个散列值落在 $0 \sim n-1$。

例 6-6 对下列关键码值集合采用随机乘数法计算散列值,随机数 $f = 0.103149002$,散列表长度为 $n = 101$。

key	$f \times \text{key}$	$n \times ((f \times \text{key})$的小数部分$)$	Hash(key)
319426	32948.47311	47.78411	47
718309	74092.85648	86.50448	86
629443	64926.41727	42.14427	42
758615	78250.38015	38.39515	38
919697	84865.82769	83.59669	83
310329	32010.12664	12.79064	12

5. 折叠法

如果关键码值的位数比散列表长度值的位数多出很多,可以采用折叠法。折叠法是将关键码值分成若干段,其中至少有一段的长度等于散列表长度值的位数,把这些多段数相加,并舍弃可能产生的进位,所得的整数作为散列值。

例 6-7 对关键码值 key = 852422241 采用折叠法计算其散列值,其散列值是一个 4 位整数。可以有多种不同的具体计算方法,下面给出了 3 种不同的折叠、移位、相加的

方法。

85｜2422｜241	85｜2422｜241	852｜4222｜41
5 8	8 5	8 5 2
1 4 2	2 4 1	4 1
2 4 2 2	2 4 2 2	4 2 2 2
―――	―――	―――
8 3 6 4	① 1 1 6 3	5 1 1 5
Hash(key)＝8364	Hash(key)＝1163	Hash(key)＝5115

6. 基数转换法

将关键码值看成是在另一个基数数制上的数，然后把它转换成原来基数上的数，再选择其中的若干位作为散列值。一般取大于原来基数的数作转换的基数，并且两个基数应该是互素的。

例 6-8 采用基数转换法，计算十进制关键码值 key＝852422241 的散列值，取转换基数为 13，则有

$$(852422241)_{13}$$
$$=8 \times 13^8 + 5 \times 13^7 + 2 \times 13^6 + 4 \times 13^5 + 2 \times 13^4 + 2 \times 13^3 + 2 \times 13^2 + 4 \times 13 + 1$$
$$=(6850789050)_{10}$$

取转换后数值的中间 4 位数字作为散列值，于是 Hash(key)＝0789。

6.5.3 冲突的处理

两个或多个数据项可能具有相同的散列值，但它们不能占用散列表的同一个位置。可能的选择只有两种，要么将引起冲突的新数据项存放在表中另外的位置，要么为每个散列值单独建立一个表以存放具有相同散列值的所有数据项。这两种不同的选择代表了解决冲突的两种经典策略，这就是"开放地址法"和"链表地址法"。

1. 开放地址法

开放地址法假定散列表的每个表项有一个是否被占用的标志。当试图加入新的数据项到散列表中时，首先判断散列值指定的表项是否已被占用。如果位置已被占用，则依据一定的规则在表中寻找其他空闲的表项。

最简单的探测空闲表项的方法是线性探测法，当冲突发生时，就顺序地探测下一个表项是否空闲。如果 Hash(key)＝d，但第 d 项表项已经被占用，即发生了冲突，那么探测序列为：d，$d+1$，$d+2$，…，$n-1$，0，1，…，$d-1$。

一般而言，由于散列表的长度大于实际的数据项，因此，沿着这个探测序列，总可以找到一个空闲的表项。

下面这个算法完成散列表的查找，散列表使用线性探测解决冲突，函数的参数为散列表 ht，要查找的关键码值 key 和散列表的大小 n。

算法 6.3 线性探测法解决冲突。

```
/* 散列表查找,使用线性探测法解决冲突 */
void HashSearch(T ht[], int key, int n)
{
    int k,j;

    k=Hash1(key);
    /* 计数已探测的结点数 */
    j=0;
    while (j<n && ht[k].key!=key && ht[k].key!=0)
    {
        /* 尚未找到且同义词子表未结束,继续顺序查找下一个 */
        if (++k >=n)
        /* 若已到达散列表尾部,则回到散列表头部 */
        k=0;
        j++;
    }
    if (j==n)
        /* 散列表中没有空闲表项,报溢出信息 */
        printf("Hash table has been overflowed!\n");
    else if (ht[k].key==key)
        /* 找到,输出信息 */
        printf("hash: key %d is found, subscript is %d\n", key, k);
      else
      ht[k].key=key;
}
```

用线性探测法解决冲突,可能出现另外一个问题,这就是"堆积"。例如,在使用散列法计算出散列值后,散列表的对应表项可能已经被非同义词的结点所占据。如果散列函数选择不当,或者负载因子过大,都可能加剧这种堆积现象。

为了改善堆积现象,可以采用双散列函数探测法。这个方法是使用 2 个散列函数 Hash1 和 Hash2,其中 Hash1 以关键码值为自变量,产生一个 $0 \sim n-1$ 的散列值。Hash2 也以关键码值为自变量,产生一个 $1 \sim n-1$ 的数。当 n 为素数时,Hash2(key)可以是 $1 \sim n-1$ 的任何数;当 n 是 2 的幂次数时,Hash2(key)可以是 $1 \sim n-1$ 的任何奇数。Hash1 用来产生基本的散列值,当发生冲突时,利用 Hash2 计算探测序列。因此,使用双散列函数探测法,可以使探测序列跳跃式地散列到整个存储区域里,从而有助于减少"堆积"的产生。

设 Hash1(key)$=d$ 时发生冲突,则再计算 $k=$ Hash2(key),得到探测序列为

$(d+k) \% n, (d+2k) \% n, (d+3k) \% n, \cdots$

下面这个算法实现散列表的插入,散列表使用双散列函数解决冲突,函数的参数为散列表 ht、要查找的关键码值 key 和散列表的大小 n。

算法 6.4 用双散列函数解决冲突。

```
/* 散列表插入,使用双散列函数探测解决冲突 */
void DHashSearch(T ht[], int key, int n)
```

```
{
    int k, c, j;

    k=Hash1(key);
    c=Hash2(key);
    /*计数探测的结点(散列表表项)数*/
    j=0;
    while (j<n && ht[k].key!=key && ht[k].key!=0)
    {
        k+=c;
        k%=n;
        j++;
    }

    if (j>=n)
        /*没有空余的表项,发生溢出*/
        printf("Hash table has been overflowed!\n");
    else if (ht[k].key==key)
        printf("Dhash: key %d is found, subscript is %d\n", key, k);
        else
        /*写入关键码值*/
        ht[k].key=key;
}
```

用开放地址法解决冲突必须注意一个问题,就是不能随便删除散列表中的表项,因为删除一个表项可能使同义词序列断开,从而影响到对其他表项的查找。

2. 链表地址法

链表地址法是为散列表的每个表项建立一个单链表,用于链接同义词子表,为此,每个表项需增加一个指针域。

同义词子表建立在什么地方呢？有两种不同的处理方法。一种方法是在散列表的基本存储区域外开辟一个新的区域用于存储同义词子表,这种方法称为"分离的同义词子表法",或称"独立链表地址法",这个分离的同义词子表所在的区域称为"溢出区";另一种方法是不建立溢出区,而是将同义词子表存储在散列表所在的基本存储区域里,例如,可以在基本存储区域里从后往前探测空闲表项,找到后就将其链接到同义词子表中,这个方法称为"结合的同义词子表法",或称"公共链表地址法"。

例 6-9 设有 10 个数据项,其关键码值分别为 54、77、94、89、14、45、76、23、43、47,散列表的长度为 11,散列函数为除留余数法($h(key)=key\%11$)。

若采用分离的同义词子表,则散列存储的结果如图 6.3 所示。如采用结合的同义词子表,则散列存储的结果如图 6.4 所示。

独立链表地址法是查找效率最好的解决冲突的方法,速度要快于开放地址法,因为独立链表地址法在作散列查找时仅仅需要搜索同义词子表。开放地址法要求表长是固定的,而独立链表地址法中的表项则是动态分配的,其表长仅受内存空间的限制。链表法的主要缺点是需要为每个表项(包括分离的同义词子表的每个结点)设立一个指针域。

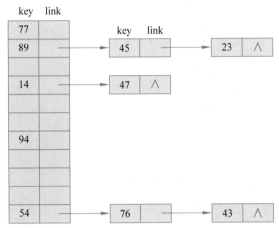

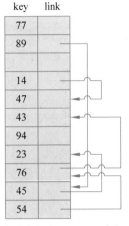

图 6.3　用分离的同义词子表解决冲突　　　　图 6.4　用结合的同义词子表解决冲突

总的来说,独立链表地址法的动态结构使它成为散列法中解决冲突的首选方法。

6.5.4　散列查找的效率

对于散列查找算法的效率的具体推导过程,请参见 Knuth 所著的《计算机程序设计技巧》第三卷。表 6-1 给出了采用 4 种不同的冲突解决方法时,散列表的平均查找长度,其中 α 为散列表的负载因子。

表 6-1　4 种处理冲突方法的平均查找长度

解决冲突的方法	平均查找长度	
	查找成功	查找失败
线性探查法	$\dfrac{1}{2}\left(1+\dfrac{1}{1-\alpha}\right)$	$\dfrac{1}{2}\left(1+\dfrac{1}{(1-\alpha)^2}\right)$
双散列函数探查法	$-\dfrac{\ln(1-\alpha)}{2}$	$\dfrac{1}{1-\alpha}$
结合的同义词子表法	$1+\dfrac{1}{8\alpha}(e^{2\alpha}-1-2\alpha)+\dfrac{\alpha}{2}$	$1+\dfrac{1}{4}(e^{2\alpha}-1-2\alpha)$
分离的同义词子表法	$1+\dfrac{\alpha}{2}$	$\alpha+e^{-\alpha}$

从表 6-1 和图 6.5 中可以看出,散列表的平均查找长度不直接依赖于结点个数,不是随着结点数目的增加而增加,而是随着负载因子的增大而增加。通过合理地确定解决冲突的方法和负载因子,散列查找的平均查找长度可以小于 1.5。

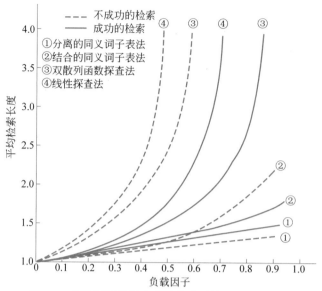

图 6.5　几种不同的解决碰撞方法时的平均检索长度

习题

6.1　画出利用折半查找算法在有序序列 001、026、034、047、108、171、176、408、579、581、690、701 中查找关键码值 001、011、171、581、701 的查找过程，给出必要的说明。

6.2　写出在单链表上实现直接顺序查找的算法。

6.3　给出关键码值集合 A，请给出采用分块查找时的最佳分块结果，并给出查找关键码值 701 的过程。

　　$A = \{001, 702, 126, 834, 047, 108, 171, 176, 408, 690, 579, 581, 701, 231, 074, 025,$
　　　 $311, 397, 132, 597\}$

6.4　给出关键码有序序列为 wai、wan、wen、wil、wim、wul、xem、xul、yo、yum、zi、zoe、zom、zxi、zzo，请列出采用折半查找算法查找 xul、yum、wae 的过程。

6.5　假设散列函数具有以下特性（设存储单元地址为 0～8，每个关键码占一个存储单元）：

　　关键码值 257 和 567 的散列值为 3；

　　关键码值 987 和 313 的散列值为 6；

　　关键码值 734、189 和 575 的散列值为 5；

　　关键码值 122 和 391 的散列值为 8。

　　假设插入顺序为 257、987、122、575、189、734、567、313、391。

　　(1) 若使用开放地址法解决冲突，试标明数据的存储位置。

　　(2) 若使用独立链表法解决冲突，试标明数据的存储位置。

6.6　在习题 6.5 中，若插入顺序完全相反，结果分别是什么？

6.7　已知散列函数

```
unsigned long hash(unsigned long key)
{
  return (key * key >>8) %65536;
}
```

（1）散列表的长度是多少？

（2）hash(16)和 hash(10000)的值分别是多少？

（3）用文字概括说明该算法执行什么操作。

6.8 散列表适合于依次插入多次查找的应用场合。开放地址法不适合于那些需要从散列表中删除元素的应用程序。考察图 6.6 所示的散列表，它有 101 个表项，散列函数为 hash(key)＝key %101。

（1）在表位置 1 处删除 304，放入 0，对 707 进行查找时会发生什么？针对一般情况，解释为什么将表项置为空不是解决删除的正确方法。

（2）要解决上述问题，可以将一个特定的关键码值 DeletedData 放在被删除的表项位置，当查找表项时，关键码值为 DeletedData 的表项将被跳过。在表中可以用关键码值 −1 表示在特定表位置发生了删除。说明采用这种方法在 304 删除后可以正确地查找到 707。

（3）写出采用上述标记方法删除表元素的算法。

（4）写出采用上述标记方法查找一个元素的算法。

（5）写出采用上述标记方法插入一个元素的算法。

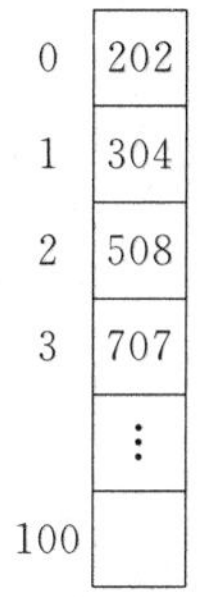

0	202
1	304
2	508
3	707
⋮	
100	

图 6.6 题 6.8 用图

第 7 章　树和二叉树

7.1　树的概念

树结构是结点间有分支的、层次的结构,它是一种常见的又很重要的非线性结构。下面首先给出树结构的递归定义。

定义 7.1　树(tree)是 $n(n \geqslant 0)$ 个结点的有限集合 T,如果 T 为空,则它是一棵空树(null tree),否则

(1) T 中有一个特别标出的称为根(root)的结点。

(2) 除根结点之外,T 中其余结点被分成 m 个($m \geqslant 0$)互不相交的非空集合 $T_1, T_2, \cdots, T_m$,其中每个集合本身又都是树。树 $T_1, T_2, \cdots, T_m$ 称为 T 的根的子树(subtree)。

例 7-1　小明家的家族树如图 7.1 所示。

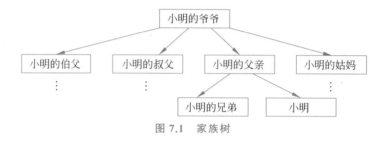

图 7.1　家族树

一些基本术语

(1) 度数 (degree):一个结点的子树个数。

(2) 树叶 (leaf):没有子树的结点称为树叶或终端结点。

(3) 分支结点 (branch node):非终端结点。

(4) 子女(child)或儿子(son):一个结点的子树的根是该结点的子女(或儿子)。

(5) 父母(parent):若结点 s 是结点 p 的儿子,则称 p 是 s 的父母或父亲。

(6) 兄弟(sibling):有相同父母结点的结点互为兄弟。

(7) 子孙(descendent):根为 r 的树(或子树)中所有结点都是 r 的子孙。除 r 之外,它们又都是 r 的真子孙(proper descendent)。

(8) 祖先(ancestor):从根 r 到结点 p 的路径(有且仅有一条这样的路径)上的所有结点都是 p 的祖先。除 p 之外,它们又都是 p 的真祖先(proper ancestor)。

(9) 有序树 (ordered tree):树中各结点的儿子都是有序的。

(10) 层数 (level):定义树根的层数为 1,其他结点的层数等于其父母结点的层数加 1。

(11) 高度(或深度)(height):树中结点的最大层数,规定空树的高度为 0。

(12) 树林(或森林)(forest):$n(n \geqslant 0)$ 个互不相交的树的集合。

7.2 二叉树

7.2.1 二叉树的概念

二叉树（binary tree）是树结构的另一个重要类型。二叉树的每个结点至多有两个子女，而且子女有左、右之分。二叉树的存储结构简单，存储效率较高，树运算的算法实现也相对简单。二叉树还可用来表示树（树林），二叉树在数据结构中有着重要地位。

定义 7.2（二叉树的递归定义）　二叉树由结点的有限集合构成，这个有限集合或者为空集，或者由一个根结点及两棵不相交的分别称作这个根的左子树和右子树的二叉树组成。

由以上递归定义不难得到二叉树的 5 种基本形态，如图 7.2 所示。

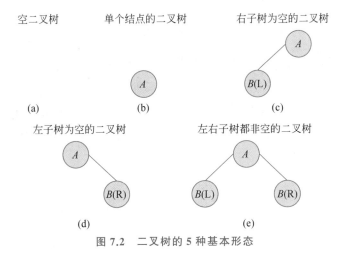

图 7.2　二叉树的 5 种基本形态

例 7-2　用二叉树表示算术表达式，分支结点对应运算符，操作数在叶结点上。用二叉树表示算术表达式，二叉树中不再保留原来算术表达式中的括号，如图 7.3 所示。

7.2.2 二叉树的性质

性质 1　任何一棵含有 $n(n>0)$ 个结点的二叉树恰有 $n-1$ 条边。

证明：因为任何一棵含有 n 个结点的二叉树中，除了根结点外的其他结点都只有一条边与其父母结点相连。故总边数为 $n-1$。

性质 2　深度为 h 的二叉树至多有 2^h-1 个结点（$h\geqslant0$）。

证明：因为二叉树的第一层至多有 $1=2^{1-1}$ 个结点，第二层至多有 $2=2^{2-1}$ 个结点……第 i 层至多有 2^{i-1} 个结点，故深度为 h 的二叉树至多有 $\sum\limits_{i=1}^{h}2^{i-1}=2^h-1$ 个结点。

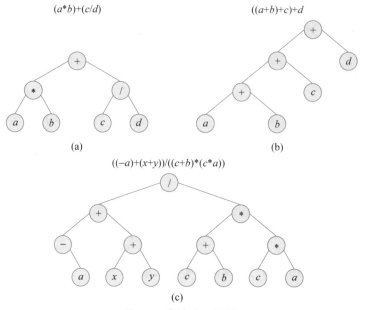

图 7.3　表达式二叉树

性质 3　设二叉树的结点个数为 n，深度为 h，则

$$\lceil \log_2(n+1) \rceil \leqslant h \leqslant n$$

证明：因为二叉树的分支结点至少有一个子女，故含有 n 个结点的二叉树的高度不会超过 n。另一方面，由性质 2，$n \leqslant 2^h - 1$，故有 $h \geqslant \log_2(n+1)$，又因为 h 为非负整数，故 $h \geqslant \lceil \log_2(n+1) \rceil$。

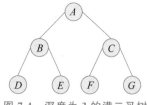

图 7.4　深度为 3 的满二叉树

定义 7.3　一棵深度为 h 且有 $2^h - 1$ 个结点的二叉树称为满二叉树（full binary tree）。

图 7.4 是一棵深度为 3 的满二叉树。

定义 7.4　深度为 h 且有 n 个结点的二叉树，当且仅当其每一个结点都与深度为 h 的满二叉树中编号从 $1 \sim n$ 的结点一一对应时，称为完全二叉树。

给图 7.5 中二叉树的结点 A、B、$\cdots$、O 依次编号为 1、2、$\cdots$、15，容易发现下述性质。

性质 4　如果对一棵有 n 个结点的完全二叉树的结点，按层次次序编号（每层从左至右），则对任一结点 $i(1 \leqslant i \leqslant n)$，下述结论成立：

（1）若 $i=1$，则结点 i 为二叉树的根结点；若 $i>1$，则结点 $\lfloor \frac{i}{2} \rfloor$ 为其父母结点。

（2）若 $2i>n$，则结点 i 无左子女；否则，结点 $2i$ 为结点 i 左子女。

（3）若 $2i+1>n$，则结点 i 无右子女；否则，结点 $2i+1$ 为其右子女。

证明：（对 i 用数学归纳法，（1）的证明相对简单，下面只证明结论（2）、（3））

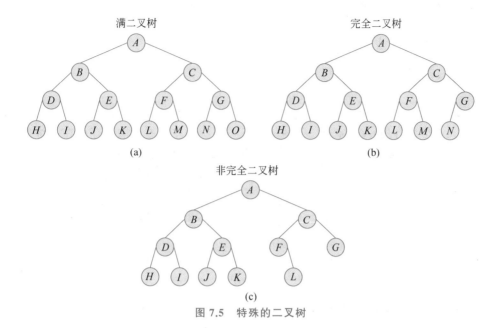

图 7.5　特殊的二叉树

$i=1$ 时,由完全二叉树的定义,其左子女是结点 $2=2i$,若 $2>n$,即不存在结点 2,结点 i 无左子女。结点 i 的右子女为结点 $3=2i+1$,若 $3>n$,则结点 i 无右子女,故 $i=1$ 时结论成立。

设对 $1\leq j\leq i$ 的结点 j,性质 4 的结论均成立,下面证明结论对 $j=i+1$ 仍成立。分以下两种情况讨论。

（1）结点 $i+1$ 与结点 i 位于同一层,如图 7.6 所示。

（2）结点 $i+1$ 与结点 i 位于不同层,如图 7.7 所示。

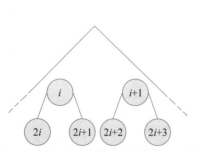

图 7.6　i 与 $i+1$ 在同一层的完全二叉树

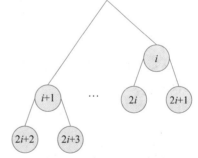

图 7.7　i 与 $i+1$ 不在同一层的完全二叉树

从图 7.6 和图 7.7 知,结点 $i+1$ 如果有左、右子女的话,则其左、右子女编号一定为 $2i+2=2(i+1)$ 和 $2i+3=2(i+1)+1$;否则,当 $2(i+1)+1>n$ 时结点 $i+1$ 无右子女,当 $2(i+1)>n$ 时结点 $i+1$ 无左子女。

7.2.3 二叉树的存储方式

1. 顺序存储

1）完全二叉树的顺序存储

由 7.2.2 节的性质 4,将完全二叉树的结点按层次从左至右的顺序存放在一维数组中（见图 7.8）,完全二叉树中结点与结点的关系可由数组的下标来判断。

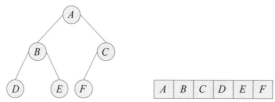

图 7.8　完全二叉树的顺序存储

2）非完全二叉树的顺序存储（见图 7.9）

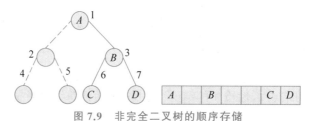

图 7.9　非完全二叉树的顺序存储

此种存储方式仍按二叉树对应的完全二叉树结点的层次序列存放在一维数组中,显然,此方式仅适合于所处理的二叉树与其对应的完全二叉树结点个数相差不多的二叉树,不然,即使对仅含 n 个点的单边二叉树都需要 $2^n - 1$ 个存储分量,这将造成空间的浪费。

2. 链接存储

1）LeftChild-RightChild 表示法

结点的结构：

其中,LeftChild 是指向其左子女结点的指针,RightChild 是指向其右子女结点的指针。

二叉树 LeftChild-RightChild 表示如图 7.10 所示。结点结构 BinaryTreeNode 及相应操作说明如下（文件 binarytreenode.h 的内容）。

```
struct binaryTreeNode
{
```

```
    ElementType data;
    struct binaryTreeNode * LeftChild, * RightChild;
};
typedef struct binaryTreeNode BinaryTreeNode;

void InitBinaryTreeNode(BinaryTreeNode * btree, ElementType e, BinaryTreeNode * l,
BinaryTreeNode * r)
{
    btree->LeftChild=l;
    btree->RightChild=r;
    btree->data=e;
}
```

```
BinaryTreeNode * CreateBTreeNode(ElementType item, BinaryTreeNode * lptr,
BinaryTreeNode * rptr)
{
    BinaryTreeNode * p;
    p=(BinaryTreeNode * )malloc(sizeof(BinaryTreeNode));
    if(p==NULL)
        printf("Memory allocation failure!\n");
    else
        InitBinaryTreeNode(p, item, lptr, rptr);
    return p;
}
```

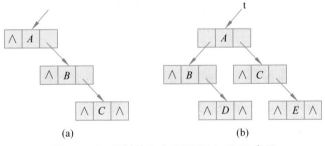

(a)　　　　　　　　　　　(b)

图 7.10　二叉树的 LeftChild-RightChild 表示

2）三重链表示

结点的结构：

Parent	Data
LeftChild	RightChild

其中，LeftChild、RightChild 的意义与 LeftChild-RightChild 表示法相同，Parent 为指向父母结点的指针。三重链结点结构的说明与 BinaryTreeNode 结构类似。

7.2.4 树（树林）与二叉树的相互转换

树（树林）与二叉树之间存在一种 1-1 对应的关系。规定树林中各树的根结点被视为互为兄弟的结点。图 7.11 展示了树（树林）与二叉树之间相互转换的例子。

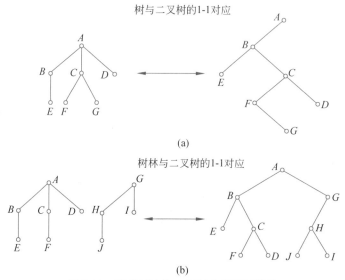

图 7.11 树（树林）与二叉树之间相互转换

观察这种 1-1 对应关系，不难发现树（树林）与二叉树之间的 1-1 对应正好实现了下述 1-1 对应关系。

（1）原来树（树林）中结点 x 的第一子女与二叉树中结点 x 的左子女 1-1 对应。

（2）原来树（树林）中结点 x 的下一兄弟与二叉树中结点 x 的右子女 1-1 对应。

由此可得树（树林）与二叉树相互转换的递归定义。

定义 7.5 定义树林 $F=(T_1, T_2, \cdots, T_n)$ 到二叉树 $B(F)$ 的转换为：

（1）若 $n=0$，则 $B(F)$ 为空的二叉树。

（2）若 $n>0$，则 $B(F)$ 的根是 T_1 的根 W_1，$B(F)$ 的左子树是 $B(T_{11}, T_{12}, \cdots, T_{1m})$，其中 $T_{11}, T_{12}, \cdots, T_{1m}$ 是 W_1 的子树；$B(F)$ 的右子树是 $B(T_2, \cdots, T_n)$。

定义 7.6 设 B 是一棵二叉树，r 是 B 的根，L 是 r 的左子树，R 是 r 的右子树，则对应于 B 的树林 $F(B)$ 的定义为：

（1）若 B 为空，则 $F(B)$ 是空的树林。

（2）若 B 不为空，则 $F(B)$ 是一棵树 T_1 加上树林 $F(R)$，其中树 T_1 的根为 r，r 的子树为 $F(L)$。

7.3　树(树林)、二叉树的遍历

7.3.1　树(树林)的遍历

树(树林)的遍历可以按宽度方向和深度方向实现。遍历是树状结构的一种很重要的运算,遍历一棵树(或一片树林)就是按一定的次序系统地访问树(树林)的所有结点。

1. 按宽度方向遍历

首先依次访问层数为 1 的结点,然后访问层数为 2 的结点,等等,直到访问完最底层的所有结点。例如图 7.12 按宽度方向遍历得到的结点序列为 $AGBCDHIJEFKL$。

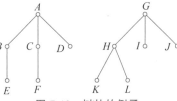

图 7.12　树林的例子

2. 按深度方向遍历

1) 先根次序(先根后子女)

(1) 访问头一棵树的根。

(2) 在先根次序下遍历头一棵树树根的子树。

(3) 在先根次序下遍历其他树。

图 7.12 中树林的先根次序为 $ABECFDGHKLIJ$。

2) 后根次序(先子女后根)

(1) 在后根次序下遍历头一棵树树根的子树。

(2) 访问头一棵树的根。

(3) 在后根次序下遍历其他树。

图 7.12 中树林的后根次序为 $EBFCDAKLHIJG$。

7.3.2　二叉树的遍历

考虑到二叉树是由 3 个基本单元组成:根结点、左子树和右子树,若以 L、N、R 分别表示遍历左子树、访问根结点和遍历右子树,则有 NLR、LNR、LRN、NRL、RNL、RLN 6 种遍历方式,且前 3 种遍历方式与后 3 种遍历方式是对称的。若规定先左后右的次序,则只有下面 3 种二叉树的遍历方式。

(1) 前序法 (NLR 次序),递归定义为:

访问根结点;

按前序遍历左子树;

按前序遍历右子树。

(2) 后序法 (LRN 次序),递归定义为:

按后序遍历左子树;

按后序遍历右子树；

访问根结点。

（3）对称序（中序、LNR 次序），递归定义为：

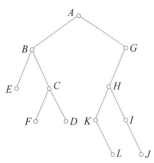

图 7.13　图 7.12 对应的二叉树

按对称序遍历左子树；

访问根结点；

按对称序遍历右子树。

图 7.12 对应的二叉树的前序序列、后序序列、对称序列依次为 $ABECFDGHKLIJ$、$EFDCBLKJIHGA$、$EBFCDAKLHIJG$，如图 7.13 所示。

不难发现，任何一棵树（树林）的先根次序正好与对应的二叉树的前序序列对应，后根次序正好与对应二叉树的对称序序列对应。

7.4　抽象数据类型 BinaryTree 以及 BinaryTree 结构

7.4.1　抽象数据类型 BinaryTree

定义 ADT BinaryTree 如下。

数据：指向二叉树树根的指针 root。

结构：LeftChild-RightChild 表示。

操作：

BinaryTree——初始化操作，置空树。

IsEmpty——判二叉树是否为空，若二叉树非空，则返回 FALSE，否则返回 TRUE。

GetRoot——求根结点的函数。

MakeTree(bt, element, left, right)——构造二叉树，其根结点为 element，左子树根结点的指针为 left，右子树根结点的指针为 right。

PreOrder(root)——按前序遍历以 root 为根的二叉树。

InOrder(root)——按对称序遍历以 root 为根的二叉树。

PostOrder(root)——按后序遍历以 root 为根的二叉树。

相应的实现代码为（文件 binarytree.h 的内容）：

```
struct binaryTree
{
    BinaryTreeNode * root;
};
typedef struct binaryTree BinaryTree;

void InitBinaryTree(BinaryTree * bt)
{
```

```
        bt->root=NULL;
}

Bool IsEmpty(BinaryTree * bt)
{
    return ((bt->root)? FALSE:TRUE);
}

Bool GetRoot(BinaryTree * bt, ElementType * x)
{
    if(bt->root)
    {
        * x=bt->root->data;
        return TRUE;
    }
    else
        return FALSE;
}

BinaryTreeNode * MakeTree (BinaryTree * bt, ElementType element, BinaryTreeNode
* left,BinaryTreeNode * right)
{
    bt->root=(BinaryTreeNode * )malloc(sizeof(BinaryTreeNode));
    if(bt->root==NULL)
    {
        printf("Memory allocation failure!\n:");
        exit(1);
    }
    InitBinaryTreeNode(bt->root, element, left, right);
    return bt->root;
}

void PreOrder(BinaryTreeNode * t)
{
    if(t)
    {
        printf("%c", t->data);
        PreOrder(t->LeftChild);
        PreOrder(t->RightChild);
    }
}

void InOrder(BinaryTreeNode * t)
{
    if(t)
    {
        InOrder(t->LeftChild);
        printf("%c", t->data);
        InOrder(t->RightChild);
    }
}
```

```
void PostOrder(BinaryTreeNode * t)
{
    if(t)
    {
        PostOrder(t->LeftChild);
        PostOrder(t->RightChild);
        printf("%c", t->data);
    }
}
```

7.4.2　一个完整的包含构建二叉树与遍历实现的例子

下面的代码是构造、遍历图 7.14 所示二叉树的算法,算法调用了二叉树的 MakeTree 和 PreOrder、InOrder、PostOrder 等函数。

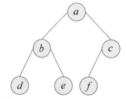

图 7.14　二叉树遍历实例

算法 7.1　二叉树构建与遍历。

```
typedef char ElementType;
#include <stdio.h>
#include <stdlib.h>
#include "binarytreenode.h"
#include "binarytree.h"

void main(void)
{
    BinaryTree * t=(BinaryTree *)malloc(sizeof(BinaryTree));
    BinaryTreeNode * a, * b, * c, * d, * e, * f;

    f=MakeTree(t, 'f',NULL,NULL);
    e=MakeTree(t, 'e',NULL,NULL);
    d=MakeTree(t, 'd',NULL,NULL);
    c=MakeTree(t, 'c',f,NULL);
    b=MakeTree(t, 'b',d,e);
    a=MakeTree(t, 'a',b,c);

    printf("The PreOrder is: \n");
    PreOrder(t->root);
    printf("\n");

    printf("The InOrder is: \n");
    InOrder(t->root);
```

```
    printf("\n");

    printf("The PostOrder is: \n");
    PostOrder(t->root);
    printf("\n");
}
```

运行结果如下：

```
The PreOrder is:
abdecf
The InOrder is:
dbeafc
The PostOrder is:
debfca
```

7.5 二叉树的遍历算法

本节介绍二叉树遍历算法的实现,7.4 节给出了二叉树 3 种遍历方式的递归算法,本节介绍借助于栈和穿线树的"线索"信息实现二叉树的遍历算法。

7.5.1 非递归(使用栈)的遍历算法

栈是实现递归最常用的结构,对于用递归方式定义的二叉树,最自然的实现遍历运算的方式是使用一个栈用来记录尚待遍历的结点或子树信息(保存子树的信息只需保存子树根结点的信息),以便以后遍历。

下面给出二叉树的 3 种遍历方式 NLR、LNR、LRN 使用栈的非递归算法,对应的算法分别为算法 7.1、算法 7.2、算法 7.3。进入算法时,设指针变量 t 指向待遍历的二叉树的根结点。算法 7.3 还用到一个标志数组 tag[100],在后序遍历中,如果 tag[i]=0 表示对应栈中 stack[i]记录的二叉树结点的左子树已遍历,右子树还没有遍历;tag[i]=1 则表示 stack[i]中记录的二叉树结点的左、右子树都已遍历。

算法 7.2 使用栈的二叉树前序遍历。

```
/* 前序遍历非递归算法 */
void Nlr(BinaryTreeNode * t)              /* t 指向二叉树根结点 */
{
    BinaryTreeNode * stack[100];          /* 假定进栈的结点个数不超过 100 */
    unsigned top=0;
    stack[0]=t;
    do
    {
        while(stack[top]!=NULL)
        {
            printf("%c", stack[top]->data);
            stack[++top]=stack[top]->LeftChild;
```

```
        }
        if(top>0)
            stack[top]=stack[--top]->RightChild;
    }while(top>0||stack[top]!=NULL);
}
```

算法 7.3 使用栈的二叉树对称序遍历。

```
void lNr(BinaryTreeNode * t)
{
    BinaryTreeNode * stack[100];
    int top=0;
    stack[0]=t;
    do
    {
        while(stack[top]!=NULL)
            stack[++top]=stack[top]->LeftChild;
        if(top>0)
        {
            printf("%c", stack[--top]->data);
            stack[top]=stack[top]->RightChild;
        }
    }while(top>0||stack[top]!=NULL);
}
```

算法 7.4 使用栈的二叉树后序遍历。

```
void lrN(BinaryTreeNode * t)
{
    BinaryTreeNode * stack[100];
    unsigned tag[100];
    unsigned top=0;

    stack[0]=t;
    tag[0]=0;
    do
    {
        while(stack[top]!=NULL)
        {
            stack[++top]=stack[top]->LeftChild;
            tag[top]=0;
        }
        while(top>0&&tag[top-1]==1)
            printf("%c", stack[--top]->data);
        if(top>0)
        {
            stack[top]=stack[top-1]->RightChild;
            tag[top-1]=1;
            tag[top]=0;
        }
    }while(top!=0);
}
```

7.5.2　线索化二叉树的遍历

不难证明,任何一棵含有 n 个结点的二叉树的 LeftChild、RightChild 表示中,有 $n+1$ 个空链域,仅有 $n-1$ 个指针是非空的。A. J. Perlis 和 C. Thornton 提出了构造线索化二叉树(threaded binary tree)的技术,把那些没有左或右子树的结点链域改为指向某种遍历次序下前驱或后继结点的指针(以下简称为线索)。按照前面介绍的 3 种遍历次序,可以建立前序穿线树、对称序穿线树和后序穿线树。如图 7.15 所示为对称序线索树。

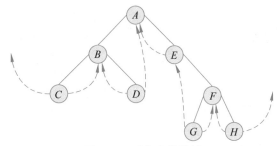

图 7.15　对称序线索树

图 7.15 中 G 的左线索指向它的对称序前驱结点 E,G 的右线索指向它的对称序后继结点 F。为了区分一个结点的指针域是指向其子女的指针,还是指向其前驱或后继(某种次序下)的线索,可在每个结点中增加两个线索标志域,这样,线索链表中的结点结构为

LeftChild	ltag	data	rtag	RightChild

其中:

$$\text{左线索标志 ltag}=\begin{cases}0; & \text{LeftChild 为指针}\\1; & \text{LeftChild 为左线索}\end{cases}$$

$$\text{右线索标志 rtag}=\begin{cases}0; & \text{RightChild 为指针}\\1; & \text{RightChild 为右线索}\end{cases}$$

通常左线索为指向该结点在某种次序(NLR、LNR 或 LRN)下的前驱,右线索为指向该结点在某种次序下的后继。

将二叉树变为线索二叉树的过程称为线索化。按某种次序将二叉树线索化,只要按该次序遍历二叉树,在遍历过程中用线索取代空指针。读者可以在算法 7.3 的基础上将一棵二叉树按对称序线索化。

显然,可以定义线索化二叉树的结点结构 ThreadedBTNode 如下:

```
struct threadedBTNode
{
    Bool ltag, rtag;
    ElementType data;
    struct threadedBTNode * LeftChild, * RightChild;
};
typedef struct threadedBTNode ThreadedBTNode;
```

可以在前面使用栈的对称序遍历算法的基础上稍作修改后实现二叉树的对称序线索化过程(留作习题)。下面给出对称序线索化二叉树的递归算法,进入算法之前所有结点的 ltag、rtag 的值为 0,指针变量 p 指示二叉树的根结点,pre 的值为 NULL。其他次序(NLR、LRN)的线索化二叉树算法可类似给出。

算法 7.5 对称序线索化二叉树。

```
void InorderThreaded(ThreadedBTNode * p, ThreadedBTNode **pre )
/*设置标记值的同时对二叉树线索化*/
{
    if(p!=NULL)
    {
        InorderThreaded(p->LeftChild, pre);
        if(* pre!=NULL && (* pre)->rtag==1)
            (* pre)->RightChild=p;
        if (p->LeftChild==NULL)
        {
            p->ltag=1;
            p->LeftChild= * pre;
        }
        if (p->RightChild==NULL)
            p->rtag=1;
        * pre=p;
        InorderThreaded(p->RightChild, pre);
    }
}
```

对称序线索化二叉树建立后,借助于线索的帮助找指定结点的对称序后继变得很容易。如果指定结点的 RightChild 为线索,则线索所指结点即为指定结点的对称序后继;如果指定结点的 RightChild 为指针,则指定结点有右子树,指定结点的对称序后继即为指定结点右子树的对称序第一个结点,也就是右子树最左下的结点。基于上述分析,不难给出在对称序线索化的二叉树中找指定结点的对称序后继算法 7.6。设指定变量 p 指向指定结点,指针变量 q 指向 p 所指结点的对称序后继。

算法 7.6 在对称序线索树中找指定结点的对称序后继。

```
void Inordernext(ThreadedBTNode * p,ThreadedBTNode * * q)
{
    if(p->rtag==1)
        * q=p->RightChild;
    else
    {
        * q=p->RightChild;
        while((* q)->ltag==0)
            * q=(* q)->LeftChild;
    }
}
```

类似地,可给出在对称序线索化的二叉树中找指定结点的对称序前驱算法。此外,借助于线索的帮助,在对称序线索化的二叉树中找前序下的后继、后序下的前驱都变得很容易。下面给出一个在对称序线索化的二叉树中不用栈的对称序遍历算法 7.7。

算法 7.7 对称序遍历对称序线索化二叉树。

```
void ThreadedInTravel(ThreadedBTNode * p)
{
    if(p!=NULL)
    {
        while(p->ltag==0) p=p->LeftChild;
        do
        {
            printf("%c ", p->data);
            if(p->rtag==1)
                p=p->RightChild;
            else
            {
                p=p->RightChild;
                while(p->ltag==0)
                    p=p->LeftChild;
            }
        }while(p!=NULL);
    }
}
```

显然该算法的时间复杂度为 $O(n)$，但没有使用栈，因此，若对一棵二叉树要经常遍历或查找结点在指定次序下的前驱或后继时，其存储结构采用线索化的二叉树有其优势。

考虑线索化二叉树的生长，当往对称序线索化的二叉树中插入一个新结点后，仍要保证插入后的二叉树仍按对称序线索化。设在 *p 的对称序后继 *r 前插入一新结点 *q，*q 所指的新结点作为 *p 的右子树的根，*p 所指的原来的右子树作为新结点的右子树，如图 7.16 所示。

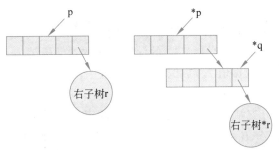

图 7.16 在对称序线索化二叉树中插入新结点

算法的关键在于先找到 *p 的对称序后继 *r，然后建立相应的指针或线索信息。

算法 7.8 在对称序线索化二叉树中插入一新结点。

```
void InsertTreadedBT(ThreadedBTNode * p,ThreadedBTNode * q)
{
    ThreadedBTNode * r;

    if(p->RightChild==NULL)
```

```
            r=NULL;
        else
        {
            if(p->rtag==1)
                r=p->RightChild;
            else
            {
                r=p->RightChild;
                while(r->ltag==0)
                    r=r->LeftChild;
            }
        }

        /* 建立新结点的左线索 */
        q->ltag=1;
        q->LeftChild=p;
        /* 建立新结点的右线索或右指针 */
        q->RightChild=p->RightChild;
        q->rtag=p->rtag;
        /* 插入新结点 */
        p->rtag=0;
        p->RightChild=q;
        /* 建立指定结点的对称序后继的左线索 */
        if((r!=NULL)&&(r->ltag==1))
            r->LeftChild=q;
}
```

习题

7.1 举例说明树是一种非线性结构。

7.2 画出含有下列数据值 3、12、4、6、10 的深度为 3 的二叉树。

7.3 一棵二叉树中含有数据值 2、7、12、16、8、9。

(1) 画出两棵深度最大的二叉树。

(2) 画出一棵其分支结点的值都大于子女值的完全二叉树。

7.4 对于含 3 个结点 A、B、C 的二叉树，有多少个不同的二叉树？把它们画出来。

7.5 试将图 7.17 的树林转换成等价的二叉树。

7.6 分别画出对应下述表达式的二叉表达式树。

(1) $(a+b)/(c-d*e)+f+g*h/a$

(2) $((-a)+(x+y))/((+b)*(c*a))$

(3) $((a+b)>(c-d))\parallel a<e\ \&\&\ (x<y\parallel y>z)$

7.7 分别按前序、对称序和后序列出图 7.18 中二叉树的结点，并画出其对应的树林。

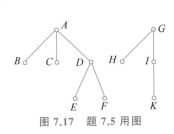

图 7.17 题 7.5 用图

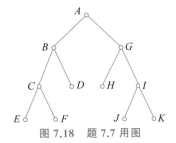

图 7.18 题 7.7 用图

7.8 判断下列命题是否正确,若正确请给出证明,若不正确给出反例。

一棵二叉树的所有叶结点在前序、对称序和后序中的相对次序是一致的。

7.9 有多少棵不同的二叉树,其结点的前序序列为 $a_1 a_2 a_3 \cdots a_n$。

7.10 找出所有的二叉树,其结点在下列两种次序之下有相同的顺序:

(1) 前序和对称序。

(2) 前序和后序。

(3) 对称序和后序。

7.11 证明:由一棵二叉树的前序序列和对称序序列可唯一确定这棵二叉树。

7.12 由一棵二叉树的后序序列和对称序序列能唯一确定这棵二叉树吗? 由一棵二叉树的前序和后序序列能唯一确定这棵二叉树吗? 为什么?

7.13 试以 LeftChild-RightChild 存储二叉树,编写算法判别二叉树是否为完全二叉树。

7.14 假设用二叉树的 LeftChild-RightChild 表示法存储二叉树,每个结点所含数据元素均为单字母,试编写按树状打印二叉树的算法。例如,图 7.19 的二叉树打印为右边的形状。

7.15 画出图 7.20 所示二叉树的 LeftChild-RightChild 存储表示、三重链存储表示和对称序穿线树表示。

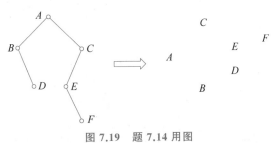

图 7.19 题 7.14 用图

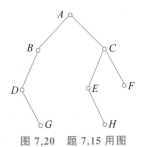

图 7.20 题 7.15 用图

7.16 设计一个使用栈的算法将二叉树按对称序线索化。

7.17 设计一个算法在对称序穿线树中找指定结点的对称序前驱。

7.18 设计一个算法在对称序穿线树中找指定结点的后序下的前驱。

7.19 设计一个算法,由一棵二叉树的前序序列和对称序序列构造二叉树的 LeftChild-RightChild 存储表示。

第 8 章　树结构的应用

8.1　二叉排序树

8.1.1　二叉排序树与 BinarySTree 结构

如果一棵二叉树的每个结点对应于一个关键码，在一般的二叉树中寻找关键码值为 x 的结点通常是困难的。如果二叉树中任何结点的左子树中所有结点的关键码值都小于该结点的关键码值，而右子树中所有结点的关键码值都大于该结点的关键码值，那么这样的二叉树称为二叉排序树（binary search tree），又称检索树。图 8.1 的 3 棵树都是二叉排序树。

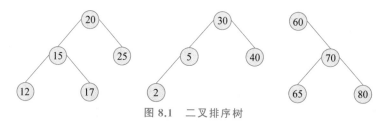

图 8.1　二叉排序树

在二叉排序树中查找值为 x 的结点，只需从根结点起，沿左子树或右子树向下搜索。当 x 小于根结点的值，则沿着左子树下降搜索；当 x 大于根结点的值，则沿着右子树下降搜索。继续上述搜索过程直到在二叉排序树中检索到值为 x 的结点或者检索到某一空子树，此时可判断 x 不在树中。

利用第 7 章定义的 BinaryTreeNode 结构，可定义 BinarySTree 结构及其运算如下：

```
struct binarySTree
{
    BinaryTreeNode * root;
};
typedef struct binarySTree BinarySTree;

/*初始化函数*/
void  InitBinaryTreeNode(BinaryTreeNode * btree, ElementType e, BinaryTreeNode * l,
BinaryTreeNode * r)
{
    btree->LeftChild=l;
    btree->RightChild=r;
    btree->data=e;
}
/*在二叉排序树中插入新结点,算法 8.1*/
```

```
void ins_bst(BinaryTreeNode * p, BinaryTreeNode **q)
/* 从空树出发,依次插入结点生成二叉排序树,算法 8.2 */
void make_bst(BinaryTreeNode **r)
/* 在二叉排序树中删除一个结点,算法 8.3 */
void dele_bst(BinaryTreeNode * root, BinaryTreeNode * p, BinaryTreeNode * f)
BinaryTreeNode * CreateBTreeNode(ElementType item,BinaryTreeNode * lptr,
BinaryTreeNode * rptr)   /* 构建一棵二叉树 */
{
    BinaryTreeNode * p;
    p=(BinaryTreeNode * )malloc(sizeof(BinaryTreeNode));
    if(p==NULL)
        printf("Memory allocation failure!\n");
    else
        InitBinaryTreeNode(p, item, lptr, rptr);
    return p;
}
```

8.1.2　二叉排序树的检索、插入、删除运算

二叉排序树可看成是由依次插入一个关键码的序列构成的。在二叉排序树中插入一个结点通常并不指定位置,而只要求在插入后树仍具有左小右大的性质。插入一个新结点可按下列原则插入二叉排序树中:若二叉排序树是空树,则新结点为二叉排序树的根结点;若二叉排序树非空,则将新结点的值与根结点的值比较,如果小于根结点的值,则插入左子树中,否则插入右子树中,总之总能设法使新结点作为一片叶子插入原来的二叉排序树中。

算法 8.1　将 p 所指结点插入以 q 为根结点指针的二叉排序树中。

```
void ins_bst(BinaryTreeNode * p, BinaryTreeNode **q)
{
    if( * q==NULL)
        * q=p;
    else if(p->data<( * q)->data)
            ins_bst(p,&(( * q)->LeftChild));
        else
            ins_bst(p,&(( * q)->RightChild));
}
```

上述算法是递归算法,多次插入后可构建二叉排序树,也可以从空树出发依次插入结点,采用非递归的方式构造二叉排序树,其算法如下。

算法 8.2　构造二叉排序树。

```
/* r 返回二叉排序树的根指针,假设二叉排序树中的数据元素是整型数 */
void make_bst(BinaryTreeNode **r)
{
    BinaryTreeNode * p, * q, * s;
    int x;
```

```
* r=NULL;

printf("input x:");
scanf("%d", &x);

if(x!=endmark)
{
    p=CreateBTreeNode(x, NULL, NULL);
    * r=p;
}

printf("input x:");
scanf("%d", &x);
while(x!=endmark)
{
    q=CreateBTreeNode(x, NULL, NULL);
    p= * r;
    while(p!=NULL)
    {/ * 按非递归的方式插入一个新结点 * /
        s=p;
        if(q->data<p->data)
            p=p->LeftChild;
        else
            p=p->RightChild;
    }
    if(q->data<s->data)
        s->LeftChild=q;
    else
        s->RightChild=q;
    printf("input x:");
    scanf("%d", &x);
}
}
```

例 8-1 输入序列为 7、17、4、11、2、13、8、6、9 时,构造二叉排序树的过程如图 8.2 所示。

在二叉排序树中删除一个结点比插入一个结点要困难。除非删除叶结点,否则必须考虑部分链的对接,保证删除一个结点后仍是二叉排序树。不难发现,二叉排序树的序正好是二叉排序树的对称序遍历序列。因此,可以采用下述删除方式:如果被删除结点只有一个儿子,只需让其儿子代替它;若被删除结点有两个儿子,为保持二叉排序树"左小右大"的排序性质,则分情况考虑用其左、右儿子结点替换被删除结点。下面给出了一种删除方式,删除按下述规定执行,算法 8.3 给出了其实现细节。

规定如下。

(1)若待删除的结点没有左子树,则用右子树的根替换被删除的结点。

(2)若待删除的结点有左子树,则用左子树的根替换被删除的结点,被删结点的右子树作为被删结点左子树对称序最后一个结点的右子树。

设要在 root 指针指示的根结点的二叉排序树中删除指针变量 p 所指的结点,已知 f 为指

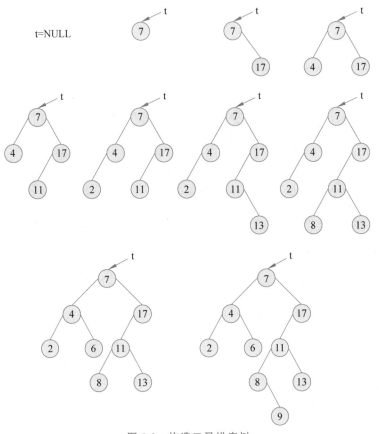

图 8.2　构造二叉排序树

向 p 所指结点的父母结点的指针。算法 8.3 给出了二叉排序树中删除一个结点的 C 程序。

算法 8.3　二叉排序树中结点的删除。

```
/*进入算法时指针变量 root 为根结点的指针,p 指向被删结点,f 指向被删结点的父结点 */
void dele_bst(BinaryTreeNode * root, BinaryTreeNode * p, BinaryTreeNode * f)
{
   BinaryTreeNode * s;

   if(p->LeftChild==NULL)                      /* p 无左子树 */
      if(f==NULL) root=p->RightChild;          /* p 是根结点 */
      else if (f->LeftChild==p)
         f->LeftChild=p->RightChild;           /* 被删除结点是其父母的左子女 */
      else f->RightChild=p->RightChild;        /* 被删除结点是其父母的右子女 */
   else if(p->RightChild==NULL)                /* 被删除结点无右子女 */
      if(f==NULL)
         root=p->LeftChild;                    /* 被删除结点是树根 */
      else if(f->LeftChild==p)
         f->LeftChild=p->LeftChild;
      else f->RightChild=p->LeftChild;
   else                                        /* 被删除结点既有左子树,又有右子树 */
```

```
{
    s=p->LeftChild;
    while(s->RightChild!=NULL)
        s=s->RightChild;
    if (f==NULL)
    {
        root=p->LeftChild;
        s->RightChild=p->RightChild;
    }
    else if(f->LeftChild==p)
    {
        f->LeftChild=p->LeftChild;
        s->RightChild=p->RightChild;
    }
    else
    {
        f->RightChild=p->LeftChild;
        s->RightChild=p->RightChild;
    }
}
}
```

利用算法 8.3 删除图 8.2 中关键码为 11 的结点，二叉排序树的变化如图 8.3 所示。

也可用下述方式实现删除，当被删结点有两个子女时，用被删除结点左子树下对称序的最后一个结点来真正替换被删结点，或被删除结点右子树下对称序的第一个结点来真正替换被删结点。上面的例子中删除关键码为 11 的结点后，若采用被删除结点左子树下对称序的最后一个结点来真正替换被删结点的方法后，二叉排序树变为图 8.4 所示的形状。

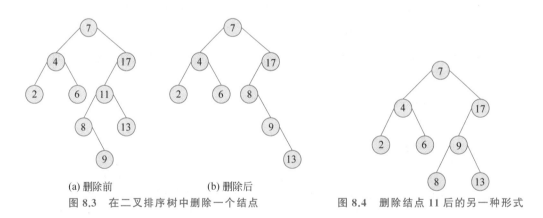

(a) 删除前　　　　　　　　　(b) 删除后

图 8.3　在二叉排序树中删除一个结点　　　　　　图 8.4　删除结点 11 后的另一种形式

除了上述两种删除方式外，还有与上述两种对称的删除方式，请读者自行归纳总结。

8.1.3　等概率查找对应的最佳二叉排序树

由二叉排序树的生长过程可知，对于同一组关键码，其关键码插入二叉排序树的次序不同,就构成不同的二叉排序树。例如,图 8.5(a)和图 8.5(b)是两棵不同的二叉排序树,但有相同的关键码{60,65,70,80}。

为了合理地评价二叉排序树的查找效率,我们定义扩充二叉树,对于一棵二叉树的结点,若出现空的子树时,就增加新的、特殊的结点——空树叶,图 8.6 给出了图 8.5 中对应的两棵扩充二叉树。

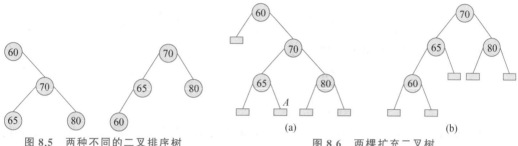

图 8.5 两种不同的二叉排序树　　　　图 8.6 两棵扩充二叉树

在这种扩充二叉树中,原来二叉树的结点称为内部结点,新加的叶结点称为外部结点。这种外部结点是有意义的,例如图 8.6(a)中的外部结点 A,代表其关键码值大于 65 小于 70 的可能结点。

定义外部路径长度 E 为从扩充的二叉树的根结点到每个外部结点的路径长度之和,内部路径长度 I 为扩充二叉树的根结点到每个内部结点的路径长度之和。

图 8.6(b)所示的 E、I 分别为

$$E = 2 \times 3 + 3 \times 2 = 12$$
$$I = 0 + 2 \times 1 + 2 \times 1 = 4$$

不难验证,一棵有 n 个内部结点的扩充二叉树,其外部结点有 $n+1$ 个。用数学归纳法可证明对于含有 n 个内部结点的扩充二叉树,对应的 E、I 之间满足关系:$E = I + 2n$。

本节仅考虑查找所有内部结点和外部结点概率相等时二叉排序树的查找效率。在二叉排序树的查找过程中,每进行一次比较,就进入下一层。因此,对于成功的查找,比较次数就是关键码所在的层数,对于不成功的查找,被查找的关键码属于一个对应的外部结点代表的可能关键码集合,比较次数等于此外部结点的层数减 1。在等概率的情况下,在二叉排序树里,查找一个关键码的平均比较次数为

$$
\begin{aligned}
E(n) &= \frac{1}{2n+1} \left[\sum_{i=1}^{n} l_i + \sum_{i=0}^{n} (l_i' - 1) \right] \\
&= \frac{1}{2n+1} \left[\sum_{i=1}^{n} (l_i' - 1) + n + \sum_{i=0}^{n} (l_i' - 1) \right] \\
&= \frac{1}{2n+1} (I + n + E) \\
&= \frac{2I + 3n}{2n+1}
\end{aligned}
\tag{8.1}
$$

定义 8.1 $E(n)$ 最小的二叉排序树称为等概率查找对应的最佳二叉排序树(或称等权情况下的最佳二叉排序树)。

显然，$E(n)$ 最小等价于 I 最小，即内部路径长度最小的二叉排序树为等概率情况下的最佳二叉排序树。然而在一棵二叉排序树中，路径长度为 0 的结点最多一个，路径长度为 1 的结点最多 2 个……路径长度为 k 的结点最多 2^k 个 $(k=0,1,2,\cdots)$，因此，对于 n 个结点的二叉排序树，I 的最小值为序列

$$0,1,1,2,2,2,2,3,3,3,3,3,3,3,3,3,4,\cdots$$

前 n 项的和，即

$$I = \sum_{k=1}^{n} \lfloor \log_2 k \rfloor = (n+1)\lfloor \log_2 n \rfloor - 2^{\lfloor \log_2 n \rfloor + 1} + 2 \tag{8.2}$$

（注：式（8.2）的推导过程见本节最后）故

$$E(n) = \frac{2(n+1)\lfloor \log_2 n \rfloor - 2^{\lfloor \log_2 n \rfloor + 2} + 4 + 3n}{2n+1}$$

$$= O(\log_2 n)$$

这种最佳二叉排序树具有以下特点：只有最下面的 2 层结点的度数可以小于 2，其他结点度数必然等于 2。可按折半查找法依次查找有序的关键码集合，按折半查找过程中遇到关键码的先后次序依次插入二叉排序树。例如，已知关键码集合 {abc, efg, zab, cab, cad, efy, rab, xyz}，构造等概率情况下的最佳二叉排序树的过程如下：

（1）先将关键码集 {abc, cab, cad, efg, efy, rab, xyz, zab} 排序。

（2）用折半查找法依次查找关键码集中的结点，按查找过程中遇到关键码的先后次序依次插入二叉排序树，如图 8.7 所示。

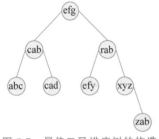

图 8.7 最佳二叉排序树的构造

注：公式（8.2）的推导如下。

先证明

$$\sum_{k=1}^{n} a_k = n a_n - \sum_{k=1}^{n-1} k(a_{k+1} - a_k)$$

证明：因

$$\sum_{k=1}^{n-1} k(a_{k+1} - a_k) = \sum_{k=1}^{n-1} k a_{k+1} - \sum_{k=1}^{n-1} k a_k$$

$$= \sum_{k=2}^{n} (k-1) a_k - \sum_{k=1}^{n-1} k a_k$$

$$= \sum_{k=2}^{n} k a_k - \sum_{k=2}^{n} a_k - \sum_{k=1}^{n-1} k a_k$$

$$= n a_n - a_1 - \left(\sum_{k=1}^{n} a_k - a_1 \right)$$

$$= n a_n - \sum_{k=1}^{n} a_k$$

故

$$\sum_{k=1}^{n} a_k = na_n - \sum_{k=1}^{n-1} k(a_{k+1} - a_k)$$

令

$$a_k = \lfloor \log_2 k \rfloor$$

于是

$$a_{k+1} - a_k = \begin{cases} 1, & \text{当 } k+1 \text{ 为 } 2 \text{ 的幂时} \\ 0, & \text{当 } k \text{ 为其他值时} \end{cases}$$

$$\sum_{k=1}^{n} \lfloor \log_2 k \rfloor = n \lfloor \log_2 n \rfloor - \sum_{\substack{1 \leqslant k \leqslant n-1 \\ \text{且 } k+1 \text{ 为 } 2 \text{ 的幂}}} k$$

$$= n \lfloor \log_2 n \rfloor - \sum_{1 \leqslant t \leqslant \lfloor \log_2 n \rfloor} (2^t - 1)$$

$$= n \lfloor \log_2 n \rfloor - \sum_{1 \leqslant t \leqslant \lfloor \log_2 n \rfloor} 2^t + \lfloor \log_2 n \rfloor$$

$$= (n+1) \lfloor \log_2 n \rfloor - (2^{\lfloor \log_2 n \rfloor + 1} - 2)/(2-1)$$

$$= (n+1) \lfloor \log_2 n \rfloor - 2^{\lfloor \log_2 n \rfloor + 1} + 2$$

8.2　平衡的二叉排序树

8.2.1　平衡二叉排序树的定义

为了提高检索效率，Adelson Velsky 和 Landis 于 1962 年提出了平衡树的概念，这种平衡二叉树的高度都是 $O(\log_2 n)$ 的，从而在平衡树上查找、插入、删除一个结点所需时间至多是 $O(\log_2 n)$，这种平衡树简称为 AVL 树。

定义 8.2

(1) 空二叉树是一棵 AVL 树。

(2) 若 T 为非空的二叉树，T_L、T_R 分别为 T 的根结点的左、右子树，则 T 为 AVL 树当且仅当

① T_L、T_R 都为 AVL 树；

② $|h_R - h_L| \leqslant 1$，h_R、h_L 分别为 T_R、T_L 的高度。

二叉树上结点的平衡因子定义为该结点的左子树高度减去它的右子树高度。易知，对于平衡二叉树上所有结点的平衡因子只可能是 -1、0、1。图 8.8(a) 和图 8.8(b) 为平衡的二叉树，图 8.8(c) 不是平衡的二叉树。

*8.2.2　平衡二叉排序树的插入、删除

对于任意给定的一组关键码集合，构造的二叉排序树与关键码插入二叉排序树的先

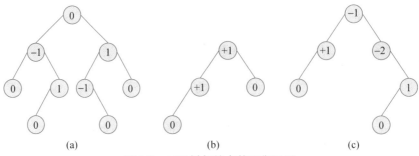

图 8.8　二叉树与结点的平衡因子

后次序有关,而且通常不一定是 AVL 树,为了保证得到 AVL 二叉排序树,插入过程需采用旋转来调整平衡。下面通过一个例子观察调整平衡时的旋转策略。

例 8-2　构造对应于关键码序列{12，22，31，56，50}的 AVL 二叉排序树,如图 8.9所示。

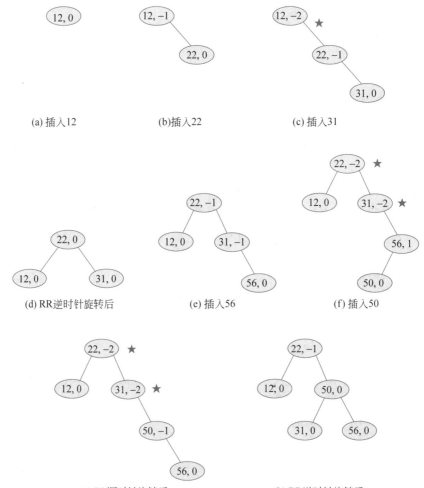

图 8.9　平衡的二叉排序的生成过程(带★的点为插入后引起不平衡的点)

一般情况下，假设 s 为指向新插入结点的指针，当在原二叉排序树中已找到了新结点应插入的位置时，用指针变量 a 表示指向新结点的祖先中由下往上第一个平衡因子不为 0 的结点（也就是离 s 最近，且平衡因子不等于 0 的结点）；然后修改自 a 至 s 路径上所有结点的平衡因子值，当 a 结点的平衡因子的绝对值大于 1 时需要采用旋转方式调整平衡。

在 a 结点失去平衡后进行调整的规律可以归纳为下列 4 种情况（见图 8.10）。

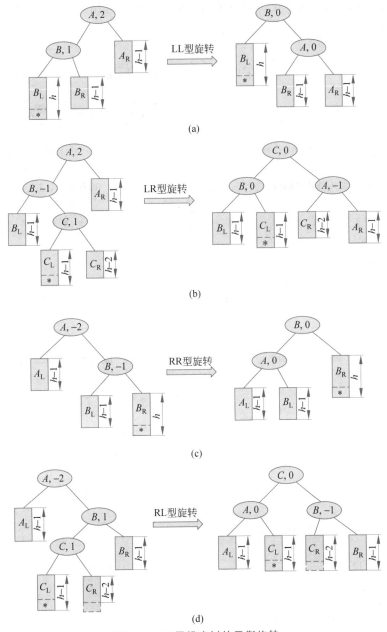

图 8.10 二叉排序树的平衡旋转

（1）LL 型单旋转：由于在 a 的左子树的左子树上插入结点，使 a 的平衡因子由 1 增至 2 而失去平衡，需进行一次顺时针旋转操作，如图 8.10(a)所示。

（2）LR 型双旋转：由于在 a 的左子树的右子树上插入结点，使 a 的平衡因子由 1 增至 2 而失去了平衡，需先逆时针、后顺时针作两次旋转，如图 8.10(b)所示。

（3）RR 型单旋转：由于在 a 的右子树的右子树上插入结点，使 a 的平衡因子由 -1 减至 -2 而失去平衡，需进行一次逆时针旋转，如图 8.10(c)所示。

（4）RL 型双旋转：由于在 a 的右子树的左子树上插入结点，使 a 的平衡因子由 -1

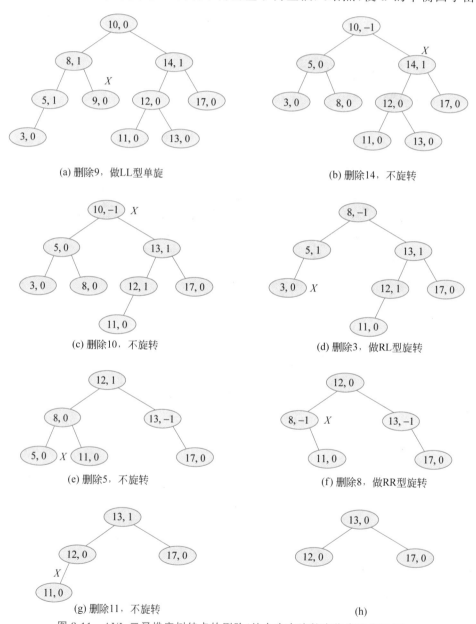

图 8.11　AVL 二叉排序树结点的删除（结点中右边数字代表平衡因子）

减至 -2 而失去平衡,需进行先顺时针、后逆时针两次旋转,如图 8.10(d)所示。

上述 4 种调整 AVL 平衡树的旋转方法可用于 AVL 树中结点的插入,AVL 树的生长以及 AVL 树结点的删除运算中。例如在 AVL 二叉排序树上删除一个结点也涉及调整平衡的问题,具体的在 AVL 二叉排序树上删除结点 x 的步骤如下。

(1)调用二叉排序树的删除算法删除结点 x。

(2)沿根到被删除结点的路线之逆向上返回时,修改有关结点的平衡因子。

(3)如果因删除结点使某子树高度降低并破坏平衡条件,就像插入那样,适当地旋转不平衡的子树,使之平衡。旋转之后,若子树的总高度依然降低,回溯不能停止,因而删除运算有可能引起多次旋转而不像插入那样至多旋转一次。

例 8-3 图 8.11 给出了一棵 AVL 二叉排序树结点删除时调整平衡的过程。

*8.2.3 AVL 树高度

显然,AVL 二叉排序树的检索效率依赖于 AVL 树的高度。设高度为 h 的 AVL 树中最少含有 N_h 个结点,这棵高度为 h 的 AVL 树中,最坏的情况下应含一棵高度为 $h-1$ 的子树,另一棵子树的高度为 $h-2$,而且这两棵子树都是 AVL 树,故

$$N_h = N_{h-1} + N_{h-2} + 1, \quad N_0 = 0, \quad N_1 = 1$$

注意,N_h 的定义和 Fibonacci 数 $F_n (F_n = F_{n-1} + F_{n-2}, F_0 = 0$ 且 $F_1 = 1)$ 之间的相似性,用归纳法不难验证

$$N_h = F_{h+2} - 1, \quad h \geqslant 0$$

由数论中关于 Fibonacci 数列的性质,$F_h \approx \phi^h / \sqrt{5}$,其中 $\phi = \dfrac{1+\sqrt{5}}{2}$,故 $N_h = \dfrac{\phi^{h+2}}{\sqrt{5}} - 1$;反之,含有 n 个结点的平衡树的最大深度为

$$\log_\phi [\sqrt{5}(n+1)] - 2 \approx 1.44 \log_2(n+2) = O(\log_2 n)$$

*8.3 B-树、B$^+$-树

当文件或字典很小、对应的整个排序过程在内存能处理的情况,前面介绍的 AVL 树具有很好的检索效率。对于大型文件或外部字典,内存储器容纳不下,这时需要建立新的高效检索树。R. Bayer 于 1970 年提出了 B-树结构,B-树是一种平衡的多路检索树,它在文件系统中很有用。本节主要介绍 B-树,B$^+$-树的定义,B-树的检索、插入、删除运算等。

定义 8.3 一棵 m 阶的 B-树,或为空树,或为满足下列特性的 m 叉树。

(1)树中每个结点(又称为页 page)至多有 m 棵子树。

(2)若根结点不是叶子结点,则至少有 2 棵子树。

(3)除根之外的所有非终端结点至少有 $\lceil m/2 \rceil$ 棵子树。

(4)所有的非终端结点中包含下列信息:

$$(n, A_0, K_1, A_1, K_2, A_2, \cdots, K_n, A_n)$$

其中，$K_i(i=1,2,\cdots,n)$为关键字（或称为元素），且 $K_i<K_{i+1}(i=1,2,\cdots,n-1)$；$A_i(i=0,1,2,\cdots,n)$为指向子树根结点的指针，且指针 A_{i-1} 所指子树中所有结点的关键字均小于 $K_i(i=1,2,\cdots,n)$，A_n 所指子树中所有结点的关键字均大于 K_n，n 为结点中关键字的个数（$\lceil m/2 \rceil-1 \leqslant n \leqslant m-1$）。

（5）所有叶子结点出现在同一层，且不含信息（外部结点）。

例 8-4　图 8.12 是一棵 7 阶的 B-树。

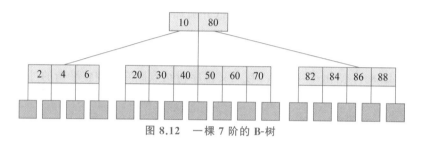

图 8.12　一棵 7 阶的 B-树

1. B-树的高度

设 T 为一棵高度为 h 的 m 阶的 B-树，$d=\lceil m/2 \rceil$，N 为 T 中所含关键字的个数，则

（1）$2d^{h-1}-1 \leqslant N \leqslant m^h-1$。

（2）$\log_m(N+1) \leqslant h \leqslant \log_d\left(\dfrac{N+1}{2}\right)+1$。

证明：

（1）由 m 阶 B-树的定义，N 的上界在一棵高度为 h 的 m 阶的 B-树达到，这棵 B-树共有 $\sum\limits_{i=0}^{h-1} m^i = \dfrac{m^h-1}{m-1}$ 个结点，每个结点都含 $m-1$ 个关键字，故关键字的个数

$$N \leqslant (m-1)\frac{m^h-1}{m-1}=m^h-1$$

N 的下界对应于高度为 h 的一棵 m 阶 B-树，该树中各层结点个数最少且每个结点所含关键字最少，这样的 m 阶的 B-树每层结点对应于第 $1,2,\cdots,h$ 层的结点个数依次为 $1,2,2d,2d^2,\cdots,2d^{h-2}$，有

$$N \geqslant 1+(2+2d+\cdots+2d^{h-2})\times(d-1)=2d^{h-1}-1$$

故 $2d^{h-1}-1 \leqslant N \leqslant m^h-1$。

（2）的证明直接由（1）式证得。

由上述 m 阶的 B-树的高度与所含关键字个数之间的关系，不难发现 B-树的优势。例如一棵 200 阶高度为 5 的 B-树至少含有 $2\times10^8-1$ 个关键字。因此，如果一棵 B-树的阶是 200 或比 200 还高，对应的 B-树尽管高度不高，但含有相当多的关键字。

2. B-树的检索插入、删除运算

在 B-树中查找元素 x 时，只需从根页起，每次把一个待查页从二级存储器调入内存（通常根页是常驻内存的），然后在该页中查找 x，若找到了元素 x，则检索成功，否则按下

述方式继续查找,如果

(1) $k_i < x < k_{i+1}(1 \leqslant i < n)$,则准备查找 A_i 页。

(2) $x < k_1$,则准备查找 A_0 页。

(3) $x > k_n$,则准备查找 A_n 页。

如果已遇到空页,则检索失败,说明 x 不在 B-树中;否则重复上述(1)~(3)。

因为在内存中查找所需时间比把页调入内存的时间要少很多,所以一般的 B-树的 m 值比树高要大很多。一般地,元素在页内是顺序存储(或采用二叉排序树形式),而检索算法用简单的顺序检索算法(m 较小时)或者采用折半查找(m 较大时)。m 的实用值在 $100 \sim 500$。不难发现,若把 B-树中的分支结点、叶结点都压缩到其祖先结点中,整个 B-树缩成一层,而且元素的值从左到右递增地排列着。这一性质正如对二叉排序树作对称序遍历那样,因此,可以对 B-树做扩充的对称序遍历。

在 B-树中插入新元素 x,首先用检索算法查找插入位置,检索过程将终止于某一空树 A_i,这时把 x 插在其父页(一定是叶页)的第 i 个位置。若插入 x 之后使该页上溢(页长大于 $m-1$),需把该页分成两页,中间的那个元素递归地插入上一层页中(若 m 是偶数,分页时会使两页元素差 1,但通常 m 取奇数)。递归地插入会一直波及根页。当根页上溢时,把根页一分为二,并将中间元素上移,而产生仅含一个元素的新根页。

例如,在图 8.12 中插入 3、25 后,图 8.13 给出了其变化图。

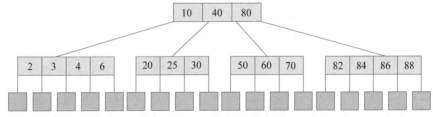

图 8.13　B-树的插入

B-树的删除运算比插入运算更难实现。删除运算分两种情形实现。

(1) 被删元素为叶页的元素,直接进行删除。

(2) 被删元素是非叶页的元素,这时需用该元素左子树下最大元素(或右子树下最小元素)与被删元素进行交换,最后,待被删元素落在叶页上后再删除。

例如图 8.13 中删除元素 80 后,用元素 80 的右子树最小元素 82 替代 80 再删除,删除后的 7 阶的 B-树如图 8.14 所示。

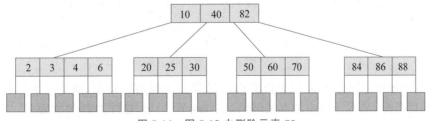

图 8.14　图 8.13 中删除元素 80

以下仅讨论被删元素落在叶页上的 m 阶的 B-树中的删除运算,m 阶的 B-树中元素的删除可以归纳为下述 3 种情形。

(1) 被删元素所在叶页的元素个数 $\geqslant \lceil m/2 \rceil$,则只需直接在该页中删除该元素。如在图 8.13 中删除元素 4 后,B-树的变化如图 8.15 所示。

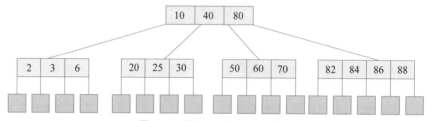

图 8.15　图 8.13 中删除元素 4

(2) 被删元素所在叶页中的元素个数 $= \lceil m/2 \rceil - 1$,而与该结点相邻的右兄弟或左兄弟页中元素个数大于 $\lceil m/2 \rceil - 1$,则需将其兄弟结点中的最小或最大的关键码(元素)上移至其父页中,而将父页中小于或大于该上移元素的元素下移至被删元素所在页中。例如,在图 8.15 中删除元素 60,元素 82 上移至根页,根页中的元素 80 下移至元素 60 所在的页(见图 8.16)。

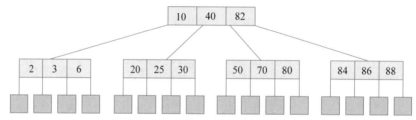

图 8.16　在图 8.15 中删除元素 60

(3) 被删元素所在页及其相邻的页中元素的数目均等于 $\lceil m/2 \rceil - 1$,假设该元素所在页有右兄弟,则将该元素所在页删除后剩下的元素和右兄弟页的元素连同父页中位于被删元素所在页和右兄弟页中的元素一起合并构成新页,这时,如果父页中的一个元素下移后可能引起下溢(即元素个数 $< \lceil m/2 \rceil - 1$),则需采用(1)~(3)的办法再递归地调整。

例如,在图 8.16 中删除元素 70 后,删除后的 7 阶 B-树如图 8.17 所示。

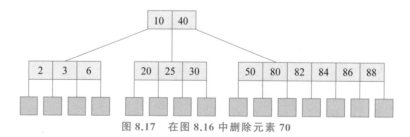

图 8.17　在图 8.16 中删除元素 70

考虑 B-树的一种变形,该树中所有的信息仅存于树的叶页上,而非叶页仅含有便于查找的辅助信息,如本子树中结点关键码最小(或最大)值,这样的 B-树称为 B⁺-树。

B⁺-树是一种 B-树的变形树,一棵 m 阶的 B⁺-树和 m 阶的 B-树的差异在于:

(1) 有 n 棵子树的结点中含有 n 个关键字。

（2）所有的叶子结点中包含了全部关键字的信息，以及指向含这些关键字记录的指针，且叶子结点本身依关键字的大小自小而大顺序链接。

（3）所有的非终端结点可以看成是索引部分，结点中仅含有其子树（根结点）中的最大（或最小）关键字。

图 8.18 是一棵 3 阶的 B$^+$-树。通常在 B$^+$-树上有两个头指针：一个头指针指向根页；另一个头指针指向关键码最小的叶页。因此，可以对 B$^+$-树进行两种查找运算：一种是从最小关键码起顺序查找；另一种是从根结点开始进行查找。

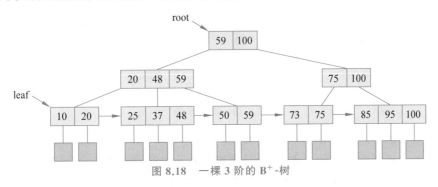

图 8.18 一棵 3 阶的 B$^+$-树

B$^+$-树的插入、删除运算与前述的 B-树的插入、删除运算类似。

*8.4 键树和 2-3 树

8.4.1 键树

与 B-树、B$^+$-树类似，键树也是常用的外部树结构。键树又称为数字查找树（digital search trees）或 trie 树（retrieve 中间 4 个字符），其结构受启发于一部大型字典的"书边标目"。字典中标出首字母是 A、B、C、…、Z 的单词所在的页；再对各部分标出第二字母为 A、B、…、Z 的单词所在的页。键树中每个结点不是包含一个或多个关键码，而是只含有组成关键码的字符。例如，若关键码是数值，则结点中只包含一个数位，若关键码是单词，则结点中只包含一个字母字符。

例如，由关键字集｛BAI，BAO，BU，CAI，CAO，CHA，CHANG，CHAO，CHEN，CHENG，CHU，WANG，WEI，WU，ZHAN，ZHANG，ZHAO，ZHONG｝构成的键树如图 8.19 所示。其中 $ 表示终止符。

为便于查找，键树都做成有序树形式。子树的顺序就是其根结点存储的字符在字符集中的次序。终止符 $ 小于字符集中任一字符，根结点作为查找起始结点，通常不存储字符。

在图 8.19 所示的键树中查找关键字为 CHANG 的记录时，从根找到 C，再从 C 找到 H，从 H 找到 A 再找到 N、G，最后找到 $，从而找到 CHANG 的记录。若要在键树中查找 ZHA 的记录，沿着键树的根找到 Z，继而找到 H 和 A，但是没有终止符 $，说明键树中没有关键字为 ZHA 的记录。显然在键树中查找的最大长度为键树的深度（即关键码中

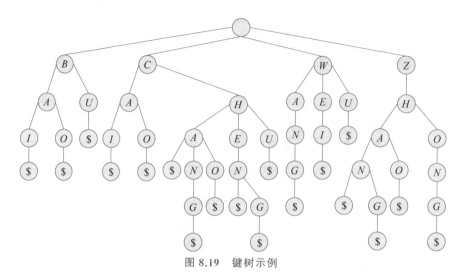

图 8.19 键树示例

字符的最大个数）。

键树的存储通常有两种方式，一种是把键树转换成等价的二叉树存储起来，但这样会增加树的高度。一般用 m 重链表表示一个结点，其中 m 是字符集（包括 $）的基数。当字符集由英文大写字母构成时，$m=27$；当字符集包含的是数字字符时，则 $m=11$。这样虽然会牺牲一些存储空间，但便于查找。

观察图 8.19 的键树，树中结点到叶子的子树是单枝的。为了缩短查找路线，可把这些单枝子树压缩成一个结点（见图 8.20）。

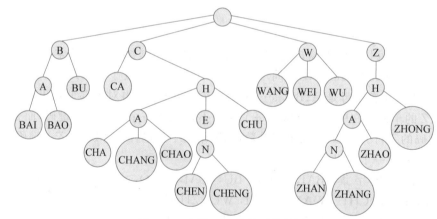

图 8.20 由图 8.19 压缩后的键树

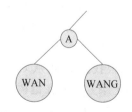

图 8.21 在键树中插入记录

键树不仅便于查找，也很容易作插入、删除。例如，若在图 8.19 所示的树中插入一个记录 WAN，调用查找算法，从根找到 W、A 和 N，此时只要给 N 增加一个儿子 $ 即可。

如果插入是在图 8.20 中进行的，那么，只需把终结结点 WANG 改成如图 8.21 所示的子树形式即可。

键树中删除一个记录也不难实现，通常调用查找算法找到该记录,然后把它从树中删除掉。但是如果被删除结点的父结点没有别的儿子,则要递归地删除这个父结点。例如在图 8.19 中删除 ZHONG 这条记录,则 H 的右子树上全部结点 G 到 O 逐一被删除。

8.4.2　2-3 树

2-3 树是最简单的 B-树(或 B$^+$-树)结构,其每个非叶结点都有 2 个或 3 个子女,而且所有的叶都在同一层上。图 8.22(a)和图 8.22(b)是两种不同形式的 2-3 树,图 8.22(a)同时是一棵 3 阶的 B-树。图 8.22(b)是一种变形的 B$^+$-树,其分支结点存储着索引信息,即包含了该结点的左子树中最大元素的值与第二子树中最大元素的值。

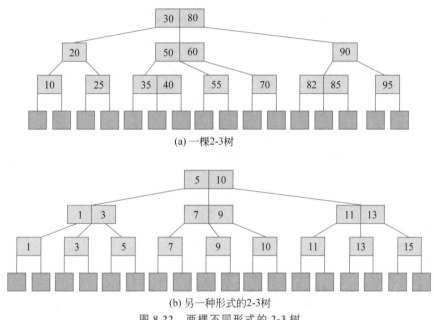

(a) 一棵2-3树

(b) 另一种形式的2-3树

图 8.22　两棵不同形式的 2-3 树

图 8.22(a)中 2-3 树的检索、插入、删除运算和前面介绍的 B-树的相应运算是一致的。后一种形式的 2-3 树与 B-树的检索、插入、删除运算也类似。检索算法是简单的。下面通过具体例子来看一下后一种形式的 2-3 树中的插入、删除实现过程。

插入按下述方式进行,在 2-3 树中插入新元素 a 时,调用查找过程,为 a 找到一个适当位置(对应一个外部结点位置相应的叶结点)插入它。若 a 所在结点的父结点 f 原有 2 个子女,直接插入 a(但可能要修改 a 的祖先结点的元素,见图 8.23);若 f 原有 3 个子女(插入后有 4 个子女),必须分裂 f 成两个结点 f、g,使它们各有 2 个子女,并递归地插入 g,参见图 8.22(b)中插入元素 8 后,2-3 树变为图 8.24 所示的图形。

在 2-3 树中删除元素 a 时,同样调用查找过程,找到 a 所在结点。设 f 是 a 的父结点,若 f 有 3 个儿子,直接删除 a(但可能要修改 a 的祖先结点的元素值);若 f 原有 2 个子女,删除 a 后变为只有 1 个子女,这时需寻找 f 的邻近兄弟结点 g,若 g 有 3 个子女,转让一个结点 f;若 g 只有 2 个子女,则把 f 剩下的那个子女合并到 g,并递归地删除 f。

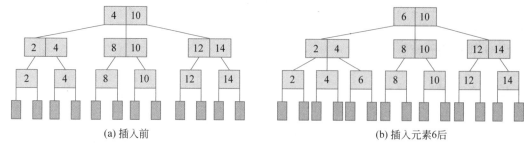

(a) 插入前　　　　　　　　　　　　　　(b) 插入元素6后

图 8.23　2-3 树的插入

图 8.25 给出在图 8.23(a)中删除元素 10 之后的 2-3 树。

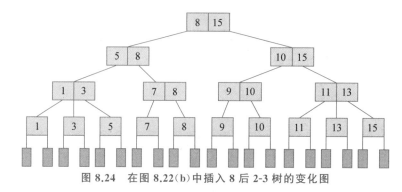

图 8.24　在图 8.22(b)中插入 8 后 2-3 树的变化图

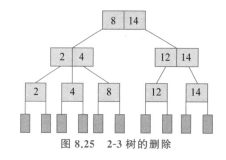

图 8.25　2-3 树的删除

不难证明,高为 h 的 2-3 树的叶子数为 $2^h-1\sim3^h-1$,结点数为 $2^h-1\sim3^h-1$。也就是说,具有 n 片叶子的 2-3 树,高度为 $1+\log_3 n\sim1+\log_2 n$。因此,在2-3 树上查找、插入、删除一个元素时间为 $O(\log_2 n)$。

8.5　Huffman 最优树与树编码

8.5.1　Huffman 最优树

为了讨论 Huffman 最优树,首先引入扩充的二叉树。当二叉树里出现空的子树时,就增加新的、特殊的结点——空树叶。对于原来二叉树里度数为 1 的分支结点,在它下面增加一个空树叶;对于原来二叉树的树叶,在它下面增加两个空树叶。这样扩充二叉树中的结点就分为内部结点和外部结点。外部路径长度 E 定义为从扩充的二叉树的根到每个外部结点的路径长度之和;内部路径长度 I 定义为扩充的二叉树里从根到每个内部结点的路径长度之和。例如图 8.26 所示,扩充的二叉树中 $E=28,I=14$。

若将上述外部路径长度推广到一般的情况,考虑带权的外部结点。结点的带权路径长度为从该结点到树根之间的路径长度与结点上权的乘积。带权外部路径长度为树中所有外部结点的带权路径长度之和,记为

$$\text{WPL} = \sum_{k=1}^{n} w_k l_k$$

w_k、l_k 分别为第 k 个外部结点的权和路径长度。

假设有 n 个权值 $\{w_1, w_2, \cdots, w_n\}$,试构造一棵有 n 个外部结点的二叉树,每个外部结点带权为 w_i,则其中带权外部路径长度 WPL 最小的二叉树称为最优二叉树或 Huffman(哈夫曼)树。

哈夫曼(D. A. Huffman)在 1952 年采用贪心策略(第 10 章中将给出其正确性证明)给出了构造最优二叉树的算法。算法采用自底向上逐步合并技术。具体步骤如下。

(1) 首先在 $w_1, w_2, \cdots, w_n$ 中找出两个最小的 w 值,比如 w_1 和 w_2。

(2) 构造子树:

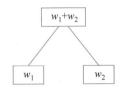

(3) 对 $n-1$ 个权 $w_1+w_2, w_3, \cdots, w_n$ 构造 Huffman 树。

(4) 重复(1)、(2)、(3),直到构造的扩充二叉树包括所有外部结点。

例如,对于一组外部结点的权 $\{3, 5, 8, 9, 10, 11\}$,图 8.27 给出了哈夫曼最优树的构造过程。

下面先定义哈夫曼树的构造算法 makeHuffmantree。哈夫曼树中结点结构为

tag	LeftChild	weight	RightChild

其中,tag 是标记位,它标记此结点是否已有父母结点,进入算法 makeHuffmantree 之前,所有结点的 tag=0,数组 b 中前面 n 个元素存放外部结点,若此结点已配有父母结点,则 tag=1,算法结束时整个扩充二叉树(哈夫曼树)已形成,$b[2n-2]$ 是根结点。

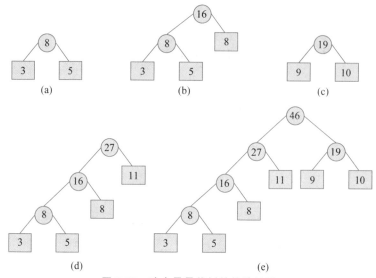

图 8.27　哈夫曼最优树的构造过程

算法 8.4　构造 Huffman 树。

```
struct huffmannode
{
    int weight;
    int tag,LeftChild,RightChild;
};
typedef struct huffmannode Huffmannode;

void InitHuffmannode(Huffmannode * h, int t,int l,int r)
{
    h->tag=t;
    h->LeftChild=l;
    h->RightChild=r;
}

struct huffmantree
{
    int root;
};
typedef struct huffmantree Huffmantree;

void InitHuffmantree(Huffmantree * ht, int r)
{
    ht->root=r;
}

void makeHuffmantree(Huffmantree * ht, int a[],Huffmannode b[],int n)
{
    int i,j,m1,m2,x1,x2;
    /* 逐步构造 Huffman 树 */
    for(i=0;i<n;i++)
        b[i].weight=a[i];
```

```
        for(i=1;i<=n-1;i++)
        {
            m1=m2=32767;                    /* m1,m2 是比任何权都大的整数 */
            x1=x2=-1;
            for(j=0;j<n+i-1;j++)          /* 找两个最小的权 */
            {
                if(b[j].weight<m1&&b[j].tag==0)
                {
                    m2=m1;
                    x2=x1;
                    m1=b[j].weight;
                    x1=j;
                }
                else
                if(b[j].weight<m2&&b[j].tag==0)
                {
                    m2=b[j].weight;
                    x2=j;
                }
            }

            b[x1].tag=1;                    /* 标记 */
            b[x2].tag=1;

            /* 构造子树 */
            b[n-1+i].weight=b[x1].weight+b[x2].weight;
            b[n-1+i].LeftChild=x1;
            b[n-1+i].RightChild=x2;
            b[n-1+i].tag=0;
        }
        ht->root=2*n-2;
}
```

不难发现,Huffman 算法的总时间不超过 $O(n^2)$。如果把 t 叉树定义为结点的有限集合,它或者为空集或者由一个根和 t 个有序的不相交的 t 叉树组成,则 Huffman 算法可以推广到 t 叉树。

8.5.2 树编码

数据通信中,通常将需要传送的文字转换成由二进制字符组成的字符串。对字符集中不同的字符选用不同的 0 和 1 序列表示它,称为对这个字符集进行编码(coding)。若所有的字符编码长度相同,称为等长编码;否则,称为不等长编码。等长编码的优点是易于接收端将代码还原成字符,这种还原操作称为译码(decoding)。由于字符集中各字符使用的频率不同,因此等长编码使传输效率降低,即同一个文件的编码总长度较长。现在提出这样的问题:考虑到一段文字中字符出现频率的高低不同,如何设计这段文字的传送编码,使的编码长度最小?解决这个问题的办法自然是对那些使用频率高的字符给以较短的编码,很少用到的那些字符给以较长的编码,这种不等长编码有可能使编码总长减少，从而提高传输效率。

设计不等长编码必须要求任一字符的编码都不是另一个字符编码的前缀，这种编码称为前缀编码；否则，译码时会出现所谓二义性。例如，若 A、B、C、D 的编码是 0、00、1 和 01，则字符串"ABACCDA"对应的编码为"000011010"；但是，这样的编码无法翻译，可译成"BBCCDA"、"ABACCDA"等。

用 Huffman 树表示一种编码方案，可克服上述二义性，而且总的编码长度最小。我们将待编码的字符对应 Huffman 树中的一个外部结点，给树中的分支做标记，使得指向左子女的分支标记 0，指向右子女的分支标记 1，图 8.28 给出了一棵编码树。从根到外部结点路径上的标记序列，即为该外部结点对应字符的编码。总的编码长度即对应到前节中外部路径长度。

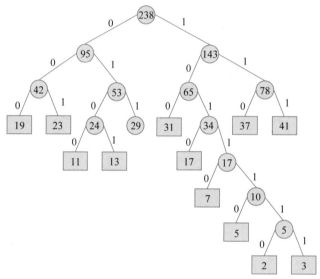

图 8.28　Huffman 编码树

例 8-5　设字符集 $D=\{d_1,d_2,\cdots,d_{13}\}$ 对应的字符出现的频率为 $w=\{2，3，5，7，11，13，17，19，23，29，31，37，41\}$，则用 Huffman 算法构造出的编码树如图 8.28 所示，各字符的二进制编码为

d_1	d_2	d_3	d_4	d_5	d_6	d_7	d_8	d_9	d_{10}	d_{11}	d_{12}	d_{13}
1011110	1011111	101110	10110	0100	0101	1010	000	001	011	100	110	111

Huffman 编码树恰好可作"译码器"。当接收一个无误码的 0 和 1 序列时，从根结点起，若收到 0，则转向左子树；收到 1，则转向右子树，直到某个外部结点，从而找到相应的还原字符。然后，再从根结点起开始翻译其他字符。例如上例中接收的信息为字符串"01001010011100"，则译码后的结果为字符串"$d_5 d_7 d_{10} d_{11}$"。

8.6　堆排序

堆的定义：n 个元素的序列 $\{k_1, k_2, \cdots, k_n\}$ 满足下面两个条件之一的，称为堆。

(1) $\begin{cases} k_i \leqslant k_{2i} \\ k_i \leqslant k_{2i+1} \end{cases}$, $\quad i = 1, 2, \cdots, \left\lfloor \dfrac{n}{2} \right\rfloor$

(2) $\begin{cases} k_i \geqslant k_{2i} \\ k_i \geqslant k_{2i+1} \end{cases}$, $\quad i = 1, 2, \cdots, \left\lfloor \dfrac{n}{2} \right\rfloor$

满足条件(1)的称为小根堆，满足条件(2)的称为大根堆。本节重点研究大根堆，小根堆的研究完全类似。

堆实质上是一棵完全二叉树结点的层次序列，堆的特性在此完全二叉树里解释为：完全二叉树中任一结点的值小于(或大于)或等于它的两个子女结点的值。图 8.29 分别是小根堆 $\{2, 3, 10, 9, 5, 12\}$ 和大根堆 $\{15, 12, 9, 10, 11, 5, 4\}$ 对应的完全二叉树。

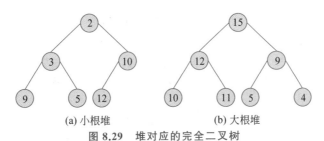

(a) 小根堆　　　　(b) 大根堆

图 8.29　堆对应的完全二叉树

关于大根堆对应的完全二叉树有下面两条性质。

(1) 根结点的值是堆中元素的最大值。

(2) 堆对应的完全二叉树的任何子树都具有堆性质。

下面研究堆中插入、删除一个结点的方法，规定删除运算总是对根结点进行。

例如，在图 8.29(b)中插入新结点 14，堆的变化如图 8.30 所示。

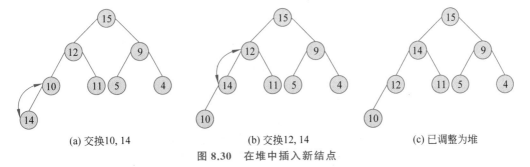

(a) 交换10, 14　　　(b) 交换12, 14　　　(c) 已调整为堆

图 8.30　在堆中插入新结点

图 8.31 给出了在堆中删除 15 的过程。

显然，反复删除堆中根结点，可使堆中结点排序，这就是堆排序的方法。对于任给一组关键码的集合，一般来说它不具有堆性质，堆排序的前提是需要将这组关键码的集合堆化，这就是建堆过程，建堆过程是反复应用筛选法的结果，图 8.32 给出了关键码集合 $\{65,$

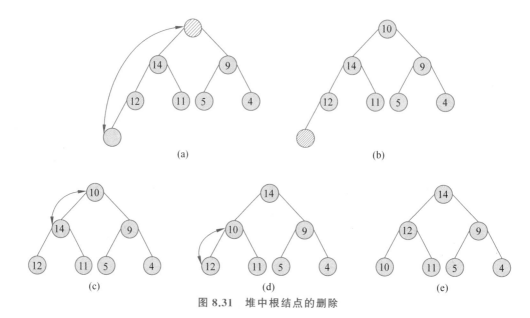

图 8.31 堆中根结点的删除

70，60，74，61，63}的建堆过程。

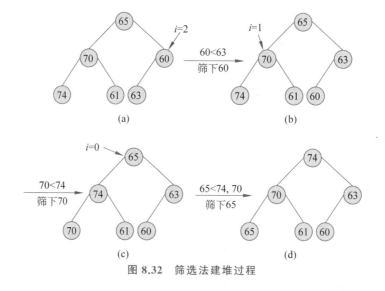

图 8.32 筛选法建堆过程

1. 堆排序

对于任意一组关键码的集合,堆排序的过程可以归结为下述两个步骤。

（1）建堆。

（2）反复删除堆中最大元素。

图 8.33 给出了关键码集合{5，6，20，15，17，18，35，19}的堆排序过程。

可以定义抽象数据类型大根堆,相应的实现细节如下。

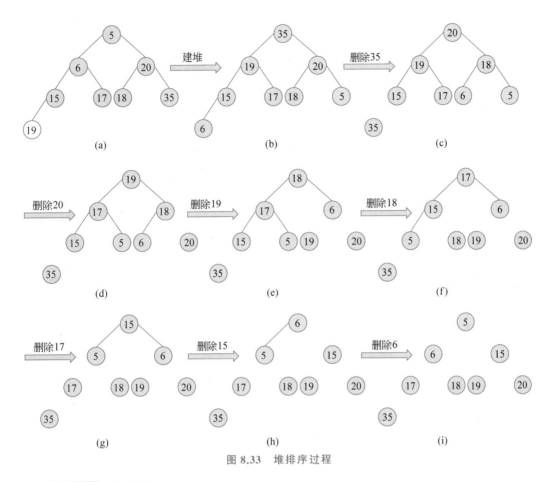

图 8.33　堆排序过程

算法 8.5　大根堆。

```
struct maxHeap
{
    int heapsize,Maxsize;
    int * heap;
};
typedef struct maxHeap MaxHeap;

int Size(MaxHeap * xheap)          / * 求堆中元素个数 * /
{
    return xheap->heapsize;
}

int Max(MaxHeap * xheap)          / * 返回大根堆顶的元素 * /
{
    if(xheap->heapsize==0)
    {
      printf("underflow\n");
```

```
        exit(1);
      }
    return xheap->heap[0];
}

void InitMaxHeap(MaxHeap * xheap, int MaxHeapsize)        /* 初始化大根堆 */
{
    xheap->Maxsize=MaxHeapsize;
    xheap->heap=(int *)malloc(sizeof(int) * xheap->Maxsize);
    xheap->heapsize=0;
}

MaxHeap * Insert(MaxHeap * xheap, int x)                   /* 在堆中插入一个新元素 */
{
    int i;
    if(xheap->heapsize==xheap->Maxsize)
     {
         printf("Overflow in MaxHeap\n");
         exit(1);
     }
    i=xheap->heapsize++;
    while(i!=0&&x>xheap->heap[(i-1)/2])
    {
        xheap->heap[i]=xheap->heap[(i-1)/2];
        i=(i-1)/2;
    }
    xheap->heap[i]=x;
    return xheap;
}

MaxHeap * DeleteMax(MaxHeap * xheap, int * x)              /* 删除堆顶的元素 */
{
    int y;
    int i=0,ic=1;

    if(xheap->heapsize==0)
     {
        printf("undrflow\n");
        exit(1);
     }
    else
    {
        * x=xheap->heap[0];
        y=xheap->heap[--xheap->heapsize];
        while(ic<xheap->heapsize)
        {
            if((ic+1)<xheap->heapsize&&xheap->heap[ic]<xheap->heap[ic+1])
                ic++;
            if(y>=xheap->heap[ic])
                break;
            xheap->heap[i]=xheap->heap[ic];
            i=ic;
```

```
            ic=2 * ic+1;
        }
        xheap->heap[i]=y;
    }
    return xheap;
}

void MakeHeap(MaxHeap * xheap, int a[],int size,int Arraysize)    /* 构建大根堆 */
{
    int i, ic;
    int y;
    free(xheap->heap);

    xheap->heap=(int *)malloc(sizeof(int) * Arraysize);
    memcpy(xheap->heap,a,size * sizeof(int));
    xheap->heapsize=size;

    xheap->Maxsize=Arraysize;
    for(i=(xheap->heapsize-2)/2;i>=0;i--)
    {
        y=xheap->heap[i];
        ic=2 * i+1;
        while(ic<xheap->heapsize)
        {
            if((ic+1)<xheap->heapsize&&xheap->heap[ic]<xheap->heap[ic+1])
                ic++;
            if(y>=xheap->heap[ic])
                break;
            xheap->heap[(ic-1)/2]=xheap->heap[ic];
            ic=2 * ic+1;
        }
        xheap->heap[(ic-1)/2]=y;
    }
}

void Heapsort(int a[],int n)                                      /* 堆排序 */
{
    MaxHeap * H=(MaxHeap *)malloc(sizeof(MaxHeap));
    int x;
    int i;

    InitMaxHeap(H, n);
    MakeHeap(H,a,n,n);
    for(i=n-1;i>=0;i--)
    {
        DeleteMax(H, &x);
        a[i]=x;
    }
}
```

建堆算法复杂度分析如下。

算法的主要时间开销是将完全二叉树中第 i 个结点为根的子树调整为堆的时间，$i=\lfloor\frac{n}{2}\rfloor,\lfloor\frac{n}{2}\rfloor-1,\cdots,1$。不难验证，含有 n 个结点的完全二叉树的高度为 $h=\lfloor\log_2 n\rfloor+1$；而且完全二叉树的第 j 层的结点总数不超过 $2^{j-1}(j=1,2,\cdots,h)$，故算法总的时间开销为

$$T(n)\leqslant\sum_{j=1}^{k-1}2^{j-1}(h-j+1)$$

$$\leqslant\sum_{k=1}^{h}k2^{h-k}$$

$$\leqslant 2^{h}\sum_{k=1}^{\infty}\frac{k}{2^{k}}\leqslant 2n\sum_{k=1}^{\infty}\frac{k}{2^{k}}\quad（因为 2^{k}=2^{1+\lfloor\log_2 n\rfloor}\leqslant 2n）$$

令

$$\sum_{k=1}^{\infty}\frac{k}{2^{k}}=y$$

则

$$\frac{y}{2}=\frac{1}{4}+\frac{2}{8}+\frac{3}{16}+\cdots+$$

两式相减：

$$y-\frac{y}{2}=\frac{y}{2}=\frac{1}{2}+\frac{1}{4}+\frac{1}{8}+\frac{1}{16}+\cdots$$

$$=\sum_{k=1}^{\infty}\frac{1}{2^{k}}=1$$

故 $T(n)\leqslant 4n=O(n)$。

2. 堆排序算法的复杂度

堆排序的时间开销主要有建堆和反复删除堆的根所花的时间，初始建堆的时间为 $O(n)$，每次删除堆的根时间不超过 $O(\log_2 n)$，故总的时间开销在最坏的情况下不超过 $O(n)+O(n\cdot\log_2 n)=O(n\cdot\log_2 n)$，堆排序在最坏的情况下比快速排序最坏情况下的时间 $O(n^2)$ 要好，它也是一种快速排序方法。

*8.7 判定树

以比较运算（即判断选择）为主要操作的算法流程可以绘成一棵树，称这样的树为算法的判定树，简称为判定树（decision tree）。

判定树中的结点，不存储任何数据元素，仅表示一次比较（或比较的对象），如果每次比较都产生二分枝（比如对数 a、数 b 进行比较，要区分 $a<b$ 和 $a\geqslant b$ 两种情况），那么所得到的判定树是二叉树；若产生三分枝（比如要区分 $a<b,a=b,a>b$ 这 3 种情况），便得到三元判定树；若产生多分枝，则可得多元判定树。

例 8-6 将 3 个元素 a、b、c 排序，图 8.34 给出了排序算法的判定树，其中?表示比较

运算。

例 8-7 假定有 8 枚硬币 a、b、c、d、e、f、g、h,其中有一枚硬币是伪造的。真伪硬币的重量不同,可能重,也可能轻。今要求以天平为工具,用最少的比较次数挑出伪硬币来,并确定它是重还是轻(伪币鉴别问题)。

用图 8.35 所示的判定树,3 次比较就能把伪币挑出来,且能比较出伪币与真币的轻重。

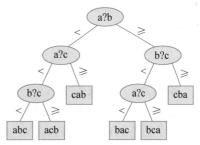

图 8.34 3 个元素排序的判定树

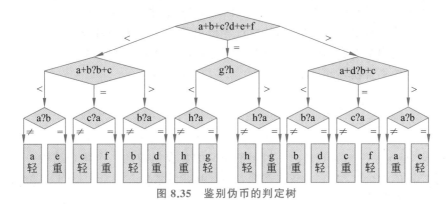

图 8.35 鉴别伪币的判定树

借助于鉴别伪币的判定树,不难写出相应的算法。

*8.8 等价类和并查集

8.8.1 等价类

等价关系是一种特殊的二元关系,等价关系集合的分类之间有着内在的关系。

实际问题求解时会遇到等价类问题,按事物抽象描述的集合中元素之间的等价关系进行分类的方法是等价类研究的问题。等价类问题的求解分为两个过程:其一是在事物抽象描述的集合中建立元素之间的等价关系;其二将集合中的元素按等价关系分类。例如,若将三维几何空间的曲面之间的等价关系定义为"有相同的法向",则所有具有相同法向量的曲面是在同一个等价类中。若将人与人之间的相同血型定义为等价关系的话,则具有相同血型的人在同一等价类中,医院对患者的输血对象应该在与患者位于同一等价类的供血中查找,否则可能导致输血事故。

数学上对等价关系的定义是严格的。

等价关系定义:如果集合 A 上的二元关系 R 是自反、对称和传递的,则称 R 是等价关系。设 R 是 A 上的等价关系,a、b 是 A 中的元素,如果 aRb(a 与 b 对于关系 R 是等价的),通常记为 $a\sim b$。

等价关系是集合上的一个自反、对称、传递的关系,对于集合中的任意对象 x、y、z,

下列性质成立。

(1) 自反性：$x \sim x$（即等于自身）。

(2) 对称性：若 $x \sim y$，则 $y \sim x$。

(3) 传递性：若 $x \sim y$ 且 $y \sim z$，则 $x \sim z$。

容易验证平面几何中三角形的相似、三角形的全等都是等价关系。数学意义上说等价类是一类对象的集合，在此集合中所有对象之间应满足等价关系。

一个集合可以通过等价关系分为若干互不相交的子集，每个子集对应一个等价类，因此一个集合看成为若干等价类的并集。

建立等价类的过程可以看成是集合中元素的合并过程，合并时可以先将集合中的每一个元素看成单一元素对应的集合，然后按等价关系的一定顺序将属于同一等价类的集合合并。在此过程中需反复使用一个搜索运算，确定一个元素属于哪一个集合中，能够方便实现此功能的集合就是并查集。

8.8.2　并查集

并查集(Union-Find set)是由一组互不相交的集合组成的一个集合结构。并查集是一种用途广泛的集合结构，它能较快实现合并和判断元素所在集合的操作，一般采用树状结构存储并查集。

可以用树的父指针表示法存储并查集，对于并查集的每一个集合用一棵树表示，集合中的每一个元素的元素信息存放在树中的结点中，还存储了指向其父结点的指针。例如，并查集 $S_1 = \{1,3,5,7,9\}$，$S_2 = \{2,4,8,10\}$，$S_3 = \{0,6,11\}$，对应的用父指针表示的树状结构如图 8.36 所示。

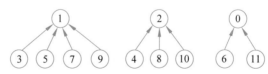

图 8.36　用父指针表示的树状结构存储的并查集

并查集上两个基本的运算是查找 Find 和合并 Union。Find 运算搜索给定元素所在的子集合，Union 运算将两个子集合并成一个子集合。

下面的例子说明并查集的查找和合并过程。

例 8-8　设集合 $S = \{0,1,2,3,4,5,6,7,8\}$，$S$ 上有等价关系对 $R = \{0 \sim 1, 2 \sim 5, 1 \sim 7, 5 \sim 7, 3 \sim 4, 4 \sim 6, 6 \sim 8\}$，图 8.37 说明了得到并查集 $S_1 = \{0,1,2,5,7\}$，$S_2 = \{3,6,9\}$ 的查找、合并过程。

上述查找过程中，并查集对应的每一棵树的根结点可表示子集的类别，查找某个元素所属的集合时只需从该结点出发，沿父指针链找到树的根结点即可，实现集合的合并运算只需将一棵子树的根指向另一棵子树的根即可，每次合并前需要两次查找，查找的时间开销依赖于树的高度，而每次合并的时间开销为 $O(1)$。

与前面介绍的抽象数据类型的构建方法类似，可以构建抽象数据类型并查集。下面

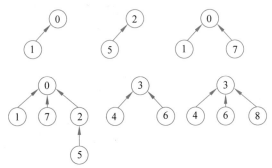

图 8.37　并查集的查找、合并过程

的结构申明和代码实现了对并查集简单的查找和合并运算。假设并查集中的元素用 0，1，2，…，$n-1$ 表示，这些元素的值正好对应一维数组 Parent 的下标，Parent[i]中的值是一维数组的下标，用来表示元素 i 的父结点的指针，Parent[i]＝－1 代表元素 i 没有父结点。

```
#define MaxSize 100
typedef struct ufset
{
    int Parent[MaxSize];
    int Size;

}UFSet;

/*并查集的初始化函数*/
void CreatUFSet(UFSet * S, int n)
{
  int i;
  S->Size=n;
  for(i=0;i<n;i++) S->Parent[i]=-1;
}

/*查找元素 i 所属的并查集的子集*/
int Find(UFSet * S, int i)
{
  for(; S->Parent[i]>=0;i=S->Parent[i]);
  return i;
}

/*并查集中的合并运算*/
void Union(UFSet * S, int i, int j)
{
  S->Parent[i]=j;
}
```

上述合并运算可能会产生退化的树——单链表，因此会加大在并查集中 Find 运算的查找时间。为了避免产生退化树，可采用下面两种改进方法。

（1）Union 运算中引入加权规则。加权规则按下述方式进行：在进行两棵子树的合并时，先判断两棵子树中的元素个数，若以 i 为根的子树中的结点个数少于以 j 为根的子树中结点个数，则让 j 成为 i 的双亲，否则，让 i 成为 j 的双亲。如图 8.38 表示了加权规则的处理过程。

图 8.38　Union 加权规则示意图

（2）Find 运算中路径压缩规则。为加快并查集中的查找运算效率，可采用路径压缩技术，执行 Find 运算时，将从根到元素 i 的路径上的所有结点的 Parent 域均重置，使它们都直接连至该树的根结点。图 8.39 表示了路径压缩的处理过程，在查找结点 2 时，对根结点 2 上所涉及的所有结点的父指针都指向根结点 1。

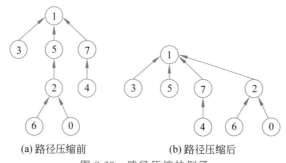

(a) 路径压缩前　　　　　　　(b) 路径压缩后

图 8.39　路径压缩的例子

*8.9　红黑树

红黑树（red-black tree）在很多地方都有应用，例如 C++ STL 中的 set、multiset、map、mutimap 等数据结构中使用了红黑树的变体。在 Linux 的内核中，用于组织虚存"区间"的数据结构也是红黑树。它是一种扩充的二叉树 BST，树中的每一个结点的颜色要么是黑色要么是红色，它利用了对树中结点红黑着色的要求达到局部平衡，其插入、删除运算的性能较好，也是一棵检索效率较高的查找结构。

定义 8.4　满足下列条件的扩充二叉排序树是红黑树。

（1）每个结点要么是红色，要么是黑色。

（2）根结点永远是黑色。

（3）所有的扩充外部结点是空结点，不含关键字，且着黑色。

（4）如果一个结点是红色，则它的两个子结点都是黑色（不允许两个连续的红色结点）。

（5）结点到其子孙外部结点的简单路径都包含相同数目的黑色结点。

红黑树中结点 A 的阶(rank,又称"黑色高度")是该结点到其子树中任意外部结点的任意一条路径上的黑色结点的个数(不包含结点 A 但包含外部结点)。根结点的阶称为该树的阶。

根据定义容易知道,红黑树中外部结点的阶是 0。

红黑树的若干性质如下。

(1) 红黑树是局部满二叉树,即红黑树中任一结点(包含外部结点)要么有 2 个子女,要么没有子女。

(2) 阶为 h 的红黑树,从根结点到叶结点的简单路径长度最短为 h,最长为 $2h$;或者说该红黑树的树高最小为 $h+1$,最大是 $2h+1$。

(3) 阶为 h 的红黑树,其含有的内部结点最少时是一棵完全满二叉树,此时内部结点数是 2^h-1。2 阶红黑树如图 8.40 所示。

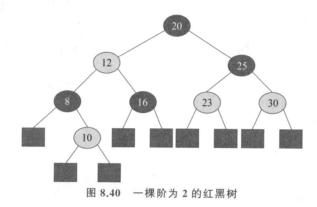

图 8.40 一棵阶为 2 的红黑树

(4) 含有 n 个内部结点的红黑树树高最大是 $2\log_2(n+1)+1$。

证明:

性质(1)由定义推出。

性质(2)的证明。由红黑树的定义可知,红黑树中的结点到其子孙结点的每条简单路径中不可能有两个连续的红色结点,若最短的简单路径中全为黑色结点,则其长度为 h;由于最长的路径上的结点是红黑交替的,且根结点和外部叶结点都是黑色,因此这条最长的路径上最多有 h 个红色结点,此时的路径长度为 $2h$。性质(2)中的后一个结论容易由前一个结论导出。

性质(3)的证明。阶为 h 且内部结点最少的红黑树中所有结点全为黑色结点,它是一棵高度为 $h+1$ 的完全满二叉树,其内部结点的个数$=2^0+2^1+\cdots+2^{h-1}=2^h-1$。

性质(4)的证明。设红黑树的阶为 h,高为 H,由性质(2)$H \leqslant 2h+1$;另一方面由性质(3)$n \geqslant 2^h-1$,故 $H \leqslant 2\log_2(n+1)+1$。

一般情况下,往红黑树中插入一个新结点是红色结点,插入的方法与二叉排序树中的插入方法相同,新结点是作为叶子结点插入的,但当插入的新结点破坏了红黑树的定义时需要处理旋转调整、红黑互换等操作,下面的图 8.41(a)～图 8.41(g)是一棵红黑树的生长过程,由一棵空的红黑树,依次插入新结点 3、5、10、7、6、20、15,图 8.41(g)是最终的红黑树。

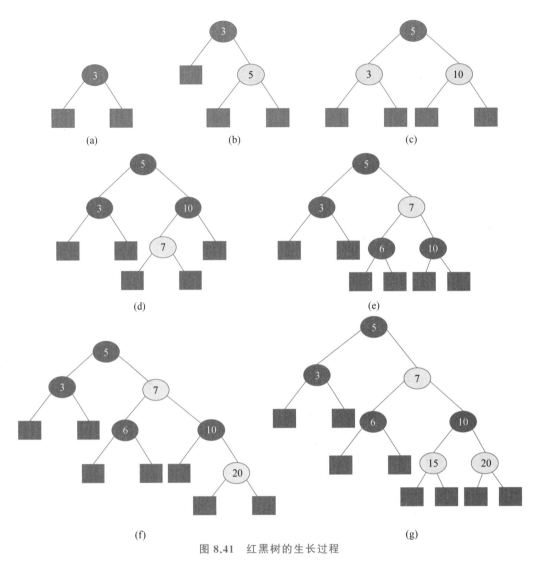

图 8.41　红黑树的生长过程

在图 8.42 所示的红黑树中依次删除 88、71、63 时设计红黑树的旋转和变色调整,局部调整过程如图 8.43～图 8.48 所示。

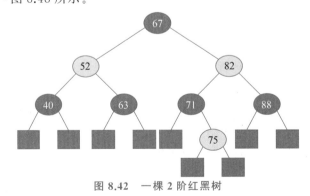

图 8.42　一棵 2 阶红黑树

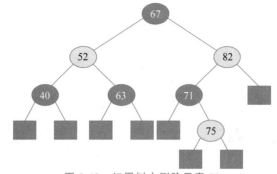

图 8.43 红黑树中删除元素 88

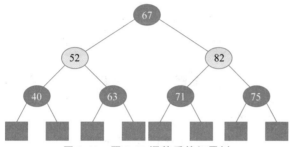

图 8.44 图 8.43 调整后的红黑树

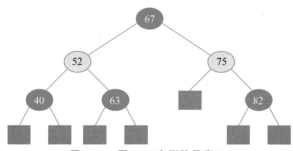

图 8.45 图 8.44 中删除元素 71

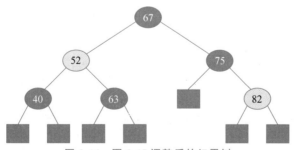

图 8.46 图 8.45 调整后的红黑树

删除元素 88 时,破坏了红黑树的结构性质,如图 8.43 所示,调整后的红黑树如图 8.44 所示。

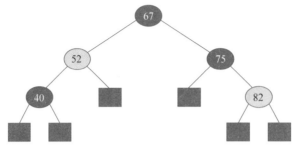

图 8.47　图 8.46 中删除元素 63

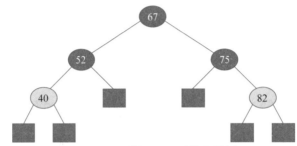

图 8.48　调整图 8.47 后的红黑树

8.10　跳表

链表是一种常用来查找的动态数据结构，我们知道如果单链表的长度为 n，则平均查找长度为 $O(n)$，而在线性表中进行折半查找的平均查找长度为 $O(\log_2 n)$，但前提是需要对线性表顺序存储并按关键字排序。由此我们可以设想，在有序链表中如何提高查找效率？跳表（skip list，又称跳跃表）是在原来的有序链表上加上了多级索引，通过索引来实现快速查找的数据结构，支持快速的查找、插入和删除等操作，平均查找长度可望达 $O(\log_2 n)$，著名开源软件 Redis 和 LevelDB 都使用这种跳表。

对于一个单链表，即使链表中存储的数据是有序的，如果我们想要在其中查找某个数据，也只能从头到尾的遍历，查询效率较低，时间复杂度是 $O(n)$，如图 8.49 所示。

图 8.49　有序单链表

如何在有序单链表中提高查找效率？如图 8.50 所示，对链表建立一级"索引"，这样

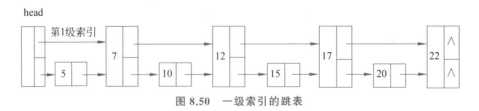

图 8.50　一级索引的跳表

查找起来方便了很多,如查找 17 就不必从头遍历每一个结点。我们对每两个结点提取一个结点到上一级,把抽出的那一级叫作索引或者索引层(见图 8.51),实际编程实现时跳表中每一级索引层(含原始层)的结点结构可如图 8.52 所示构建,多级索引之间采用 down 指针链接,图 8.52 中的向下箭头表示 down 指针指向下一级结点,向右的箭头表示 next 指针指向同一级的下一个结点。

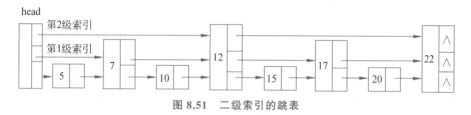

图 8.51　二级索引的跳表

假如在图 8.51 中查找某个结点,比如 20,我们先遍历第 2 级索引层,当遍历到 12 时,发现下一个结点是 22,那么 12 肯定在 12 到 22 这两个结点之间。我们使用 down 指针,下降到下一级索引层,遍历到 17 时发现下一个结点是 22,那么 12 肯定在 17 到 22 这两个结点之间,继续使用

图 8.52　down 和 next 指针

down 指针遍历,这时我们只需要遍历 1 个结点就找到 20 了,相比于从原始链表开始遍历,减少了 4 个结点的遍历过程。

8.10.1　跳表时间复杂度分析

在一个单链表中查询的时间复杂度是 $O(n)$,现在分析一下对于有 n 个结点的有序单链表需有多少级索引? 按照每两个结点抽出一个结点作为上一级索引的结点,那么第一级索引结点大约是 $n/2$ 个,第二级的索引大约是 $n/4$ 个,以此类推,第 k 级索引的结点个数是第 $k-1$ 级索引的结点个数的 $1/2$,那么第 k 级索引的结点个数为 $n/2^k$。

假设跳表中索引有 h 级,最高级的索引是 2 个结点,通过上面的例子可以得到: $\dfrac{n}{2^h} = 2$,易得 $h = \log_2 n - 1$。如果包含原始链表这一层,那么整个跳表的高度是 $\log_2 n$。查找过程中从高级索引层下降到下一低级索引层时,每下降一层排除了一半的结点的比较,这点与折半查找是类似的,因此在跳表中进行查找的平均查找长度为 $O(\log_2 n)$。

8.10.2　跳表的空间复杂度分析

假设原始链表的长度是 n,第一级索引长度大约是 $n/2$,第二级索引长度大约是 $n/4$,以此类推,每上升一层索引减少一半长度,直至剩下两个点,其实就是一个等比数列,计算可以得到建立索引需要的结点个数: $\dfrac{n}{2} + \dfrac{n}{4} + \dfrac{n}{8} + \cdots + 2 = n-2$,所以跳表的空间复杂度是 $O(n)$,也就是说如果将 n 个结点的单链表构成跳表,需要额外将近 n 个结点的空间,如何降低跳表的存储空间？

上述索引层的构建是每两个结点抽一个结点到上级索引，如果我们使用 3 个结点或者 5 个结点，类似的有 $\frac{n}{3}+\frac{n}{9}+\frac{n}{27}+\cdots+1=\frac{n-1}{2}$，建立索引过程中新结点个数大约是 $n/2$，尽管时间复杂度还是 $O(n)$，但是存储空间减少了一半。

8.10.3　高效的动态插入和删除

1. 插入结点操作

跳表还支持动态的插入和删除，而且插入和删除的时间复杂度是 $O(\log_2 n)$。在单链表中，定位到要插入的位置后，插入结点的时间复杂度是 $O(1)$，但是查找插入位置比较消耗时间。对于单链表而言，需要从表头开始遍历每个结点来查找插入的位置，因此完成插入的时间复杂度为 $O(n)$，而对于跳表而言，查找的时间复杂度是 $O(\log_2 n)$，所以完成插入的时间复杂度也是 $O(\log_2 n)$。图 8.53 是在图 8.51 的跳表中选择在第 2 级索引层插入新结点 19 的示意图。

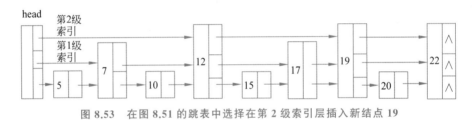

图 8.53　在图 8.51 的跳表中选择在第 2 级索引层插入新结点 19

2. 删除结点操作

如果这个结点在索引中出现，除了删除原始链表中的结点，还需要删除索引中的点，在单链表中删除操作需要提取待删除结点前驱结点的指针，然后再使用一般链表结点的删除操作实现。图 8.54 是在跳表图 8.53 中删除结点 12 的示意图。

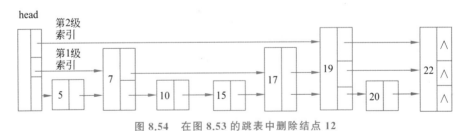

图 8.54　在图 8.53 的跳表中删除结点 12

3. 跳表的动态更新

当不停地在跳表中增加数据时，如不更新索引，那么在极端的情况下，可能出现两个索引结点之间出现数据非常多的情况，如果对跳表中高索引层的结点频繁删除，也会出现极端情况下退化成单链表的可能,如在图 8.51 的跳表中依次删除结点 7、12、17、22 后,变成了图 8.55 的单链表。

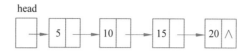

图 8.55　在图 8.51 的跳表中依次删除结点 7、12、17、22

图 8.56 是在图 8.55 中加了一级索引的跳表,可以看成是动态过程的跳表维护过程。

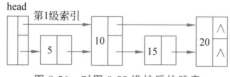

图 8.56　对图 8.55 维护后的跳表

因此,在动态的插入、删除运算中,为了不影响跳表的性能,需要维护索引建立和原始链表之间的平衡问题,也就是说,如果链表中的结点太多了,那么索引结点也就需要相应增加,避免跳表中查找性能的下降。实际过程中的解决方案是通过随机函数来维护跳表的平衡,当在跳表中插入数据时,先选择同时将这个数据插入某些索引层中,如何选择索引层呢? 可以通过一个随机函数来决定将这个待插入结点插入哪几级索引中,比如随机生成了层数 k,那么就将这个结点插入第一级至第 k 级索引中,图 8.53 就是选择在第 2 级索引层对图 8.51 的跳表插入新结点 19 的示意图。

8.10.4　小结

跳表采用了空间换时间的思想,通过构建多级索引来提高有序单链表的查找效率,实现在有序链表中的"二分查找"。跳表是一种动态数据结构,支持快速查找、插入和删除等操作,时间复杂度是 $O(\log_2 n)$,跳表的空间复杂度是 $O(n)$,可以通过改变索引策略来动态提高跳表的平衡执行效率和降低内存消耗。无论是在跳表中进行插入或删除操作,前提是要找到在原始单链表中的插入或删除的位置,假设我们知道跳表最高级索引层的单链表的表头结点的指针为 top,可采用如下的函数查找插入或删除的位置,可以在图 8.57 中的 find 函数体会跳表通过 down 指针"跳"的过程。

```
find(x)
{
 p=top;
 while(1)
 {
 while(p->next->key<x)
 p=p->next;
 if(p->down=NULL)
  return p->next;
 p=p->down;
 }
}
```

图 8.57　find 函数片段

习题

8.1　用图形表示所有具有 4 个结点的二叉排序树。

8.2　证明:二叉排序树结点的对称序列就是二叉排序树结点按关键码值排序的序列。

8.3　编写算法实现二叉排序树中删除一个结点,规定删除按下述方式进行。

（1）若待删结点没有右子女，则用左子树的根结点替换被删结点。

（2）若待删结点有右子女，用待删除结点的对称序后继代替被删除结点。

8.4　编写算法实现二叉排序树中的排序码查找。

8.5　画出所有具有 5 个结点的平衡二叉树。

8.6　从一棵空 AVL 树开始，将关键码 3、10、5、7、11、6、12 逐个插入二叉排序树，画出每插入一个新的关键码后得到的 AVL 树。

*8.7　试证明任何高度为 h 的 2-3 树，其结点数 m_h 和叶子数 n_h 满足：

$$2^{h-1} \leqslant m_h \leqslant 3^{h-1}/2$$
$$2^{h-1} \leqslant n_h \leqslant 3^{h-1}$$

8.8　用权 3、5、18、10、12、9、7 构造 Huffman 最优二叉树。

8.9　证明 Huffman 最优二叉树的所有圆形结点值的和等于整个扩充二叉树的带权外部路径长度。

8.10　推广最优二叉树的 Huffman 构造方法到最优 t 叉树。对于权 1、4、9、16、25、36、49、81、100，构造最优三叉树。

8.11　判别以下序列是否为堆。如果不是，则把它调整为堆。

（1）123、45、32、76、12、53、67。

（2）12、15、23、16、18、41、32。

（3）10、23、16、17、29、31、19。

8.12　已知关键码集合 $\{k_1, k_2, \cdots, k_n\}$ 为一大根堆，编写算法将 $\{k_1, k_2, \cdots, k_n, k_{n+1}\}$ 调整为大根堆。

8.13　编写用判定树表示用 5 次比较把 4 个元素 A、B、C、D 排序的算法。

8.14　设集合 $S = \{x \mid 1 \leqslant x \leqslant n$ 是正整数$\}$，R 是 S 上的一个等价关系，即

　　$R = \{(1,2),(3,4),(5,6),(7,8),(1,3),(5,7),$
　　　　$(1,5),\cdots\}$

试求 S 的等价类。

8.15　在图 8.58 所示的红黑树中，分别画出插入 19、删除 9 的过程。

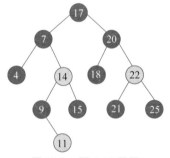

图 8.58　题 8.15 用图

8.16　对于图 8.59 所示的有序单链表画出有 3 级索引层的跳表，并说明在跳表中查询结点 15 与在原单链表中查询的不同。

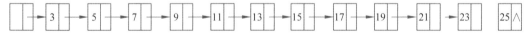

图 8.59　题 8.16 用图

8.17　编程实现在跳表中基于关键字 key 的查找算法。

第9章 图

9.1 基本概念

图(graph)是一种非线性结构,在图结构中,结点与结点之间的关系可以是任意的,从逻辑结构来看,图中任意一个结点的前驱、后继个数都不加限制。现实世界中图的应用极为广泛,已广泛应用于人工智能、通信工程、计算机网络和非线性科学等领域。

定义 9.1 图 $G=(V,E)$ 是由非空有穷顶点(vertex)集 V 和 V 上的顶点对所构成的边(edge)集 E 组成。如果 E 中任一条边都是有序顶点对,则图是有向(directed)图。若图中代表任一条边的顶点对是无序的,则称此图为无向图(undirected graph)。常用 $<V_1,V_2>$ 表示一条有向边,(V_1,V_2) 表示一条无向边;有向边中 V_1 称为边的始点,V_2 称为边的终点。有向图中 $<V_1,V_2>$、$<V_2,V_1>$ 代表不同的边,无向图中 (V_1,V_2)、(V_2,V_1) 代表同一条边。图 9.1 给出了 3 个图 G_1、G_2 和 G_3,其中 G_1、G_2 是无向图,G_3 是有向图。

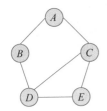

$G_1=(V,E)$
$V=\{A,B,C,D,E\}$
$E=\{(A,B),(A,C),(B,D),$
  $(C,D),(C,E),(D,E)\}$

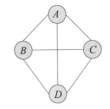

$G_2=(V,E)$
$V=\{A,B,C,D\}$
$E=\{(A,B),(A,C),(B,D),$
  $(B,C),(C,D),(A,D)\}$

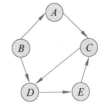

$G_3=(V,E)$
$V=\{A,B,C,D,E\}$
$E=\{<A,C>,<B,A>,<B,D>,<C,D>,$
  $<E,C>,<D,E>\}$

图 9.1 无向图和有向图

下面只研究简单图,即图中任意两点之间至多有一条边,且不含自回路(即顶点 V 到 V 自身的边)。对于简单图,容易得到下述结论:任何一个具有 n 个顶点的无向图,其边数小于或等于 $n(n-1)/2$。把边数等于 $n(n-1)/2$ 的含有 n 个顶点的无向图称为完全图。容易验证图 G_2 是一个含有 4 个顶点的完全图。

类似地,在一个含有 n 个顶点的有向图中,其最大边数为 $n(n-1)$。

若 $(V_1,V_2)\in E$,则称 V_1 和 V_2 是相邻顶点,而边 (V_1,V_2) 则是与顶点 V_1 和 V_2 相关联的边。若 $<V_1,V_2>\in E$ 为有向图的一条边,则称顶点 V_1 邻接到顶点 V_2,顶点 V_2 邻接于顶点 V_1,而边 $<V_1,V_2>$ 是与顶点 V_1、V_2 相关联的。

在有向图中,以顶点 V_1 为始点与 V_1 相关联的边数,称为 V_1 的出度(out degree),以顶点 V_1 为终点并与 V_1 相关联的边数称为 V_1 的入度(in degree)。V_1 的出度与入度之和

是 V_1 的度(degree)。无向图中,与 V_1 相关联的边数,称为 V_1 的度。图 9.1 中 G_1 中 C 点的度为 2;图 G_3 中 C 的入度为 2,出度为 1,度为 3。

不难验证下述事实,设图 G 中有 n 个结点,t 条边,若 d_i 为顶点 V_i 的度数,则

$$t = \frac{1}{2} \sum_{i=1}^{n} d_i$$

有向图中,出度为 0 的顶点称为终端顶点(或叶子)。

若 $G_1 = (V_1, E_1)$,$G_2 = (V_2, E_2)$ 是两个图,且 $V_2 \subseteq V_1$,$E_2 \subseteq E_1$,则称 G_2 是 G_1 的子图(subgraph)。

在有向(或无向)图中,如果存在首尾相接,且无重复边的边序列 $<V_1, V_2>$,$<V_2, V_3>$,$\cdots$,$<V_{n-1}, V_n>$(或 (V_1, V_2),(V_2, V_3),$\cdots$,(V_{n-1}, V_n)),那么称这个序列是一条从 V_1 到 V_n 的路径(path)(又称为路、通路)。序列中的边数称为路径的长度(length)。若除了起点 V_1 和终点 V_n 之外,路径上的其他顶点全不相同,则称该路径是一条简单路径。$V_1 = V_n$ 的简单路径称为回路或环(cycle)。

对于无向图 $G = (V, E)$,如果从 V_1 到 V_2 有一条路径相连,则称 V_1 和 V_2 是连通的(connected)。若图 G 中任意两个顶点 V_i 和 V_j($V_i \neq V_j$)都是连通的,则称无向图 G 是连通的。图 9.1 中的 G_1、G_2 是连通图。

对于有向图 $G = (V, E)$,若任何有序顶点对 V_i 和 V_j 都有 V_i 到 V_j 的路径(有向的),则 G 是强连通的(strong connected)。

一个无向图的连通分支定义为此图的最大连通子图。这种最大连通子图称为图的连通分量。这里所谓最大是指在满足连通的条件下,尽可能多地含有图中的顶点以及这些顶点之间的边。例如图 9.2 中的图 G_4 中含有 2 个最大连通子图。

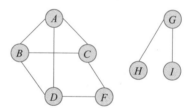

$V = \{A, B, C, D, E, F, G, H, I\}$
$E = \{(A, B), (A, C), (A, D), (B, C), (B, D), (C, F), (D, F), (G, H), (G, I)\}$
图 9.2　图 $G_4 = (V, E)$

类似地,有向图中的最大强连通子图称为有向图的强连通分量。图 9.1 中的 G_3 有图 9.3 所示的强连通分量。一个连通无向图的生成树(spanning tree)是图的一个连通分量,它含有图的全部 n 个顶点和足以使图保持连通的 $n-1$ 条边。图 9.4 是图 9.1 中 G_1 的一棵生成树。

有 m($m \geq 2$)个连通分量的图的每个连通分量都有一棵生成树,它们构成图的生成树林(spanning forest)。有向图的生成树和生成树林有类似的定义,不同的是对应的树是有向树(有向树中仅有一个顶点的入度为 0,其余顶点的入度均为 1)。图 9.5 给出了图 G_3 的生成树林。

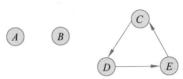

图 9.3 图 G_3 的强连通分量

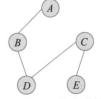

图 9.4 G_1 的生成树

在某类图中,若每条边都对应一个称为权(weight)的实数,称这样的图为带权图,或称为网络(network),本节只讨论权为非负实数的网络,权又称为耗费(cost),或称为路径长度。图 9.6 中的 G_5 是一个网络的例子。

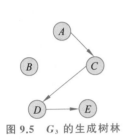

图 9.5 G_3 的生成树林

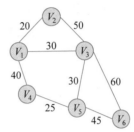

图 9.6 图 G_5(网络)

与其他结构类似,图的常用运算有插入、删除、遍历、找生成树(林)、找最短路径等。

9.2 图的存储表示

9.2.1 相邻矩阵表示图

设图 $G=(V,E)$ 有 n 个顶点,m 条边,$V=\{V_1,V_2,\cdots,V_n\}$,则 G 的相邻矩阵(adjacency matrix)$\boldsymbol{A}_{n\times n}$ 中的元素 a_{ij} 按下述方式定义:

$$a_{ij}=\begin{cases}1, & (V_i,V_j) \text{ 或} \langle V_i,V_j \rangle \text{是图 } G \text{ 的边} \\ 0, & (V_i,V_j) \text{ 或} \langle V_i,V_j \rangle \text{不是图 } G \text{ 的边}\end{cases}$$

9.1 节中的图 G_1、G_2、G_3 的相邻矩阵分别为 $\boldsymbol{A}_1$、$\boldsymbol{A}_2$、$\boldsymbol{A}_3$,其中

$$\boldsymbol{A}_1=\begin{bmatrix}0&1&1&0&0\\1&0&0&1&0\\1&0&0&1&1\\0&1&1&0&1\\0&0&1&1&0\end{bmatrix}, \quad \boldsymbol{A}_2=\begin{bmatrix}0&1&1&1\\1&0&1&1\\1&1&0&1\\1&1&1&0\end{bmatrix}, \quad \boldsymbol{A}_3=\begin{bmatrix}0&0&1&0&0\\1&0&0&1&0\\0&0&0&1&0\\0&0&0&0&1\\0&0&1&0&0\end{bmatrix}$$

对于带权的图(或称网),其相邻矩阵,即耗费矩阵 $\boldsymbol{C}_{n\times n}$ 按下述方式定义:

$$C_{ij}=\begin{cases}w_{ij}, & (V_i,V_j)\in E(\text{或}\langle V_i,V_j\rangle\in E),\text{且边}(V_i,V_j)\text{或}\langle V_i,V_j\rangle\text{上的权为 }w_{ij} \\ \infty, & \text{否则}\end{cases}$$

这里 ∞ 表示比任何权都大的数,有时,在某些应用中,定义 $C_{ii}=0(i=0,1,2,\cdots,n-1)$。

图 9.5 中的网络可表示为

$$
C = \begin{bmatrix}
\infty & 20 & 30 & 40 & \infty & \infty \\
20 & \infty & 50 & \infty & \infty & \infty \\
30 & 50 & \infty & \infty & 30 & 60 \\
40 & \infty & \infty & \infty & 25 & \infty \\
\infty & \infty & 30 & 25 & \infty & 45 \\
\infty & \infty & 60 & \infty & 45 & \infty
\end{bmatrix}
$$

用相邻矩阵表示图,需要存储一个包含 n 个结点的顺序表来保存结点的信息或指向结点信息的指针,另外还需存储一个 $n \times n$ 的相邻矩阵指示结点间的相邻关系。对于有向图,需 n^2 个单元存储相邻矩阵;对于无向图,因相邻矩阵是对称的,因而可用一维数组压缩存储它们,仅存其下(或上)三角部分即可。

用相邻矩阵表示图,容易判断任意两个顶点之间是否有边相连,并容易求得各个顶点的度数。对于无向图,相邻矩阵第 i 行元素值的和就是第 i 个顶点的度数。对于有向图,矩阵第 i 行元素值的和是第 i 个顶点的出度,第 i 列元素值的和是第 i 个顶点的入度。

用相邻矩阵表示图,还容易判定任意两个顶点 V_i 和 V_j 之间是否有长度为 m 的路径相连,这只需考虑 $A^m(= \underbrace{A \times A \times \cdots \times A}_{m})$ 的第 i 行第 j 列的元素是否为 0 即可,如果 A^m 的第 i 行第 j 列的元素为 0,则说明从 V_i 到 V_j 之间没有长度为 m 的路径相连,否则存在这样的路径。

用相邻矩阵表示图的不足之处是:无论图中实际含有多少条边,图的读入、存储空间初始化等需要花费 $O(n^2)$ 个单位时间,这对边数较少(当边数 $m \ll n^2$)的稀疏图是不经济的。对于边数较多(如 $m > n \lg n$)的稠密图,这种存储方式是有效的。但实际问题中常见的图是非稠密的,因而有必要考虑图的其他存储方式。

9.2.2　图的邻接表表示

图的邻接表(adjacency list)由顶点表和边表构成,其中顶点表的结构为顺序存储的一维数值,数组中第 i 个元素为指向与顶点 V_i 相关联的第一条边的指针,边表中结点的结构为

no	**next**

其中,no 为与这条边相关联的一个顶点的序号;next 为指向下一条相关联的边的指针。对于有向图的邻接表只需保存顶点表与出边表,或顶点表与入边表即可。

例如:图 9.7(a)～图 9.7(c)的邻接表表示分别为图 9.7(a$_1$)～图 9.7(c$_1$),其中图 9.7(c$_1$)为有向图的顶点表与出边表,也可用图 9.7(c$_2$)的顶点表与入边表表示,图 9.7(a)～图 9.7(c)中顶点已用 1、2、3、4、…编号。

用邻接表表示无向图,每条边在它的两个端点的边表里各占一个表目,因此,若每个表目占用一个单元,则存储一个有 n 个顶点 m 条边的无向图共需 $n + 2m$ 个存储单元。用邻

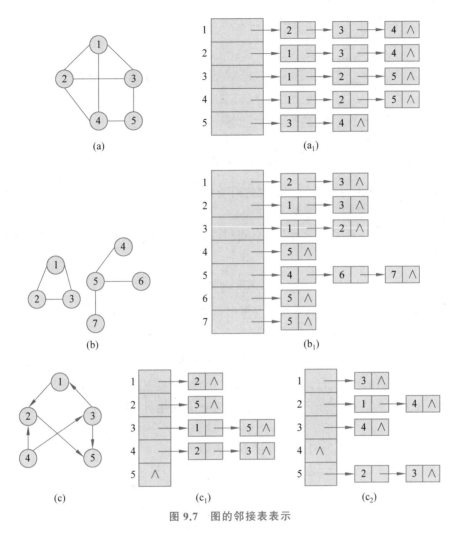

图 9.7 图的邻接表表示

接表表示有向图,根据需要可以保存每个顶点的出边表,也可保存每个顶点的入边表,只保存入边表和出边表之一,则需用 $n+m$ 个存储单元。当 $m \ll n^2$ 时,用邻接表表示图不但节省了存储单元,而且与同一个顶点相关联的边在同一个链表里,便于某些图运算的实现。

如果要用邻接表表示网,只需在表中每个结点增加一个字段表示边上的权。例如图 9.5 中的网络可用图 9.8 的邻接表表示。

9.2.3 邻接多重表

1. 无向图邻接多重表

无向图邻接多重表(adjacency multilist)是无向图的一种链接存储方式。在 9.2.2 节介绍的无向图的邻接表表示法中,每条边在边表中对应两个结点,这给某些图的运算带来不便。例如,在无向图中检测某条边是否被访问或插入、删除等,此时需要找到表示同一

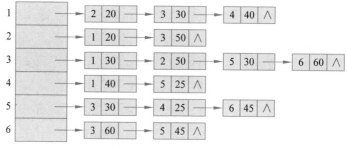

图 9.8　G_5 的邻接表表示

条边的两个结点或插入对应于同一条边的两个边表中的结点,若采用邻接多重表表示无向图,则边表中一个结点恰好对应一条边。

在邻接多重表中,邻接多重表由顶点表和边表两部分组成,其中顶点表中结点由下面所示的两个域组成:

data	edge

其中,data 表示顶点相关的信息,edge 为指向与该顶点相关联的第一条边。边表中的结点由下面所示的 5 个域组成:

mark	i	ilink	i	jlink

其中, mark 为边访问标记;i,j 为边表(V_i,V_j)中两个顶点的标号;ilink 为边表的指针,指向与 V_i 相关联的边表中的下一条边;jlink 为边表的指针,指向与 V_j 相关联的边表中的下一条边。

例 9-1　图 9.9 是图 9.7(a)中的邻接多重表表示。

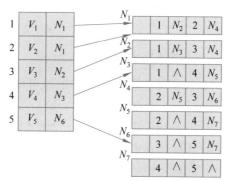

图 9.9　图 9.7(a)的邻接多重表表示

2. 有向图的邻接多重表

有向图的邻接多重表(或称十字链表)是有向图的一种链接存储结构。它是一种既保存有向图的入边表,又保存有向图的出边表的一种链表。多重链表由顶点表和边表两部分组成,顶点表的结构为

data	edge₁	edge₂

其中,data 为代表顶点的信息;edge₁ 为指向以该顶点为始点的边表中的第一条边;edge₂ 为指向以该顶点为终点的边表中的第一条边。

而边表中结点的结构与无向图的邻接多重表一致,不同的是 ilink、jlink 的意义有所变化。在有向图的邻接多重表中,ilink 为指向边表中以 V_i 为始点的下一条边的指针,jlink 为指向边表中以 V_j 为终点的下一条边的指针。图 9.10 给出了图 9.7(c)中有向图的多重链表表示。

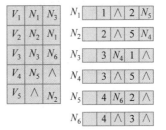

图 9.10　图 9.7(c)的多重链表表示

9.3　基于邻接表表示的 Graph 结构

顺序表和单链表是图的邻接表表示中对应于顶点表和边表的两部分。下面先定义基于与顶点表和边表相关的结构。

```
struct vertex
{
    VertexType data;              /*顶点的数据类型 VertexType 由用户定义 */
    Edge * out;                   /*指向边表的指针 */
};
typedef struct vertex Vertex;
struct edge
{
    int jj;                       /*边的另一顶点的序号 */
    EdgeType vertexinfo;          /*边表结点对象 */
    struct edge * next;           /*指向下一条边的指针 */
};
typedef struct edge Edge;
```

在顶点表结构和边表结构的基础上可定义图结构如下:

```
struct graph
{
    Vertex * VertexList;          /*顶点表 */
    int NumVertices;              /*图中顶点个数 */
    int MaxNumVertices,MaxNumEdges;   /*图中允许的最大的顶点、边的个数 */
    int NumEdges;                 /*图中边的数目 */
};
typedef struct graph Graph;
```

9.4　图的遍历

对于给定的图 $G(V,E)$ 和对树的遍历相仿,从 V 中任一顶点出发按一定规律沿着图中的边访问图的每个顶点恰一次的运算称为对图的遍历。

通常有两种遍历图的方法:深度优先遍历和广度优先遍历,这两种遍历方法对无向图和有向图都适用。图的遍历运算，尤其是深度优先遍历，在图的许多相关运算中有广泛的应用。

9.4.1　深度优先遍历

图的深度优先遍历(depth first search)是一种广义的树先根次序遍历方法，递归定义如下。

(1) 任选 $G=(V,E)$ 中某个未被访问的顶点 $v \in V$ 出发，访问 v。

(2) 以与 v 相关联的每一个未被访问过的顶点 w 出发深度优先遍历 G。

(3) 若 G 中还有未被访问的顶点，则转(1)；否则，遍历终止。

例 9-2　图 9.11 中的有向图 G 的深度优先遍历过程见图 9.11(b)深度遍历(生成树)。

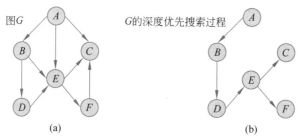

图 9.11　有向图深度优先搜索过程

若图是连通的无向图或强连通的有向图，则从其中任何一个结点出发都可以系统地访问遍所有的顶点；若图是有根的有向图，则从根出发可以系统地访问遍所有的顶点。在上述情况下，图的所有顶点加上遍历过程中经过的边所构成的子图称为图的生成树。图 9.11(b) 实际上是图 9.11(a)按深度方向遍历的生成树。

对于不连通的无向图和不是强连通的有向图，从任意顶点出发一般不能系统地访问遍所有的顶点，而只能得到以此顶点为根的连通分支的生成树。要访问其他顶点则需要从没有访问过的顶点中找一个顶点作为起点再进行遍历，这样最终得到的是生成树林。图 9.12(b)给出了图 9.12(a)的深度方向优先遍历的生成树林。图 9.12(a)中的 V 和 E 定义如下。

$V = \{\ V_1, V_2, \cdots, V_{10}\ \}$

$E = \{(V_1,V_2),(V_1,V_3),(V_1,V_6),(V_2,V_1),(V_2,V_4),(V_2,V_5),(V_3,V_1),(V_3,$ $V_7),(V_3,V_8),(V_4,V_2),(V_4,V_5),(V_4,V_6),(V_5,V_2),(V_5,V_4),(V_6,V_1),$ $(V_6,V_4),(V_7,V_3),(V_8,V_3),(V_9,V_{10}),(V_{10},V_9)\}$

下面给出深度优先遍历的递归算法 DFS()。

算法 9.1　基于邻接表表示图的深度优先遍历算法。

```
void DFS(Graph * g)  /* 对图进行深度优先遍历 */
{
    Bool visited[DefaultVertexNumbers];
```

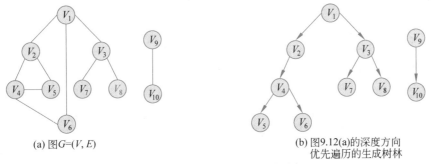

(a) 图 $G=(V, E)$

(b) 图9.12(a)的深度方向
优先遍历的生成树林

图 9.12 无向图深度方向优先遍历

```
    int i;
    for(i=0;i<g->NumVertices;i++) visited[i]=FALSE;
    for(i=0;i<n;i++)
    {
        if(!reach[i]) dfs(g,i,visited);
    }
}


void dfs(Graph * g, int v,int visited[]) /* 对图中由顶点 v 出发进行深度优先遍历 */
{
    int u;
    printf("visited vertex: %d\n", ReturnValue(g,v));
    visited[v]=TRUE;
    u=ReturnFirstNeighbor(g, v);
    while(u!=-1)
    {
        if(!visited[u])
            dfs(g,u,visited);
        u=ReturnNextNeighbor(g,v,u);
    }
}


VertexType ReturnValue(Graph * g, int i) /* 返回图中顶点 i 的数据信息 */
{
    if(i>=0 && i<g->NumVertices)
        return g->VertexList[i].data;
    else
    {
        printf("error!");
        exit(1);
    }
}


int ReturnFirstNeighbor(Graph * g, int v) /* 返回图中与顶点 v 相关联的下一个顶点
                                              的编号 */
{
    Edge * p;
    if(v!=-1)
```

```
    {
        p=g->VertexList[v].out;
        if(p!=NULL)return p->jj;
    }
    return -1;
}

int ReturnNextNeighbor(Graph * g, int vi,int vj)
        /*返回图中与顶点 vi 相关联的一条边(vi,vj)的下一条边的另一个顶点的编号*/
{
    Edge * p;

    if(vi!=-1)
    {
        p=g->VertexList[vi].out;
        while(p!=NULL)
        {
            if(p->jj==vj&&p->next!=NULL)
                return p->next->jj;
            else p=p->next;
        }
    }
    return -1;
}
```

9.4.2　广度优先遍历

图的广度优先遍历（breadth first search)的定义为：

（1）任选图中一个尚未访问过的顶点 v 作为遍历起点，访问 v。

（2）相继地访问与 v 相邻而尚未访问过的所有顶点 $v_1, v_2, \cdots, v_s$，并依次访问与这些顶点相邻而尚未访问过的所有顶点。

（3）若图中尚有未访问过的顶点，则转（1）；否则遍历过程结束。

图 9.11(a)中从顶点 A 出发按广度优先遍历得到的顶点序列为 A、B、E、C、D、F，相应的生成树如图 9.13(a)所示。图 9.12(a)中从 V_1 出发的广度优先遍历得到的顶点序列为 V_1、V_2、V_6、V_3、V_4、V_5、V_7、V_8、V_9、V_{10}。相应的生成树林如图 9.13(b)所示。

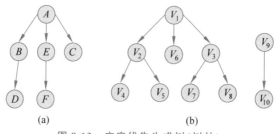

(a)　　　　　　　　　　　　　(b)

图 9.13　广度优先生成树（树林）

图的广度优先遍历，类似于对树的结点按层次次序遍历。实行广度优先遍历运算的算法,需使用一个队列结构,用来记录遍历路线。队列中存放待访问的顶点,关于广度优先遍历的算法留作习题。

9.5 最小代价生成树

不难发现,图的生成树不是唯一的,从不同的顶点出发进行遍历,可以得到不同的生成树。对于连通的网络 $G=(V,E)$,边是带权的,因而 G 的生成树的各边也是带权的。我们把生成树各边的权值总和称为生成树的权(或总耗费,总代价),并把权最小的生成树称为 G 的最小代价生成树(Minimum Cost Spanning Tree)(简称为最小生成树)。

最小生成树有许多重要应用。设图 G 的顶点表示城市,边表示连接两个城市之间的通信线路。n 个城市之间最多可设立的线路有 $n(n-1)/2$ 条,把 n 个城市连接起来至少要有 $n-1$ 条线路。如果给图 G 中的边都赋予权,而这些权可表示两个城市之间通信线路的长度或建造代价,那么,如何在这些可能的线路中选择 $n-1$ 条,以使总的耗费最少呢? 这就是要构造图 G 的一棵最小生成树。

构造最小生成树有多种算法,其中大多数构造算法都是利用了下述称为 MST 的性质。

定理 设 $G=(V,E)$ 是一个连通网络,U 是 V 的一个真子集。若 (u,w) 是 G 中所有一个端点在 U(即 $u\in U$)里、另一个端点在 $w\notin U$(即 $w\in V\backslash U$)里的边中,具有最小权值的一条边,则一定存在 G 的一棵最小生成树包括此边 (u,w)。

证明 用反证法。假设 G 的任何一棵最小生成树中都不包含边 (u,w)。设 T 是 G 的一棵最小生成树,但不包含边 (u,w)。由于 T 是树,且是连通的,因此有一条从 u 到 w 的路径;且该路径上必有一条连接两个顶点集 U 和 $V\backslash U$ 的边 (u',w'),其中,$u'\in U$,$w'\in V\backslash U$;否则 u 和 w 不连通。现在将 (u,w) 加入 T(见图 9.14(b)),形成了回路,显然 (u',w') 上的权 $\geqslant (u,w)$ 上的权,在图 9.14(b) 中删除边 (u',w') 得另一棵树 T',T' 上的总花费比 T 上的总花费要小,矛盾。

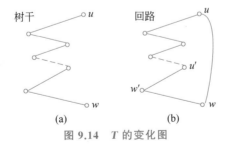

图 9.14 T 的变化图

本节介绍利用 MST 性质构造最小生成树的两种算法:普里姆(Prim,1957)算法和克鲁斯卡尔(Kruskal,1956)算法。

普里姆(Prim)算法可描述如下:

(1) $T=\varnothing$($\varnothing$ 代表空集),且

$$U=\{u_0\}, \quad u_0\in V$$

（2）选边(u^{*},w^{*})使权

$$(u^{*},w)=\min_{\substack{u\in U\\ w\in V\backslash U}}\{权(u,w)\}$$

（3）$(u^{*},w^{*})\subseteq T,U=U+\{w^{*}\}$。

（4）重复（2）、（3），直到 $U=V$。

具体实现可叙述为：从任意一个顶点开始，首先把这个顶点加入生成树 T 中，然后在那些一个端点在生成树、另一个端点不在生成树的边中，选权最小的一条边，并把这条边和其不在生成树里的另一个端点加入生成树。如此重复进行下去，每次往生成树里加一个顶点和一条权最小的边，直到把所有的顶点都包括进生成树。当有两条具有同样的最小权的边可供选择时，选哪一条都可以，这时构造的最小生成树不唯一。图 9.15 给出了 Prim 算法构造最小生成树的过程，图 9.15(f′) 和图 9.15(g′) 为两棵最小生成树。

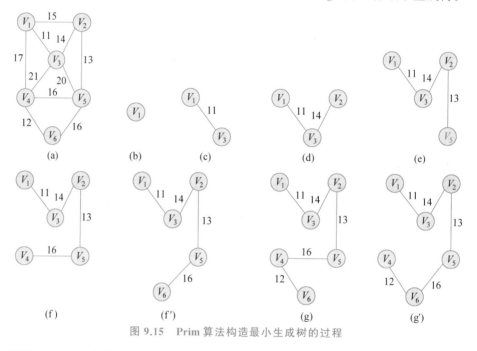

图 9.15　Prim 算法构造最小生成树的过程

假设以相邻矩阵表示网，在给出 Prim 算法之前，先确定有关的存储结构如下。网络的边（或最小生成树的边）结点结构：

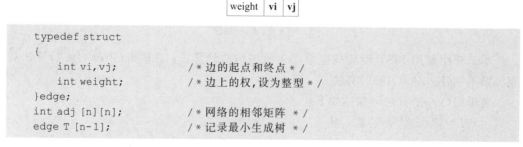

```
typedef struct
{
    int vi,vj;              /* 边的起点和终点 */
    int weight;             /* 边上的权,设为整型 */
}edge;
int adj [n][n];             /* 网络的相邻矩阵 */
edge T [n-1];               /* 记录最小生成树 */
```

在下面的 Prim 算法中，数组 T 记录了最小生成树的生长过程。当已经有 k 个顶点加入

最小生成树时,则对应的 $k-1$ 条边存放在 T 的前 $k-1$ 个分量 $T[0]$ 至 $T[k-2]$ 中,而 T 的后 $n-k$ 个分量 $T[k-1]$ 到 $T[n-2]$ 正好可用来存放当前有可能加入最小生成树的 $n-k$ 条边。

算法 9.2　Prim 算法。

```
struct Edge
{
    int vi,vj;          /*边的起点和终点*/
    int weight;         /*边上的权,设为整型数*/
};
typedef struct Edge edge;

int adj[n][n];          /*网的相邻矩阵*/
edge T[n-1];            /*记录最小生成树*/
```

```
void prim(void)
{
    int j, k, m, v, min, max=32767, d;
    edge e;
    /*T的初始化,顶点编号 1,2,…,n*/
    for(j=1;j<n;j++)
    {
        T[j-1].vi=1;
        T[j-1].vj=j+1;
        T[j-1].weight=adj[0][j];
    }
    /*求 n-1 条最小代价生成树的边*/
    for(k=0;k<n-1;k++)
    {
        min=max;

        for(j=k;j<n-1;j++)
            if(T[j].weight<min)
            {
                min=T[j].weight;
                m=j;
            }

        e=T[m];
        T[m]=T[k];
        T[k]=e;
        v=T[k].vj;   /*v是新加入最小代价生成树的顶点号*/
        /*修改备选边集*/
        for(j=k+1;j<n-1;j++)
        {
            d=adj[v-1][T[j].vj-1];
            if(d<T[j].weight)
            {
                T[j].weight=d;
                T[j].vi=v;
            }
```

```
        }
    }
    printf("%d--%d-->", T[0].vi, T[0].weight);
    for(k=0;k<n-2;k++)
        printf("%d--%d-->", T[k].vj, T[k+1].weight);
    printf("%d\n", T[n-2].vj);
}
```

上述算法对 T 的初始化时间是 $O(n)$。k 循环内有两个子循环，其时间开销大致为

$$\sum_{k=0}^{n-2}\left[\sum_{j=k}^{n-1}O(1)+\sum_{j=k+1}^{n-2}O(1)\right]\approx 2\sum_{k=0}^{n-2}\sum_{j=k}^{n-2}O(1)=O(n^2)。$$ 因此，Prim 算法的时间复杂

度为 $O(n^2)$，与网中的边数无关，它适合于求边稠密的网的最小生成树。

构造最小生成树的另一个 Kruskal 算法可描述如下：

（1）$T=\varnothing$

（2）while（T 含有少于 $n-1$ 条边且边集 E 不空）

```
{
    从 E 中挑选一条权最小的边(u*,w*);
    从 E 中删去边(u*,w*);
    if((u*,w*)加入 T 后不形成回路)
    则(u*,w*)⊂T
    else 舍弃(u*,w*);
}
```

Kruskal 算法的思路很容易理解，它是按边权值的递增顺序构造最小生成树的。图 9.16 给出了 Kruskal 算法求图 9.15(a) 的最小生成树的过程。

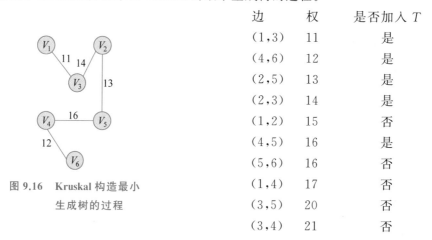

图 9.16　Kruskal 构造最小
生成树的过程

边	权	是否加入 T
(1,3)	11	是
(4,6)	12	是
(2,5)	13	是
(2,3)	14	是
(1,2)	15	否
(4,5)	16	是
(5,6)	16	否
(1,4)	17	否
(3,5)	20	否
(3,4)	21	否

交换具有相同权值 16 的两条边 (4,5) 和 (5,6) 的顺序，类似地可构造另一棵最小生成树。Kruskal 算法尚有很多较难实现的细节。具体有以下 3 方面的问题需解决。

（1）图 $G=(V,E)$ 的存储结构的选定。

（2）边按权值的排序算法的选定。

（3）如何判断算法中 $(u*,w)$ 加入 T 后不形成回路。

关于 (3)，一个有效的方法是把 V 分成若干子集。初始时刻，每个顶点自成一个集

合,当每次选出最小权值的边(u^*,w^*)后,首先考察两端点 u^*,w^* 是否在同一集合(每个集合实际上是一个等价类),如果不在同一集合,就把(u^*,w^*)添加到边集 T 中,同时把 u^* 所在的顶点集和 w^* 的顶点集合并成一个集合;否则,舍弃边(u^*,w^*)。这个过程重复进行,直到 V 中所有顶点都位于同一个称为等价类的集合中结束。

显然,Kruskal 算法的时间开销与网中的边数有关,主要的时间开销在对边进行排序上。设网中有 m 条边,则最好的排序算法的时间开销为 $O(m\log_2 m)$。Kruskal 算法适合于对边稀疏的网络求最小生成树。

9.6 单源最短路径问题

单源最短路径问题是:对于给定的带权图 $G=(V,E)$(不含回路和负耗费)及单个源点 S,求从 S 到 V 中其他各顶点的最短路径。

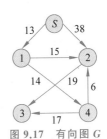

图 9.17 有向图 G

例如,图 9.17 中以 S 为源点,从 S 到其他各顶点的最短路径如表 9-1 所示。

表 9-1 从 S 到其他结点的最短路径

源 点	中 间 顶 点	终 点	最短路径长度
S		1	13
S	1	2	28
S	1,4	3	44
S	1	4	27

迪杰斯特拉(Dijkstra,1959)提出了一个找最短路径的方法。方法的基本思想是:将 V 中的顶点分成两组 $V=A+B$,其中 A 组中的顶点已确定了从 V_0 到该顶点的最短路径,B 组中的顶点尚未确定从 V_0 到该顶点的最短路径,Dijkstra 算法就是依次按最短路径长度递增的原则把 B 中的顶点加入到 A 中的过程。

$$V= \boxed{A} \; + \; \boxed{B}$$

按最短路径递增的次序

直到 B 为空或者不存在从 V_0 到 B 中顶点的路径(路径长度为 $+\infty$)为止。

具体实现 Dijkstra 算法时,需要给 A、B 中的顶点定义距离值 length:

$\forall V \in A$,定义 $V.\text{length}=$ 从 V_0 到 V 的最短路径长度;

$\forall V \in B$,定义 $V.\text{length}=$ 从 V_0 到 V 只允许 A 中顶点作为中间顶点从 V_0 到 V 的最短路径长度。

Dijkstra 算法的正确性基于下述两个事实。

(1) B 中距离值最小的顶点 V_m,其距离值就是从 V_0 到 V_m 的最短路径长度。

(2) V_m 是 B 中最短路径最小的顶点。

证明：

（1）用反证法，若 V_m 的距离值不是从 V_0 到 V_m 的最短路径长度，另有一条从 V_0 经过 B 组某些顶点到达 V_m 的路径，其长度比 V_m 的距离值小，设经过 B 组第一个顶点是 V_s，则 $V_s.length < V_0$ 经过 V_s 到 V_m 的路径长度 $< V_m.length$。与 V_m 是 B 组中距离值最小的顶点矛盾。

（2）设 V_t 是 B 中异于 V_m 的任意一个顶点。从 V_0 到 V_t 的最短路径只可能有两种情况：一种情况是最短路径上的中间顶点仅在 A 组中，这时由距离值的定义，其路径长度必然大于 V_m 的距离值；另一种情况是从 V_0 到 V_t 的最短路径上不只包括 A 组中的顶点作为中间顶点，设路径上第一个在 B 组中的中间顶点为 V_u，则 V_0 到 V_u 的路径长度就是 V_u 的距离值，已大于或等于 V_0 到 V_m 的最短路径长度，那么 V_0 到 V_t 的最短路径长度当然不会小于 V_0 到 V_m 的最短路径长度。因此，V_m 的确是 B 中最短路径最小的顶点。

关于求从顶点 V_0 到其他各顶点的最短路径的 Dijkstra 算法可描述为：

（1）$A = \{V_0\}$，$V_0.length = 0$

$$B = V \setminus \{V_0\}, \forall V_i \in B, V_i.length = \begin{cases} 权\langle V_0, V_i \rangle, & 存在边\langle V_0, V_i \rangle \\ +\infty, & 不存在边\langle V_0, V_i \rangle \end{cases}$$

（2）若 $V_m.length = \min\limits_{V_i \in B}(V_i \cdot length)$，则

$$A \Leftarrow A \bigcup \{V_m\}, \ B \Leftarrow B \setminus \{V_m\}$$

（3）修改 B 中顶点的距离值

$$\forall V_i \in B, 当 V_i.length > V_m.length + 权\langle V_m, V_i \rangle$$

则 $V_i.length = V_m.length + 权\langle V_m, V_i\rangle$。

（4）重复（2），（3），直到 B 为空或 $\forall V_i \in B, V_i.length = +\infty$。

若采用相邻矩阵 adj 表示网络，进入算法前 $adj[i][i] = 0 (i = 0, 1, 2, \cdots, n-1)$；算法中用 $adj[i][i] = 1$ 标志第 i 个顶点已进入 A 组。数组 dist[] 的每个元素包含两个域 length、pre，其中 length 代表顶点的距离值，pre 记录从 V_0 到该顶点路径上该顶点前一个顶点的序号，算法结束时，沿着顶点 V_i 的 pre 域追溯可确定 V_0 到 V_i 的最短路径上的中间顶点，而 V_i 的 length 域就是从 V_0 到 V_i 的最短路径长度。算法中用到的结构说明为：

```
typedef struct
{
    int length;
    int pre;                /* pre 0..n; */
}path;

int adj[n][n];             /* 顶点标号从 0 到 n-1,相邻矩阵中 adj[i][j]=权<Vi,Vj> */
path dist[n];
```

算法 9.3 Dijkstra 算法。

```
void DIJ(int k)                    /* 源点在顶点集中序号为 k */
{
    int i,u,min=32767;             /* 设 32767 是比所有权都大的整数 */
    for(i=0;i<n;i++)               /* A,B 两组初始化 */
```

```
{
    dist[i].length=adj[k][i];
    if(dist[i].length!=32767)
        dist[i].pre=k;
    else
        dist[i].pre=-1;          /* -1代表空 */
}
adj[k][k]=1;
/* 按最短路径递增的顺序依次将 B 组中的顶点加入 A 组 */

for(;;)
{
    u=-1;
    min=32767;

    for(i=0;i<n;i++)
        if(adj[i][i]==0 && dist[i].length<min)
        {
            u=i;
            min=dist[i].length;
        }
    if(u==-1) return;

    adj[u][u]=1;
    for(i=0;i<n;i++)              /* 修改 B 中顶点的距离值 */
        if(adj[i][i]==0 && dist[i].length>(dist[u].length+adj[u][i]))
        {
            dist[i].length=dist[u].length+adj[u][i];
            dist[i].pre=u;
        }
}
}
```

容易看出，Dijkstra 算法的时间复杂度为 $O(n^2)$，占用的辅助空间是 $O(n)$。

图 9.17 的相邻矩阵 adj 为

$$\text{adj}=\begin{bmatrix} 0 & 13 & 38 & +\infty & +\infty \\ +\infty & 0 & 15 & +\infty & 14 \\ +\infty & +\infty & 0 & 19 & +\infty \\ +\infty & +\infty & +\infty & 0 & +\infty \\ +\infty & +\infty & 6 & 17 & 0 \end{bmatrix}$$

表 9-2 说明了 Dijkstra 算法中 dist 数组的变化情况。

沿着最后得到的 dist 数组的 pre 域追溯可得到最短路径，例如，从 S 到顶点 3 的最短路径为 S→1→4→3，且最短路径长度为 44。

表 9-2 Dijkstra 算法中 dist 数组的变化情况

顶点 序号	length	pre								
S↔0	0		0		0		0		0	
1↔1	13	0	13	0	13	0	13	0	13	0
2↔2	38	0	28	1	28	1	28	1	28	1
3↔3	$+\infty$	-1	$+\infty$	-1	44	4	44	4	44	4
4↔4	$+\infty$	-1	27	1	27	1	27	1	27	1
	$A=\{S\}$		$A=\{S,1\}$		$A=\{S,1,4\}$		$A=\{S,1,4,2\}$		$A=\{S,1,4,2,3\}$	

9.7 每一对顶点间的最短路径问题

交通网络中常常需要回答这样的问题：从甲地到乙地选择什么样的旅行路线最佳？要解答这个问题，一个自然的方案是，以网络中每个顶点为源点，分别调用 Dijkstra 算法，若网络中含有 n 个顶点，则用 $O(n^3)$ 的时间就可求出网络中每对顶点间的最短路径。

这里介绍由弗洛伊德（Floyd）提出的另一种算法，Floyd 算法形式上比 Dijkstra 算法要简单，总的时间开销仍为 $O(n^3)$。

设网络不含负耗费，用相邻矩阵 adj 表示网络，Floyd 算法的基本思想是递推地产生矩阵序列 $\text{adj}^{(0)}, \text{adj}^{(1)}, \cdots, \text{adj}^{(k)}, \cdots, \text{adj}^{(n)}$，其中 $\text{adj}^{(0)} = \text{adj}$，$\text{adj}^{(0)}[i][j] = \text{adj}[i][j]$ 可以解释为从顶点 V_i 到顶点 V_j 中间顶点序号不大于或等于 0（也就是说不允许任何顶点作为中间顶点）的最短路径长度（顶点编号从 $V_1, V_2, \cdots, V_n$）。对于一般的 $k(k=1, 2, \cdots, n)$，定义 $\text{adj}^{(k)}[i][j] =$ 允许 $V_1, V_2, \cdots, V_k$ 作为中间顶点，从顶点 V_i 到 V_j 的最短路径长度。

显然，如果能递推地产生矩阵序列 $\text{adj}^{(k)}$，则 $\text{adj}^{(n)}$ 中记录了任意两顶点间的最短路径。由 $\text{adj}^{(k)}[i][j](1 \leqslant i \leqslant n, 1 \leqslant j \leqslant n)$ 的定义，不难得到由 $\text{adj}^{(k-1)}$ 产生 $\text{adj}^{(k)}$ 的方法。

$$\text{adj}^{(k)}[i][j] = \begin{cases} \text{adj}^{(k-1)}[i][j], & \text{从 } V_i \text{ 到 } V_j \text{ 允许 } V_1, V_2, \cdots, V_k \text{ 作为中间结点的最短路径上不含 } V_k \\ \text{adj}^{(k-1)}[i][k] + \text{adj}^{(k-1)}[k][j], & \text{从 } V_j \text{ 允许 } V_1, V_2, \cdots, V_k \text{ 作为中间结点的最短路径上含 } V_k \end{cases}$$

下面给出算法，设网络用相邻矩阵 $\text{adj}_{n \times n}$ 表示，路径用整型二维数组 $P_{n \times n}$ 表示，用 $D_{n \times n}$ 记录任意两顶点间的最短路径。

算法 9.4 Floyd 算法求网络中任意两顶点间的最短路径。

```
int path[n][n];
void Floyd (int D[][n], int adj[][n])
{
int max=32767,i,j,k;
for (i=0; i<n; i++)          /* 给 D、path 赋初值 */
    for (j=0; j<n; j++)
```

```
    {
      if (adj[i][j]!=max) path[i][j]=i+1;
        else path[i][j]=0;
          D[i][j]=adj[i][j];
    }
  for ( k=0; k<n; k++)          /* n 次迭代产生矩阵序列 */
    for (i=0; i<n; i++)
      for (j=0; j<n; j++)
        if (D[i][j]>(D[i][k]+D[k][j]))
          {
            D[i][j]=D[i][k]+D[k][j];
              path[i][j]=path[k][j];
          }
}
```

图 9.18 的相邻矩阵为

$$adj=\begin{bmatrix} 0 & 4 & 11 \\ 6 & 0 & 2 \\ 3 & +\infty & 0 \end{bmatrix}$$

图 9.18　含 3 个顶点的有向网络

$$k=0 \text{ 时}, adj=\begin{bmatrix} 0 & 4 & 11 \\ 6 & 0 & 2 \\ 3 & 7 & 0 \end{bmatrix}, \quad path=\begin{bmatrix} 1 & 1 & 1 \\ 2 & 2 & 2 \\ 3 & 1 & 3 \end{bmatrix}$$

$$k=1 \text{ 时}, adj=\begin{bmatrix} 0 & 4 & 6 \\ 6 & 0 & 2 \\ 3 & 7 & 0 \end{bmatrix}, \quad path=\begin{bmatrix} 1 & 1 & 2 \\ 2 & 2 & 2 \\ 3 & 1 & 3 \end{bmatrix}$$

$$k=2 \text{ 时}, adj=\begin{bmatrix} 0 & 4 & 6 \\ 5 & 0 & 2 \\ 3 & 7 & 0 \end{bmatrix}, \quad path=\begin{bmatrix} 1 & 1 & 2 \\ 3 & 2 & 2 \\ 3 & 1 & 3 \end{bmatrix}$$

算法结束时,由 D 可知任意两顶点之间的最短路径长度,例如从 V_3 到 V_2 的最短路径长度为 D[2][1]=7。由 path 矩阵中的元素追溯可知任意两顶点间的最短路径上的中间顶点,例如由 path[2][1]=1 及 path[2][0]=3 知,从 V_3 到 V_2 的最短路径为 $V_3 \to V_1 \to V_2$。

9.8　有向无回路图

9.8.1　DAG 图和 AOV、AOE 网

一个无环(不含回路)的有向图称为有向无回路(环)图 (Directed Acycline Graph),简称 DAG 图。DAG 图有广泛的应用背景,它在计算机系统设计、计算机应用领域(例如,工程规划、项目管理等)都有重要的作用。

DAG 图是一种较有向树更一般的特殊有向图。考虑算术表达式:

$$(a+b)*b*(c+d)-(a+b)/e+e/(c+d)$$

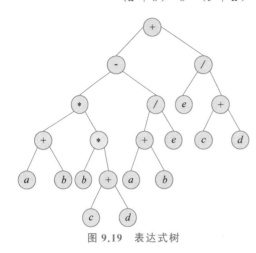

图 9.19　表达式树

这个表达式中$(a+b)$、$(c+d)$、e都重复出现了两次，用第 7 章介绍的二叉树表示（见图 9.19）时，不仅占用较多的空间，而且要作重复计算。但若用 DAG 图表示它，能使表示公共项（相同项）的顶点为其他顶点所"共享"，克服了用二叉树表示的上述缺点（见图 9.20）。

DAG 图也是描述一项工程或系统进行过程中的有效工具。一项工程（project），通常可分成若干称为活动（activity）的工序。每个活动都在一定的条件下，比如某些活动结束之后才能开始，并持续一段时间而结束。

如果用顶点表示活动，边表示活动间的先后关系的有向图，称为顶点活动网（Activity On Vertex network），简称 AOV 网。图 9.21 是表 9-3 中各课程优先关系的 AOV 网。

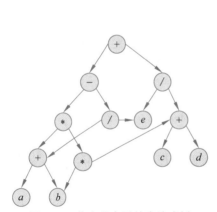

图 9.20　共享结点后的表达式树

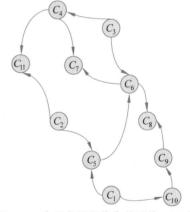

图 9.21　表示各课程优先关系的 AOV 网

表 9-3　计算机软件专业必修课程

课程代号	课程名称	先修课程	课程代号	课程名称	先修课程
C_1	高等数学	无	C_7	编译原理	C_4,C_6
C_2	线性代数	无	C_8	操作系统	C_6,C_9
C_3	计算机导论	无	C_9	计算机原理	C_{10}
C_4	程序设计语言	C_3	C_{10}	普通物理	C_1
C_5	离散数学	C_1,C_2	C_{11}	数值分析	C_1,C_2,C_4
C_6	数据结构	C_3,C_5			

工程的另一种有向图表示是：用顶点表示工程或活动开始、结束等事件（event），用

边表示活动。一个活动 e_j 是另一个活动 e_i 的先决条件，当且仅当，边 e_i 的始点是边 e_j 的终点。因此，若边 $e_1,e_2,\cdots,e_k$ 是由顶点 v 射出的边，则表明，只有当事件 v 发生时，活动 $e_1,e_2,\cdots,e_k$ 才能开始；反之，若 $e_1,e_2,\cdots,e_k$ 都是射入顶点 v 的边，则说明当事件 v 发生时，活动 $e_1,e_2,\cdots,e_k$ 都已结束。这种用顶点表示工程或活动开始、结束等事件，用边表示活动的有向图，称为 AOE 网（Activity On Edge network）。

一个设计合理的工程，其 AOV 网、AOE 网不应含有回路，它们都是 DAG 图。图 9.22 所示的 AOE 网络代表一项工程计划，它含有 11 项活动，其中 9 个顶点分别表示 9 个事件 V_1、V_2、V_3、V_4、V_5、V_6、V_7、V_8、V_9，事件 V_1、V_9 分别对应"工程开始"和"工程结束"。其他事件的意义可这样理解，例如，事件 V_5 表示活动 a_4、a_5 已经完成，活动 a_7、a_8 可以开始这个状态。边上的权代表对应活动完成的天数。例如，活动 a_1 需 6 天时间完成，活动 a_7 需 9 天时间完成等。整个工程一开始，活动 a_1、a_2、a_3 就可并行地进行，而活动 a_4、a_5、a_6 只有当事件 V_2、V_3、V_4 分别发生后才能进行，当活动 a_{10}、a_{11} 完成后，整个工程就结束了。

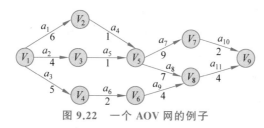

图 9.22　一个 AOV 网的例子

9.8.2　AOV 网的拓扑排序

在介绍 AOV 网的拓扑排序之前，先回顾一下"离散数学"中偏序（partial order）和全序（full order）的定义，如下。

若集合 X 上的关系 R 是自反的、反对称的和传递的，则 R 是集合 X 上的偏序关系。若 R 是偏序关系，如果对于集合 X 中的任何两个元素 x 和 y 必有 xRy 或 yRx，则称 R 是 X 上的全序关系。

定义 9.2　设 R 是集合 X 上的偏序关系，那么构造 X 上的一个全序关系 $\leqslant$，使 $\leqslant$ 与 R 相容（相容是指：若 xRy，则 $x\leqslant y$）的过程，称为对集合 X 按关系 R 进行拓扑排序（topological sort）。此时，集合 X 对全序关系 $\leqslant$ 来说是拓扑有序的。

对一个 AOV 网，$G=(V,E)$ 中的顶点进行拓扑排序，直观上就是把 V 中所有顶点排成一个序列 $V_{i_1},V_{i_2},\cdots,V_{i_n}$（其中 $i_1,i_2,\cdots,i_n$ 是 1，2，$\cdots$，n 的一种排列），且使任何 $\langle V_{i_k},V_{i_j}\rangle \in E$，则在序列中 V_{i_k} 排在 V_{i_j} 之前；进而，若 V_{i_k} 到 V_{i_j} 有一条有向路径，则 V_{i_k} 排在 V_{i_j} 之前。这个顶点序列称为拓扑序列（topological sequence）。

拓扑排序的一个主要应用是简化 AOV 网，或者说，为 AOV 网上的活动（即顶点）安排合理的先后执行次序。例如，图 9.21 表示计算机系软件专业各课程优先关系的 AOV 网的一种拓扑序列为 C_2、C_3、C_4、C_1、C_{11}、C_5、C_6、C_7、C_{10}、C_9、C_8。如果不考虑并行开设某些课程的条件下,该拓扑序列代表一种课程安排计划。该计划有一个特点,即任一门课程只有在其所有先修课学完之后,才能开始学习它。

对一般的有向图,如果它是 DAG 图,则存在拓扑序列,否则表明有向图中存在回路,因而它不存在拓扑序列。

对于有向图 $G=(V,E)$ 求拓扑序列按下述方法进行。

(1) 从图中选择一个入度为 0 的顶点且输出。

(2) 从图中删除此顶点及其所有的出边。

(3) 重复(1),(2),直到输出图的全部顶点,即得到了一种拓扑序列。如果不能输出图的全部顶点,此时说明图中有回路。

如果一个有向图存在拓扑序列,通常拓扑序列不是唯一的。C_1、C_{10}、C_9、C_2、C_5、C_3、C_4、C_6、C_7、C_8、C_{11} 是图 9.21 的另一种拓扑序列。

假定用 9.2.2 节介绍的顶点表＋出边表表示有向图,下面介绍建立拓扑排序算法。算法中用一个栈 S 来保存入度为 0 的顶点序号。初始时刻,扫描顶点表一次,将入度为 0 的顶点序号压入栈中。然后,当栈非空时,每次从栈中弹出一个顶点序号,加入到线性序列,如果输出的线性序列长度为 n(有向图顶点个数),则该线性序列为拓扑序列,否则该有向图必定存在回路,对应的有向图不是 DAG 图。

AOV 网的存储用邻接表表示。

```
struct aovNetwork
{
    int * count;                /*记录各顶点的入度*/
    Vertex * VertexList;        /*顶点表*/
    int n;
    int NumVertices;            /*顶点个数*/
    int NumEdges;               /*边的个数*/
};
typedef struct aovNetwork AOVNetwork;
```

算法 9.5　拓扑排序。

```
void TopSort(AOVNetwork * aov)
{
    int addcount=0;
    int TopOrder[15];                   /*记录已加入拓扑序列的顶点数*/
    int top=-1, i, j;
    Edge * p;

    for(i=0;i<aov->n;i++)
        if(aov->count[i]==0)
        {
            aov->count[i]=top;
            top=i;
        }                               /*入度为 0 的顶点号入栈*/
    for(i=0;i<aov->n;i++)
        if(top==-1)
```

```
        {
            printf("AOV 网中有环,不存在拓扑序列.\n");
            return;
        }
        else
        {
            addcount++;
            j=top;
            top=aov->count[top];
            TopOrder[i]=j+1;
            p=aov->VertexList[j].out;
            while(p)
            {
                int k=p->jj;
                /* 删除与标号为 j 的顶点相关联的一条出边,标号为 k 的顶点入度减 1 */
                if(--aov->count[k]==0)
                {
                    aov->count[k]=top;
                    top=k;
                }
                p=p->next;
            }
        }
    printf("所求的拓扑序列为:\n");
    for(i=0;i<addcount;i++)
        printf("%d, ", TopOrder[i]);
}
```

上述算法中完全可以用队列存储入度为 0 的顶点序号,算法中的时间开销为 $O(n+m)$, m 为边的个数。这是因为算法的时间开销主要有:排序过程中初始时刻要扫描整个顶点表一次,需 $O(n)$ 时间;排序过程中每条边被检查一次,执行时间为 $O(m)$。

9.8.3 AOE 网的关键路径

图 9.22 是一个 AOE 网的例子,代表一项工程预计进度图。由于任何一项工程都只有一个开始点和一个完成点,故表示工程的 AOE 网都只有一个入度为 0 的顶点——源点（source）和一个出度为 0 的顶点——汇点（converge）。通常,在表示 AOE 网的 n 个点中,V_1 总表示源点,V_n 表示汇点。

对于表示工程的 AOE 网,我们研究下述两个有实际意义的问题。

(1) 计划完成整项工程至少需要多少时间?

(2) 哪些活动是影响工程进度的关键活动?

定义 AOE 网的路径长度为该路径各边上活动所持续时间之和。

由于在 AOE 网中有些活动可以并行进行,所以完成整项工程的最短时间应该是从开始点到完成点的最长路径长度。如图 9.23 所示的 AOE 网的最短时间是 $6+1+7+4=18$（或 $6+1+9+2=18$）（天）。

定义 AOE 网中路径长度最长的路径为关键路径（critical path）。显然,完成整项工

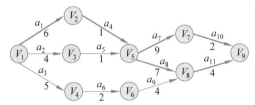

图 9.23　图 9.22 的关键路径为 (a_1, a_4, a_8, a_{11}) 或 (a_1, a_4, a_7, a_{10})

程的最短时间等于关键路径的长度。

为了保证整项工程按计划在最短时间内完成，表示该项工程计划的 AOE 网上有些活动必须"刻不容缓"地进行，即一旦具备进行该项活动的条件就立即开始该项活动，并在规定的时间内完成。图 9.23 中的 a_1、a_4、a_7、a_{10}、a_8、a_{11} 等活动都具有这种特征。在 AOE 网中还有一些活动，稍推迟一些时间完成对整项工程的进度没有影响。如图 9.23 所示中的活动 a_2 可在该活动开始的第 6 天完成，比原计划可推迟 2 天，活动 a_9 可在该活动开始的第 7 天完成，比原计划可推迟 3 天。

若把事件 V_1（开工）的发生时间定为 0，那么网中任一事件 V_i 最早可发生时间 $e(i)$ 定义为从 V_1 到 V_i 的最大路径长度。考虑在不影响整项工程进度的前提下，事件 V_i 必须发生的时间定义为 V_i 的最迟可发生时间，记为 $l(i)$。完全类似地可定义活动 a_i 的最早可发生时间 $ae(i)$ 以及最迟可发生时间 $al(i)$。设活动 a_i 上的开始事件为 V_j，结束事件为 V_k，活动 a_i 持续时间为 $t(j, k)$，则

$$\begin{cases} ae(i) = e(j) \\ al(i) = l(k) - t(j, k) \end{cases} \tag{9.1}$$

把 $al(i) - ae(i) = 0$ 的活动 a_i 称为 AOE 网的关键活动。为了找到关键活动，必须对 AOE 网中每个顶点 V_i 计算 $e(i)$，$l(i)$（$i = 1, 2, \cdots, n$），从而对每项活动 a_j 求出 $ae(j)$ 和 $al(j)$ 以便判断 a_j 是否为关键活动。

求 $e(i)$、$l(i)$ 可按下述方式进行：

(1)
$$\begin{cases} e(1) = 0 \\ e(j) = \max_{\substack{i \\ \langle V_i, V_j \rangle \in E}} \{e(i) + t(i, j)\}, \quad 2 \leqslant j \leqslant n \end{cases} \tag{9.2}$$

(2)
$$\begin{cases} l(n) = e(n) \\ l(i) = \min_{\substack{j \\ \langle V_i, V_j \rangle \in E}} \{l(j) - t(i, j)\}, \quad 1 \leqslant i \leqslant n - 1 \end{cases} \tag{9.3}$$

式（9.2）中的 j 是按 AOE 网的拓扑序列的下标递推计算的，式（9.3）中的 i 是按 AOE 网的拓扑序列的逆递推进行的，E 为 AOE 网的边集。

由此可以得到求 AOE 网的关键活动的算法：

(1) 对 AOE 网的顶点作拓扑排序，如发现回路，工程无法正常进行。

(2) 按顶点的拓扑次序，递推地用式（9.2）求其余顶点 V_j 的 $e(j)$ 值。

(3) 按顶点的拓扑次序的逆，递推地用式（9.3）求其余顶点 V_i 的 $l(i)$ 值，同时判断 $l(k) - t(j, k)$ 是否与 $e(j)$ 相等（这里 $\langle V_j, V_k \rangle \in E$，$\langle V_j, V_k \rangle$ 上的活动为 a_i），若相

等,则 a_i 为关键活动,否则 a_i 不是关键活动。

实践表明,用 AOE 网来估算某些工程的完成时间以及找出工程中的关键活动是至关重要的。要想缩短整个工程的工期,可以通过增加对关键活动(人力、物力等)的投入,以减少关键活动的持续时间,从而加快整个工程进度。但是并不是加快任何一个关键活动都可以缩短整个工程的工期,只有加快那些包括在所有关键路径上的关键活动才能达到目的。例如在图 9.23 所示的 AOE 网中,加快活动 a_7 使之由 9 天变为 6 天完成,则并不能使工期由 18 天变为 15 天,因为还存在一条路径长度为 18 的关键路径($V_1 \rightarrow V_2 \rightarrow V_5 \rightarrow V_8 \rightarrow V_9$)。而关键活动 a_1、a_4 是包含在图 9.22 所示的 AOE 网中的所有关键路径中,如果将 a_1 由 6 天完成变为 4 天,则整项工程可由 18 天缩短为 16 天完成。有关求 AOE 网的关键活动的算法留作习题。

习题

9.1　用相邻矩阵、邻接表、邻接多重表表示图 9.24 所示的无向图。

9.2　如图 9.25 所示为一带权的有向图,写出其相邻矩阵、邻接表表示、邻接多重表表示。

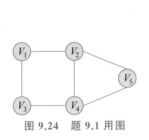

图 9.24　题 9.1 用图

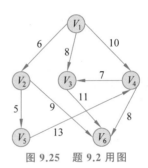

图 9.25　题 9.2 用图

9.3　画出图 9.26 所示有向图的深度优先和广度优先遍历的生成树林。

9.4　编写算法找有向图的广度优先遍历的生成树或生成树林。

9.5　对图 9.27 所示的连通网络,请分别用 Prim 算法和 Kruskal 算法构造该网络的最小生成树。

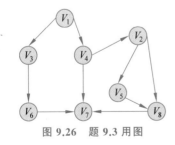

图 9.26　题 9.3 用图

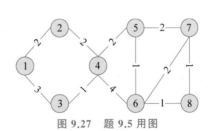

图 9.27　题 9.5 用图

9.6　对图 9.28 所示的无向图,试利用 Dijkstra 算法求从顶点 1 到其他各顶点的最短路径,并写出执行算法过程中每次循环的状态。

9.7 试用 Floyd 算法求图 9.29 所示有向图的各顶点之间的最短路径，并写出由相邻矩阵递推产生的矩阵序列和相应的路径矩阵。

*9.8 编写算法通过对有向图的深度优先遍历，判断图中是否有回路。

*9.9 编写算法通过对有向图的深度优先遍历，对图的顶点作拓扑排序。

9.10 找出图 9.30 所示的不同的拓扑序列。

*9.11 编写算法求 AOE 网的关键活动。

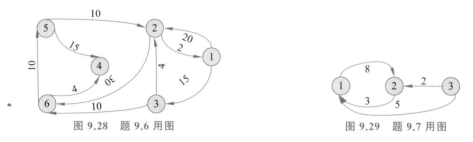

图 9.28 题 9.6 用图　　　　　　　图 9.29 题 9.7 用图

9.12 求出图 9.31 所示 AOE 网（边上的数字代表活动持续的天数）中各顶点 v 的 $e(v)$、$l(v)$ 的值，并找出所有的关键活动、关键路径和工程完工的最短时间。

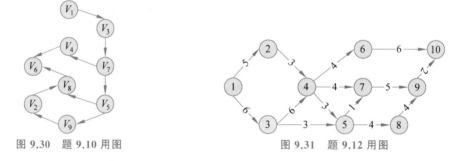

图 9.30 题 9.10 用图　　　　　　　图 9.31 题 9.12 用图

第 10 章　算法设计与分析

10.1　递归与分治

对于一个规模为 n 的问题,若该问题可以容易地解决(比如说规模 n 较小)则直接解决,否则将其分解为 k 个规模较小的子问题,这些子问题互相独立且与原问题形式相同,递归地解这些子问题,然后将各子问题的解合并得到原问题的解。这种算法设计策略叫作分治法。

分治法的设计思想是:将一个难以解决的大问题分割成若干规模较小的相同问题,以便各个击破,分而治之。问题的规模越小,越容易直接求解,解题所需的计算时间也越少。

分治法产生的子问题往往是原问题的较小模式,这就为使用递归技术提供了方便。采用分治技术使子问题与原问题类型一致而问题规模不断缩小,最终使子问题规模缩小到很容易求出解来,由此产生递归算法。

分治与递归(Recurrence and Divide-Conquer)像一对孪生兄弟,两者结合可产生许多高效算法。

10.1.1　递归方法设计

用递归方法求解问题的关键是合理的递归定义式的建立,我们以整数划分问题为例考虑递归问题求解过程中的递归算法的建立过程。

例 10-1　整数划分问题。

将正整数 n 表示成一系列正整数之和,即
$$n = n_1 + n_2 + \cdots + n_k$$
其中,$n_1 \geqslant n_2 \geqslant \cdots \geqslant n_k \geqslant 1, k \geqslant 1$。

设计算法求正整数 n 的不同的划分个数 $p(n)$。

例如 $p(6) = 11$,对应的划分如下:

6;

5+1;

4+2,4+1+1;

3+3,3+2+1,3+1+1+1;

2+2+2,2+2+1+1,2+1+1+1+1;

1+1+1+1+1+1。

求解方法设计:

用 $q(n, m)$ 表示正整数 n 的不同划分中,最大加数 n_1 不大于 m 的划分个数。可以建立求 $q(n, m)$ 的递归关系如下:

(1) $q(n,1)=1, n \geqslant 1$；此时对应的划分为 $n=\overbrace{1+1+\cdots+1}^{n}$。

(2) $q(1,m)=1$；此时对应的划分为 $1=1$。

(3) $q(n,m)=q(n,n), m \geqslant n$；显然在整数 n 的划分中最大加数不能大于 n。

(4) $q(n,n)=1+q(n,n-1)$；因为对应于最大加数为 n 的划分只有一种。

(5) $q(n,m)=q(n,m-1)+q(n-m,m), n>m>1$；此时的分治策略为，整数 n 的划分数对应于最大加数为 m 和最大加数不大于 $m-1$ 时两种划分数的和。

递归定义式如下：

$$q(n,m)=\begin{cases} 1, & m=1 \\ q(n,n), & n<m \\ 1+q(n,n-1), & n=m \\ q(n,m-1)+q(n-m,m), & n>m>1 \end{cases}$$

显然 $p(n)=q(n,n)$，计算 $q(n,n)$ 的递归算法如下。

算法 10.1 整数划分。

```
/* n 的不同划分中,最大加数不大于 m 的个数 */
int q(int n, int m)
{
    if((n<1)||(m<1)) return 0;
    if((n==1)||(m==1)) return 1;
    if(n<m) return q(n,n);
    if(n==m) return q(n,m-1)+1;
    return q(n,m-1)+q(n-m,m);
}
```

10.1.2　分治法

矩阵乘法是矩阵计算中的基本问题之一，它在科学与工程计算领域有广泛的应用。设 A 和 B 是两个 $n \times n$ 的矩阵，它们的乘积 AB 同样是一个 $n \times n$ 矩阵。乘积矩阵 $C=AB$ 中的元素 $C[i][j]=\sum_{k=1}^{n} A[i][k]B[k][j]$。容易知道，按此公式计算两个 $n \times n$ 矩阵的积，需要 $O(n^2)$ 次的计算时间。

20 世纪 60 年代末期，Strassen 采用了类似于在大整数乘法中用过的分治技术，将计算 2 个 n 阶矩阵乘积所需的计算时间改进到 $O(n^{\log_2 7})=O(n^{2.81})$，其基本思想是采用了分治技术。

设 n 是 2 的幂，将矩阵 A、B 和 C 中每一矩阵都分成 4 个大小相等的子矩阵，每个子矩阵都是 $(n/2) \times (n/2)$ 的方阵。矩阵分块后得

$$\begin{bmatrix} C_{11} & C_{12} \\ C_{21} & C_{22} \end{bmatrix}=\begin{bmatrix} A_{11} & A_{12} \\ A_{21} & A_{22} \end{bmatrix}\begin{bmatrix} B_{11} & B_{12} \\ B_{21} & B_{22} \end{bmatrix}$$

由矩阵乘法性质得

$$C_{11}=A_{11}B_{11}+A_{12}B_{21}$$
$$C_{12}=A_{11}B_{12}+A_{12}B_{22}$$
$$C_{21}=A_{21}B_{11}+A_{22}B_{21}$$
$$C_{22}=A_{21}B_{12}+A_{22}B_{22}$$

当 $n=2$ 时,容易知计算 2 个 2 阶方阵的乘积时需 8 次乘法和 4 次加法。当子矩阵的阶大于 2 时,为求两个子矩阵的积,可以继续将子矩阵分块,直到子矩阵的阶降为 2 为止。由此产生分治降阶的递归算法。可以推算,计算 2 个 n 阶方阵的乘积转化为计算 8 个 $n/2$ 阶方阵的乘积和 4 个 $n/2$ 阶的加法,2 个 $(n/2)\times(n/2)$ 矩阵的加法显然可在 $O(n^2)$ 的时间完成。因此上述分治法的计算时间耗费 $T(n)$ 应满足:

$$T(n)=\begin{cases}O(1), & n=2\\ 8T(n/2)+O(n^2), & n>2\end{cases}$$

遗憾的是,这个递归方程的解 $T(n)=O(n^3)$。此结果表明该方法并不比原始按矩阵乘法定义直接计算更有效。原因是该方法并没有减少矩阵的乘法次数,而矩阵乘法耗费的时间要比矩阵加(减)法耗费的时间多得多,因此,减少矩阵乘法的计算时间复杂度的关键是必须减少乘法运算。

减少乘法运算次数的关键是计算 2 个 2 阶方阵的乘积时,能否用少于 8 次的乘法运算。Strassen 提出了一种新的算法计算 2 个 2 阶方阵的乘积。他的算法仅用了 7 次乘法运算,但增加了加减法的运算次数。Strassen 的 7 次乘法运算是

$$M_1=A_{11}(B_{12}-B_{22})$$
$$M_2=(A_{11}+A_{12})B_{22}$$
$$M_3=(A_{21}+A_{22})B_{11}$$
$$M_4=A_{22}(B_{21}-B_{11})$$
$$M_5=(A_{11}+A_{22})(B_{11}+B_{22})$$
$$M_6=(A_{12}-A_{22})(B_{21}+B_{22})$$
$$M_7=(A_{11}-A_{21})(B_{11}+B_{12})$$

容易验证,在 7 次乘法运算后,进行若干次加减法后得

$$C_{11}=M_5+M_4-M_2+M_6$$
$$C_{12}=M_1+M_2$$
$$C_{21}=M_3+M_4$$
$$C_{22}=M_5+M_1-M_3-M_7$$

Strassen 矩阵乘法中,用了 7 次对于 $n/2$ 阶矩阵乘的递归调用和 18 次 $n/2$ 阶矩阵的加减运算。由此可知,该算法所需的计算时间 $T(n)$ 满足如下递归关系:

$$T(n)=\begin{cases}O(1), & n=2\\ 7T(n/2)+O(n^2), & n>2\end{cases}$$

解此递归方程得 $T(n)=O(n^{\log_2 7})\approx O(n^{2.81})$。由此可见,Strassen 矩阵乘法的计算时间复杂度比普通矩阵乘法有较大改进。

10.2　回溯法

基本思想：在回溯法（Back Tracking Method）中，每次扩大当前部分解时，都面临一个可选的状态集合，新的部分解就通过在该集合中进行选择构造而成。这样的状态集合，结构上是一棵多叉树，每个树结点代表一个可能的部分解，它的儿子是在它的基础上生成其他部分解。树根为初始状态。这样的状态集合，称为状态空间树。

回溯法对任一解的生成，一般都采用逐步扩大解的方式。每前进一步，都试图在当前部分解的基础上扩大该部分解。它在问题的状态空间树中，从开始结点（根结点）出发，以深度优先搜索整个状态空间。这个开始结点成为活结点，同时也成为当前的扩展结点。在当前扩展结点处，搜索向纵深方向移至一个新结点。这个新结点成为新的活结点，并成为当前扩展结点。如果在当前扩展结点处不能再向纵深方向移动，则当前扩展结点就成为死结点。此时，应往回移动（回溯）至最近的活结点处，并使这个活结点成为当前扩展结点。回溯法以这种工作方式递归地在状态空间中搜索，直到找到所要求的解或解空间中已无活结点时为止。

回溯法与穷举法有某些联系，它们都是基于试探。穷举法要将一个解的各个部分全部生成后，才检查是否满足条件，若不满足，则直接放弃该完整解，然后再尝试另一个可能的完整解，没有沿着一个可能的完整解的各个部分逐步回退生成解的过程。而对于回溯法，一个解的各个部分是逐步生成的，当发现当前生成的某部分不满足约束条件，就放弃该步所做的工作，退到上一步进行新的尝试，而不是放弃整个解重来。一般来说，回溯法要比穷举法效率高些。

例 10-2　迷宫问题。

老鼠走迷宫是一个心理学中的一个经典实验，用来测验老鼠的记忆力强弱，如果它的记忆力强，那么在迷宫中对已尝试过的失败路径就不会再去尝试。

问题描述：设有一只无盖大箱，箱中设置一些隔离板，形成弯弯曲曲的通道作为迷宫。箱子中设有一个入口和出口。实验时，在出口处放一些奶酪之类的东西吸引老鼠，然后将一只老鼠放到入口处，老鼠受到美味的吸引，向出口处走。心理学家需要观察老鼠是如何从入口到达出口的。

要求：假设老鼠具有很强的记忆力（A 级假设智能），编写一个计算机程序，模拟老鼠走迷宫的过程。实际测验时，可以用运行的计算机程序得到的模拟老鼠走迷宫的过程与老鼠实际走迷宫的过程进行对比，依此衡量老鼠的记忆力强弱。

求解方法：采用回溯法。老鼠走迷宫的方式为：试探-回溯，尝试-纠错。

数据结构设计：

（1）迷宫。用二维数组 $A_{n \times m}$ 表示迷宫，用 0 和 1 分别表示迷宫中的路"通"与"不通"。当 $A[i,j]=0$ 时表示迷宫中 (i,j) 处是通路，而当 $A[i,j]=1$ 时表示迷宫中 (i,j) 处是隔板。图 10.1 是用 0-1 矩阵表示的迷宫，矩阵四边的 1 表示迷宫的边界。迷宫的入口设在左上角的 0 位置，出口设在右下角的 0 位置。

```
1 1 1 1 1 1 1 1 1 1
1 0 0 0 1 1 0 1 1 1
1 1 0 1 0 1 0 0 0 1
1 0 1 1 0 0 1 0 1 1
1 0 0 0 1 0 1 1 0 1
1 1 0 1 1 1 1 0 1 1
1 0 0 1 0 1 0 1 1 1
1 0 1 1 0 1 0 1 1 1
1 1 0 1 1 1 1 0 0 1
1 1 1 1 1 1 1 1 1 1
```

图 10.1　用 0-1 矩阵表示的迷宫

（2）路径记录。

对于迷宫中的任一点有 8 个可行走的方向，可用整数 $0 \sim 7$ 表示。显然，可用三元组 (i, j, k)（这里 i、j、k 分别表示行号、列号和方向）表示。这样的三元组可用来记录在迷宫中行走的路径。

（3）方向与方向增量。

对于矩阵中的每个非边界点都存在 8 个可能的移动方向，把东、东南、南、西南、西、西北、北、东北 8 个方向依次定义为方向 0～方向 7。若沿矩阵中的非边界位置 (i, j) 到达矩阵这 8 个方向的下一个位置时，都可通过位置增量计算得到下一位置 $(i + \Delta x, j + \Delta y)$，这里 Δx、Δy 分别为行、列坐标的增量。增量的取值见表 10-1。

表 10-1　方向-增量数组

方　向　号	行　增　量	列　增　量	方　向　号	行　增　量	列　增　量
0	0	1	4	0	-1
1	1	1	5	-1	-1
2	1	0	6	-1	0
3	1	-1	7	-1	-1

算法实现如下。

算法 10.2　迷宫问题。

```c
#include <stdio.h>
#include <stdlib.h>
#define MaxNumCol 10

typedef struct
{
    int row,col,dire;    /* 行号、列号、方向号 */
}MazePosition;

int Mazetravel(int maze[][MaxNumCol],int n, int m, MazePosition  path[])
{
    int top,i,j,k,h,dire;
```

```
        int incr[8][2]={0,1,
                        1,1,
                        1,0,
                        1,-1,
                        0,-1,
                        -1,-1,
                        -1,0,
                        -1,1};

    top=0;
    i=1;j=1; dire=0;                 /* 置入口信息,起始方向 */

    /* 路径信息进栈 */
    path[top].row=i;
    path[top].col=j;
    path[top].dire=dire;

    maze[i][j]=-1;                   /* 置试探标志 */
    while(top>=0||dire<8)
    {
        if(dire<8)
        {
            k=i+incr[dire][0];
            h=j+incr[dire][1];
            if(maze[k][h]!=1&&maze[k][h]!=-1)
            {
                maze[k][h]=-1;
                top++;
                path[top].row=k;
                path[top].col=h;
                path[top].dire=dire;
                i=k;j=h;dire=0;
                if(i==n-2&&j==m-2) return top;
            }
            else dire++;
        }
        else                         /* dire=8, 开始回溯 */
        {
            dire=path[top].dire+1;
            top--;
            if(top>=0)
            {
                i=path[top].row;
                j=path[top].col;
            }
        }
    }
    return 0;
}

void main()
```

```
{
  int  maze1[10][10]={   1,1,1,1,1,1,1,1,1,1,
                         1,0,0,0,1,1,0,1,1,1,
                         1,1,0,1,0,1,0,0,0,1,
                         1,0,1,1,0,0,1,0,1,1,
                         1,0,0,0,1,0,1,1,0,1,
                         1,1,0,1,0,1,1,0,1,1,
                         1,0,0,1,0,1,0,1,1,1,
                         1,0,1,1,1,0,1,0,1,1,
                         1,1,0,1,1,1,1,0,0,1,
                         1,1,1,1,1,1,1,1,1,1};
  MazePosition  path1[20];
  int l, k=Mazetravel(maze1, 10, 10, path1);

  if(k==0)
      printf("No way from initial position to end\n");
  else
      for(l=0;l<=k;l++)
          printf("Step %d, is %d, %d\n", l+1, path1[l].row, path1[l].col);
}
```

上述程序的运行结果如下：

```
                    Step 1, is 1, 1
                    Step 2, is 1, 2
                    Step 3, is 1, 3
                    Step 4, is 2, 4
                    Step 5, is 3, 5
                    Step 6, is 4, 5
                    Step 7, is 5, 4
                    Step 8, is 6, 4
                    Step 9, is 7, 5
                    Step 10, is 6, 6
                    Step 11, is 7, 7
                    Step 12, is 8, 8
```

显然，上述算法可求得单个解，可通过 path 数组将路径输出。若要求全部解，则需修改上述算法，修改方法如下。

（1）求得单个解后算法不终止，而是先输出路径再沿着 path[top].dire 的下一个方向继续搜索。

（2）修改试探标志，仅当位置 (i,j) 的 8 个方向都已搜索，才置 maze[i][j]=−1。

例 10-3　n 皇后问题。

问题描述：在 $n \times n$ 格的棋盘上放置彼此不受攻击的 n 个皇后。按照国际象棋的规则，皇后可以攻击与之处在同一行或同一斜线的棋子。n 皇后问题等价于在 $n \times n$ 格的棋盘上放置 n 个皇后，任何 2 个皇后不放在同一行或同一列或同一斜线上。

求解方法：回溯法。易知，1 皇后有 1 个解，2 皇后和 3 皇后问题无解。可以计算 8 皇后问题有 98 个解。

数据结构设计：用 n 元组 $x[1:n]$ 表示后问题的解，其中 $x[i]$ 表示皇后 i 放在棋盘的第 i 行的第 $x[i]$ 列。显然每个 $x[i]$ 中的值互不一样。要保留多个解时，需要设立多个这样的一维数组或二维数组。将 $n \times n$ 格的棋盘看作二维方阵，行、列的编号依次为 1，

$2,\cdots,n$。

算法设计：设目前在 i 行 j 列放置皇后，考虑如何判断是否和其他皇后位于同一行或同一列或同一斜线的条件。由于不允许将 2 个皇后放在同一列，所以解向量 $x[i]$ 中的值互不一样。2 个皇后不能放在同一斜线上是问题的隐约束。对于 n 皇后问题这一隐约束条件可以化成显约束的形式。设 2 个皇后放置的位置分别是 (i,j) 和 (k,l)，且 $i-k=k-l$ 或 $i-k=l-j$，则这 2 个皇后位于同一斜线上，上述两条件等价于 $|i-k|=|j-l|$。

算法实现如下。

算法 **10.3** n 皇后问题。

```c
/* 求 n 皇后问题的解的个数 */
#include <stdio.h>
#include <math.h>
#define n 8

int x[n+1], sum;

enum boolean {FALSE, TRUE};
typedef enum boolean Bool;

Bool place(int);
void backtrack(void);

int main()
{
    int i;

    for (i=0;i<n;i++) x[i]=0;
        backtrack();
    printf("%d 皇后解的数目为%d\n", n, sum);
}

/* 判断棋盘第 k 行是否可放入皇后 */
Bool place(int k)
{
    int j;

    for(j=1;j<k;j++)
    if((abs(k-j)==abs(x[j]-x[k]))||(x[j]==x[k]))
        return FALSE;
    return TRUE;
}

/* 回溯法求解 */
void backtrack()
{
    int k=1;

    x[1]=0;
```

```
while(k>0)
{
    x[k]+=1;
    while((x[k]<=n)&&!(place(k)))
        x[k]+=1;
    if(x[k]<=n)
        if(k==n)
            sum++;
        else
        {
            k++;
            x[k]=0;
        }
    else k--;
}
}
```

此算法运行结果如下：

8　皇后解的数目为92

注：修改 backtrack 程序，可输出 n 皇后问题的解。

10.3　分支限界法

分支限界法(Branch-and-Bound)类似于回溯法，它们都是在解空间树上搜索问题的解，也可以看作是回溯法的改进。在回溯法中，是在整个状态空间树中搜索解，并用约束条件判断搜索进程，一旦发现不可能产生问题的解的部分解，就中止对相应子树的搜索，从而避免不必要的工作。分支限界与回溯法在下面两方面存在差异。

（1）控制条件：回溯法一般使用约束函数产生部分解，若满足约束条件，则继续扩大该解；否则丢弃，重新搜索。而在分支限界法中，除了使用约束函数外，还使用更有效的评判函数——目标函数控制搜索进程，使尽快能得到最优解。

（2）搜索方式：回溯法中的搜索一般是以深度方向优先方式进行，而在分支限界法中一般是以广度方向优先方式进行。

从活结点表中选择下一扩展结点的不同方式导致不同的分支限界方法。常用的有下列两种方式。

① 队列式(FIFO)分支限界法：将活结点表组织成一个队列，并按队列的先进先出原则选取下一个结点为当前扩展结点。

② 优先队列式分支限界法：将活结点表组织成一个优先队列，并按优先队列中规定的结点优先级选取优先级最高的下一个结点成为当前扩展结点。

例 10-4　0-1 背包问题。

给定 n 种物品和一个背包。物品 i 的重量是 w_i，其价值为 p_i，背包容量为 C，对于每种物品 i 只有两种选择：装入背包或不装入背包，不能将物品 i 装入背包多次。问：应该如何选择装入背包的物品，使得装入背包中物品的总价值最大？

设 $C>0, w_i>0, p_i>0, 1 \leqslant i \leqslant n$，问题的解对应于求一组 n 元 0-1 向量 $(x_1, x_2, \cdots, x_n)$，$x_i \in \{0,1\}, 1 \leqslant i \leqslant n$，它是下面的整数规划问题的解。

$$\max \sum_{i=1}^{n} p_i x_i$$

$$\begin{cases} \sum_{i=1}^{n} w_i x_i \leqslant C \\ x_i \in \{0,1\}, 1 \leqslant i \leqslant n \end{cases}$$

例如，考虑 $n=3$ 的 0-1 背包问题的一个实例如下：$w=[16,15,15]$，$p=[45,25,25]$，$c=30$。队列式分支限界算法用一个队列存储活结点表，其解空间是图 10.2 所示的二叉树。

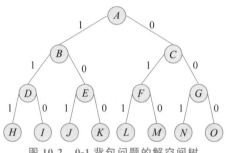

图 10.2　0-1 背包问题的解空间树

用队列式分支限界法解此问题时，算法从根结点 A 开始，初始时活结点队列为空，结点 A 是当前扩展结点，结点 A 的子女结点 B、C 均为可行结点，依次按从左至右的顺序将 B、C 加入活结点队列，并舍弃当前扩展结点 A。队首结点 B 成为当前扩展结点，扩展结点 B 得到结点 D、E，由于 D 是不可行结点，舍去结点 D，结点 E 加入活结点队列。取活结点队列队首结点 C，扩展结点 C 得结点 F、G，结点 F、G 均为可行结点，加入活结点队列。扩展下一结点 E 得到结点 J、K，结点 J 是不可行结点，舍去，结点 K 是一个可行结点，加入活结点队列。再次扩展队首结点 F，得到结点 L、M。L 表示获得价值为 50 的可行解，M 表示获得价值为 25 的可行解。G 是最后的一个扩展结点，其儿子结点 N、O 均为可行叶结点。此时，活结点队列为空，算法结束。算法搜索得到最优值为 50。相应的最优解是从根结点 A 到结点 L 的路径。

优先队列分支限界法从根结点 A 开始搜索解空间。用一个大根堆表示活结点表的优先队列。初始时堆为空，扩展结点 A 得到它的两个子女结点 B、C，这两个结点均为可行结点，加入到堆中，结点 A 被舍弃。结点 B 获得的当前价值是 45，而结点 C 的当前价值是 0。由于结点 B 的价值大于结点 C 的价值，所以结点 B 是堆中的堆顶元素，成为下一个扩展结点。扩展结点 B 得到结点 D 和 E，因 D 是不可行结点，故舍弃，E 是可行结点，加入到堆中，E 的价值为 45，是当前堆中的堆顶元素，亦成为下一个扩展结点。扩展结点 E 得到叶子结点 J、K，因结点 J 是不可行结点，故舍弃，叶结点 K 表示一个可行解，其价值为 45。此时，堆中仅剩下一个活结点，它成为当前扩展结点，扩展得到两个结点 F、G，其价值分别为 25、0，将 F、G 加入大根堆，取去堆顶的元素 F 作为下一个扩展结点，扩展得到两个叶子结点 L、M，结点 L 对应于价值为 50 的可行解，结点 M 对应于价值为

25 的可行解。最后剩下结点 G 成为扩展结点,扩展得到两个叶子结点 N、O,其价值分别为 25 和 0。此时,存储活结点的堆已空,算法结束。算法搜索得到最优值为 50。相应的最优解是从根结点 A 到结点 L 的路径。

算法 10.4　背包问题的分支限界法算法。

```
#include <stdio.h>
#include <stdlib.h>
#define  MAXNUM   100

struct node
{
    int step;
    double price;
    double weight;
    double max, min;
    unsigned long choosemark;
};
typedef struct node DataType;

struct SeqQueue      /* 顺序队列类型定义 */
{
    int f, r;
    DataType q[MAXNUM];
};
typedef struct SeqQueue * PSeqQueue;

PSeqQueue createEmptyQueue_seq( void )
{
    PSeqQueue queue;
    queue=(PSeqQueue)malloc(sizeof(struct SeqQueue));
    if (queue==NULL)
        printf("Out of space!! \n");
    else
        queue->f=queue->r=0;
    return queue;
}

int isEmptyQueue_seq( PSeqQueue queue )
{
    return queue->f==queue->r;
}

/* 在队列中插入一个元素 x */
void enQueue_seq( PSeqQueue queue, DataType x )
{
    if( (queue->r+1) %MAXNUM==queue->f)
        printf( "Full queue.\n" );
    else {
        queue->q[queue->r]=x;
```

```
        queue->r=(queue->r+1) %MAXNUM;
    }
}

/* 删除队列头元素 */
void  deQueue_seq( PSeqQueue queue )
{
    if( queue->f==queue->r )
        printf( "Empty Queue.\n" );
    else
        queue->f=(queue->f+1) %MAXNUM;
}

/* 对非空队列,求队列头元素 */
DataType  frontQueue_seq( PSeqQueue queue )
{
    return (queue->q[queue->f]);
}

/* 物品按性价比重新排序 */
void sort(int n, double p[], double w[])
{
    int i, j;
    for (i=0; i<n-1; i++)
        for (j=i; j<n-1; j++) {
            double a=p[j]/w[j];
            double b=p[j+1]/w[j+1];
            if (a<b)
            {
                double temp=p[j];
                p[j]=p[j+1];
                p[j+1]=temp;
                temp=w[j];
                w[j]=w[j+1];
                w[j+1]=temp;
            }
        }
}

/* 求最大可能值 */
double up(int k, double c, int n, double p[], double w[])
{
    int i=k;
    double s=0;
    while (i<n && w[i]<c)
    {
        c -=w[i];
        s+=p[i];
        i++;
    }
    if (i<n && c>0)
    {
```

```
        s+=p[i] * c / w[i];
    }
    return s;
}

/* 求最小可能值 */
double down(int k, double c, int n, double p[], double w[])
{
    int i=k;
    double s=0;
    while (i<n && w[i] <=c)
    {
        c -=w[i];
        s+=p[i];
        i++;
    }
    return s;
}

/* 用队列实现分支限界算法 */
double solve(double c, int n, double p[], double w[], unsigned long * choosemark)
{
    double min;
    PSeqQueue q=createEmptyQueue_seq();

    DataType x={0,0,0,0,0,0};
    sort(n, p, w);
    x.max=up(0, c, n, p, w);
    x.min=min=down(0, c, n, p, w);
    if (min==0) return -1;
    enQueue_seq(q, x);

    while (!isEmptyQueue_seq(q))
    {
        int step;
        DataType y;

        x=frontQueue_seq(q);
        deQueue_seq(q);
        if (x.max<min) continue;
        step=x.step+1;
        if (step==n+1) continue;
        y.max=x.price+up(step, c -x.weight, n, p, w);
        if (y.max >=min)
        {
            y.min=x.price+down(step, c-x.weight, n, p, w);
            y.price=x.price;
            y.weight=x.weight;
            y.step=step;
            y.choosemark=x.choosemark <<1;
            if (y.min >=min)
            {
```

```
                    min=y.min;
                    if (step==n) * choosemark=y.choosemark;
                }
                enQueue_seq(q, y);
            }
            if (x.weight+w[step-1] <=c)
            {
                y.max=x.price+p[step-1]+up(step, c-x.weight-w[step-1], n, p, w);
                if (y.max >=min)
                {
                    y.min=x.price+p[step-1]+down(step, c-x.weight-w[step-1], n, p, w);
                    y.price=x.price+p[step-1];
                    y.weight=x.weight+w[step-1];
                    y.step=step;
                    y.choosemark=(x.choosemark <<1)+1;
                    if (y.min >=min)
                    {
                        min=y.min;
                        if (step==n) * choosemark=y.choosemark;
                    }
                    enQueue_seq(q, y);
                }
            }
        }
    }
    return min;
}


#define n 3
double c=30;
double p[n]={45,25,25};
double w[n]={16, 15, 15};

int main()
{
    int i;
    double d;
    unsigned long choosemark;

    d=solve(c, n, p, w, &choosemark);
    if (d==-1)
        printf("No solution!\n");
    else
    {
        for (i=0; i<n; i++)
            printf("x%d is %d\n", i+1, ((choosemark & (1<< (n-i-1))) !=0));
        printf("The max weight is %f\n", d);
    }
    return 0;
}
```

上述程序的运行结果如下：

x1 is 0
x2 is 1
x3 is 1
The max weight is 30

10.4 贪心算法

贪心算法(Greedy Method)通过一系列的选择得到问题的解。它所做出的每一个选择都是当前状态下局部最好选择,即贪心选择。这种启发式的策略并不总能获得最优解,然而在许多情况下的确能得到最优解。可以用贪心算法求解的问题一般具有两个重要的性质:贪心选择性质和最优子结构性质。

(1) 贪心选择性质。贪心选择性质是指所求问题的整体最优解可以通过一系列局部最优的选择(贪心选择)来达到,它采用自顶向下的方式将所求问题简化为规模更小的子问题。

(2) 最优子结构性质。当一个问题的最优解包含其子问题的最优解时,称此问题具有最优子结构性质。

第 8 章介绍的 Huffman 算法是一种贪心算法,下面证明 Huffman 算法的正确性。

贪心选择性质:设 C 是编码字符集,C 中字符 c 的频率为 $f(c)$,m_1,m_2 是 C 中具有最小频率的两个字符,则存在 C 的最优前缀编码使 m_1 和 m_2 具有相同最长码长且码字的最后一位不同。

证明:设二叉树 T 是与 C 的最优前缀码对应的任意一棵编码树。将证明对于 T 的适当修改后得到一棵新的二叉树 T_1,使得 T_1 中 m_1 和 m_2 是最深的叶子且互为兄弟,且 T_1 也是与 C 的最优前缀码对应的一棵编码树。

不失一般性,考虑下面形状的二叉树 T(见图 10.3),不妨设 $f(m_1) \leqslant f(a)$,$f(m_2) \leqslant f(b)$,树 T、T_0(见图 10.4)表示的前缀码的平均码长分别为 $B(T)$、$B(T_0)$,$d_T(c)$ 代表字符 c 的码长,则

$$
\begin{aligned}
B(T) - B(T_0) &= \sum_{c \in C} f(c) d_T(c) - \sum_{c \in C} f(c) d_{T_0}(c) \\
&= f(m_1) d_T(m_1) + f(a) d_T(a) - f(m_1) d_{T_0}(m_1) - f(a) d_{T_0}(a) \\
&= (f(m_1) - f(a)) d_T(m_1) + (f(a) - f(m_1)) d_T(a) \\
&= (f(a) - f(m_1))(d_T(a) - d_T(m_1)) \geqslant 0
\end{aligned}
$$

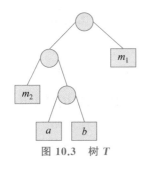

图 10.3　树 T

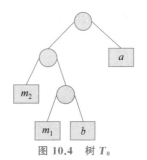

图 10.4　树 T_0

同理，若将树 T_0 变换为树 T_1 的形状，可得到 $B(T_1){\leqslant}B(T_0)$。

由此可知 $B(T_1){\leqslant}B(T)$，但因为 T 是对应的最优编码树，故 $B(T){\leqslant}B(T_1)$，从而 $B(T_1){=}B(T)$，命题得证。

最优子结构性质：设 $C{=}\{m_1,m_2,a_1,a_2,\cdots,a_n\}$，$m_1,m_2$ 是 C 中频率最小的两个字符，则可由对应于 $C_1{=}\{m_3{=}m_1{+}m_2,a_1,a_2,\cdots,a_n\}$ 的最优编码树生成对应于 C 的最优编码树，如图 10.5 和图 10.6 所示。

图 10.5　树 T_1　　　　　　　　　　图 10.6　内部结点构造图

证明：设 T 表示一棵对应于字符集 C 的编码树，由贪心选择性质知，m_1、m_2 是 T 中两片互为兄弟的叶子结点，m_3 是 m_1、m_2 的父结点（$m_3{=}m_1{+}m_2$），设 T_1 是 T 中去掉 m_1、m_2 的一棵树。容易验证：

$$
\begin{aligned}
B(T)-B(T_1) &= f(m_1)d_T(m_1)+f(m_2)d_T(m_2)-(f(m_1)+f(m_2))d_{T_1}(m_3) \\
&= (f(m_1)+f(m_2))d_T(m_1)-(f(m_1)+f(m_2))(d_T(m_1)-1) \\
&= f(m_1)+f(m_2)
\end{aligned}
$$

由上式不难完成最优子结构性质的证明。

10.5　动态规划法

动态规划法（Dynamic Programming）与分治法和回溯法都有某些类似，也是基于问题的划分解决方案（多步决策、递增生成子解）。动态规划是一种将问题实例分解为更小的、相似的子问题，并存储子问题的解而避免计算重复的子问题，以解决最优化问题的算法策略。但在递增生成子解的过程中，力图朝最优方向进行，而且也不回溯。因此，动态规划法效率较高，且常用来求最优解，而不像回溯法那样可直接求全解。

使用动态规划的问题必须满足一定的条件：最优化原理（最优子结构性质）和子问题的重叠性。

1. 最优化原理（最优子结构性质）

最优化原理可这样阐述：一个最优化策略具有这样的性质，不论过去状态和决策如何，对前面的决策所形成的状态而言，余下的诸决策必须构成最优策略。简而言之，一个最优化策略的子策略总是最优的。一个问题满足最优化原理又称其具有最优子结构性质。

2. 子问题的重叠性

对于重复出现的子问题,只在第一次遇到时加以求解,并把答案保存起来,让以后再遇到时直接引用,不必重新求解。

例 10-5 求两字符序列的最长公共字符子序列。

问题描述:字符序列的子序列是指从给定字符序列中随意地(不一定连续)去掉若干字符(可能一个也不去掉)后所形成的字符序列。令给定的字符序列 $X = "x_0 x_1 \cdots x_{m-1}"$, 序列 $Y = "y_0 y_1 \cdots y_{k-1}"$ 是 X 的子序列,存在 X 的一个严格递增下标序列 $<i_0, i_1, \cdots, i_{k-1}>$,使得对所有的 $j = 0, 1, \cdots, k-1$,有 $x_{i_j} = y_j$。例如,$X = "ABCBDAB", Y = "BCDB"$ 是 X 的一个子序列。

给定两个序列 A 和 B,称序列 Z 是 A 和 B 的公共子序列,是指 Z 同时是 A 和 B 的子序列。问题要求已知两序列 A 和 B 的最长公共子序列。

如采用列举 A 的所有子序列,并一一检查其是否又是 B 的子序列,并随时记录所发现的子序列,最终求出最长公共子序列。这种方法因耗时太多而不可取。显然长为 n 的串的子序列个数是 2^n,故穷举法的时间复杂度是指数级的。但是,用动态规划法可以获得 $O(mn)$ 的时间复杂度的算法(n, m 分别是两个输入字符串的长度)。

考虑最长公共子序列问题如何分解成子问题,设 $A = "a_0 a_1 \cdots a_{m-1}", B = "b_0 b_1 \cdots b_{n-1}"$,并且设 $Z = "z_0 z_1 \cdots z_{k-1}"$ 为它们的最长公共子序列。不难证明有以下性质:

(1) 如果 $a_{m-1} = b_{n-1}$,则 $z_{k-1} = a_{m-1} = b_{n-1}$,且 $"z_0 z_1 \cdots z_{k-2}"$ 是 $"a_0 a_1 \cdots a_{m-2}"$ 和 $"b_0 b_1 \cdots b_{n-2}"$ 的一个最长公共子序列。

(2) 如果 $a_{m-1} \neq b_{n-1}$,则若 $z_{k-1} \neq a_{m-1}$,蕴涵 $"z_0 z_1 \cdots z_{k-1}"$ 是 $"a_0 a_1 \cdots a_{m-2}"$ 和 $"b_0 b_1 \cdots b_{n-1}"$ 的一个最长公共子序列。

(3) 如果 $a_{m-1} \neq b_{n-1}$,则若 $z_{k-1} \neq b_{n-1}$,蕴涵 $"z_0 z_1 \cdots z_{k-1}"$ 是 $"a_0 a_1 \cdots a_{m-1}"$ 和 $"b_0 b_1 \cdots b_{n-2}"$ 的一个最长公共子序列。

这样,在找 A 和 B 的公共子序列时,如有 $a_{m-1} = b_{n-1}$,则进一步解决一个子问题,找 $"a_0 a_1 \cdots a_{m-2}"$ 和 $"b_0 b_1 \cdots b_{n-2}"$ 的一个最长公共子序列;如果 $a_{m-1} \neq b_{n-1}$,则要解决两个子问题,找出 $"a_0 a_1 \cdots a_{m-2}"$ 和 $"b_0 b_1 \cdots b_{n-1}"$ 的一个最长公共子序列和找出 $"a_0 a_1 \cdots a_{m-1}"$ 和 $"b_0 b_1 \cdots b_{n-2}"$ 的一个最长公共子序列,再取两者中较长者作为 A 和 B 的最长公共子序列。

定义 $c[i][j]$ 为序列 $"a_0 a_1 \cdots a_{i-1}"$ 和 $"b_0 b_1 \cdots b_{j-1}"$ 的最长公共子序列的长度,计算 $c[i][j]$ 可递归地表述如下:

(1) $c[i][j] = 0$ 如果 $i = 0$ 或 $j = 0$。

(2) $c[i][j] = c[i-1][j-1] + 1$ 如果 $i、j > 0$,且 $a[i-1] = b[j-1]$。

(3) $c[i][j] = \max(c[i][j-1], c[i-1][j])$ 如果 $i、j > 0$,且 $a[i-1] \neq b[j-1]$。

按此算式可写出计算两个序列的最长公共子序列的长度函数。由于 $c[i][j]$ 的产生仅依赖于 $c[i-1][j-1]$、$c[i-1][j]$ 和 $c[i][j-1]$,故可以从 $c[m][n]$ 开始,跟踪 $c[i][j]$ 的产生过程,逆向构造出最长公共子序列。下面是相应的实现代码。

算法 10.5 求两字符串的最长公共子序列。

```c
#include <stdio.h>
#include <string.h>
#define N 100

int c[N][N];

int lcs_len(char * a, char * b)
{
    int m=strlen(a), n=strlen(b), i, j;
    for (i=0;i<=m;i++)
        c[i][0]=0;
    for (i=0;i<=n;i++)
        c[0][i]=0;
    for (i=1;i<=m;i++)
        for (j=1;j<=n;j++)
            if (a[i-1]==b[j-1])
                c[i][j]=c[i-1][j-1]+1;
            else if (c[i-1][j]>=c[i][j-1])
                    c[i][j]=c[i-1][j];
                else
                    c[i][j]=c[i][j-1];
    return c[m][n];
}

char * build_cs(char * s, char * a, char * b)
{
    int k, i=strlen(a), j=strlen(b);

    k=lcs_len(a,b);
    s[k]='\0';
    while (k>0)
        if (c[i][j]==c[i-1][j])
            i--;
        else if (c[i][j]==c[i][j-1])
                j--;
            else
            {
                s[--k]=a[i-1];
                i--;    j--;
            }
    return s;
}

void main()
{
    char a[N], b[N], s[N];
    char * substring;
    printf ("Enter two strings(<%d)!\n",N);
    scanf("%s%s",a,b);
    substring =build_cs(s, a, b);
    printf("One of the Max Common Substring is %s\n",substring);
    printf("The Max Length for Common Substring is %d\n",strlen(substring));
}
```

上述程序的一个运行实例如下：

```
Enter two string(<100)!
student
accident
One of the Max Common Substring is dent
The Max Length for Common Substring is 4
```

10.6 数据结构中的 Catalan 数

10.6.1 问题描述

在学习栈结构、二叉树概念和二叉树遍历运算时，会遇到或思考下述 3 个问题。

问题一：编号为 $1,2,\cdots,n$ 的 n 辆火车顺序开进栈式结构的站台，问有多少种不同的出站方式？

问题二：有多少棵不同的二叉树，前序序列同为 $a_1,a_2,\cdots,a_n$？

问题三：n 个结点的不同形状的二叉树有多少棵？

针对初学者学习时的困惑，作者将多年的教学体会总结如下，供学习者参考。

10.6.2 问题解析

这 3 个不同问题看似没有关联，但它们的解是同一个，即著名的 Catalan 数 $\frac{1}{n+1}C_{2n}^n$，Catalan 数是组合数学中一个常出现在各种计数问题的数列，以比利时的数学家欧仁·查理·卡特兰(1814—1894)的名字来命名。

现对上述数据结构中的 3 种计数问题解析如下。

问题一解析：为方便理解，设 $n=4$，按照栈的进、出限制(后进先出)及编号为 $i(i=1,2,3,4)$ 的火车都有进栈立即出栈或进栈后不立即出栈两种状态，编号为 $1,2,3,4$ 的 4 辆火车顺序开进栈式结构的站台，共有 14 种不同的出栈式结构站台的方式，即 $n=4$ 的 Catalan 数为 14，对应可能的出站序列分别为

```
1234, 1243, 1324, 1342, 1432
2134, 2143, 2314, 2341, 2431
3214, 3241, 3421
4321
```

上述 14 种出站序列可以改写为

1234	2134	2314	2341
1243	2143	3214	2431
1324			3241
1342			3421
1432			4321

完全类似地,$n=5$ 时的 42 种可能的出站序列可以这样生成

12345, 12354, 12435, 12453, 12543	21345			23415	23451, 23541, 24351, 24531, 25431
13245, 13254, 13425, 13452, 13542	21354	23154	23145	24315	32451, 32541, 34251, 34521, 35421
14325, 14352, 14532	21435	32145	32154	32415	43251, 43521, 45321
15432	21453			34215	54321
	21543			43215	

定义 $T(0)=1$,设 $T(n)$ 表示编号为 $1,2,\cdots,n$ 的 n 辆火车顺序进入栈式结构站台得到的可能出站方式的个数,易知 $T(1)=1$,从 $n=4$ 和 $n=5$ 的可能出站方式的规律发现(由 1 可能出现的位置分类),$T(n)$ 是下述递归方程的解:

$$T(n)=T(0)\cdot T(n-1)+T(1)\cdot T(n-2)+T(2)\cdot T(n-3)+\cdots+$$
$$T(n-2)\cdot T(1)+T(n-1)\cdot T(0)$$

问题二和问题三是同一问题的两种不同表现形式,事实上,给定一棵二叉树,将 a_1,$a_2,\cdots,a_n$ 与二叉树的结点对应,存在前序序列为 $a_1,a_2,\cdots,a_n$ 的唯一一种对应关系,如图 10.7 和图 10.8 所示,$n=3$ 的 5 棵不同形状的二叉树正好对应前序序列为 $a_1,a_2,\cdots,$ a_n 的 5 种不同的二叉树。

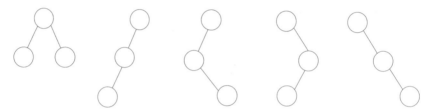

图 10.7　3 个结点的 5 棵不同形状的二叉树

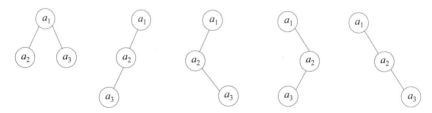

图 10.8　前序序列为 $a_1a_2a_3$ 的 5 棵不同的二叉树

用 $T(n)$ 表示前序序列为 $a_1,a_2,\cdots,a_n$ 的二叉树的个数,显然 a_1 为根结点,a_1 的左子树上可能有 $0\sim n-1$ 个结点,对应的 a_1 的右子树分别有 $n-1\sim0$ 个结点,根据乘法性质:

$$T(n)=T(0)\cdot T(n-1)+T(1)\cdot T(n-2)+T(2)\cdot T(n-3)+\cdots+$$
$$T(n-2)\cdot T(1)+T(n-1)\cdot T(0)$$

10.6.3　递归方程求解

这里用生成函数(或称为母函数)的方法求解递归方程。构造生成函数 $G(z)=T(0)+T(1)z+T(2)z^2+\cdots+T(n)z^n+\cdots$,则

$$G^2(z) = T(0) \cdot T(0) + (T(0) \cdot T(1) + T(1) \cdot T(0))z + \cdots +$$
$$(T(0) \cdot T(n) + T(1) \cdot T(n-1) + \cdots$$
$$T(n-1) \cdot T(1) + T(n) \cdot T(0))z^n + \cdots$$

由递归方程及上述二式易得

$$zG^2(z) - G(z) = -1$$
$$zG^2(z) - G(z) + 1 = 0$$

解得 $G(z) = \dfrac{1 \pm \sqrt{1-4z}}{2z}$，因 $G(z)$ 常数项为 $T(0) = 1$，故 $G(z) = \dfrac{1 - \sqrt{1-4z}}{2z}$，将

$\sqrt{1-4z}$ 在 $z=0$ 处进行 Taylor 展开，可计算出生成函数 $G(z)$ 中 z^n 项前的系数为 $\dfrac{1}{n+1}C_{2n}^n$，

推导过程如下。

因

$$(\sqrt{1-4z})' \big|_{z=0} = \frac{1}{2}(1-4z)^{-\frac{1}{2}}(-4) \big|_{z=0} = -2$$

$$(\sqrt{1-4z})'' \big|_{z=0} = -2 \times (1-4z)^{-\frac{3}{2}} \times \left(-\frac{1}{2} \times (-4)\right) \big|_{z=0} = -2 \times (2 \times 1)$$

$$(\sqrt{1-4z})''' \big|_{z=0} = -2 \times (2 \times 1) \times (1-4z)^{-\frac{5}{2}} \times \left(-\frac{3}{2} \times (-4)\right) \big|_{z=0}$$
$$= -2 \times (2 \times 1) \times (2 \times 3)$$

故

$$(\sqrt{1-4z})^{(n+1)} \big|_{z=0} = -2 \times (2 \times 1) \times (2 \times 3) \times (2 \times 5) \times \cdots \times (2 \times (2n-1)) = -2 \frac{(2n)!}{n!}$$

$$T(n) = \frac{-1}{2(n+1)!}(\sqrt{1-4z})^{(n+1)} \big|_{z=0} = \frac{(2n)!}{(n+1)n! \cdot n!} = \frac{1}{n+1}C_{2n}^n$$

最后我们发现数据结构中形式上不同的 3 个计数问题，本质上是同一个递归方程的求解问题，而 Catalan 数正好是这个递归方程的解。

习题

10.1 考虑国际象棋棋盘上某个位置的一匹马，它是否可能只走 63 步，正好走过除起始点外的其他 63 个位置各一次？如果有一种这样的走法，则称所走的这条路线为一条马的周游路线，试设计一个分治算法找出一条马的周游路线。

10.2 在用分治法求两个 n 位大整数 u 和 v 的乘积时，将 u 和 v 都分割成长度为 $n/3$ 位的 3 段。证明可以用 5 次 $n/3$ 位整数的乘法求得 uv 的值。按此思想设计一个求两个大整数乘积的分治算法，并分析算法的计算复杂度。

10.3 对任何非零偶数 n，总能找到奇数 m 和正整数 k，使得 $n = m2^k$。为了求出两个 n 阶矩阵的乘积，可以把一个 n 阶矩阵分成 $m \times m$ 个子矩阵，每个子矩阵有 $2^k \times 2^k$ 个元素。当需要求 $2^k \times 2^k$ 的子矩阵的积时，使用 Strassen 算法。设计一个传统方法与 Strassen 算法相结合的矩阵相乘算法，对任何偶数 n 都可以求出两个 n 阶矩阵

的乘积,并分析算法的计算时间复杂度。

10.4 用回溯法求解 0-1 背包问题,并输出最优解。

10.5 最小长度电路板排列问题。在电路板排列问题中,连接块的长度是指该连接块中第 1 块电路板到最后 1 块电路板之间的距离。例如图 10.9 的电路板排列中,连接块 N_4 的第 1 块电路板在插槽 3 中,它的最后一块电路板在插槽 6 中,因此 N_4 的长度为 3,同理 N_2 的长度为 2。图 10.9 中连接块最大长度为 3。试设计一个回溯法找出所给 n 个电路板的最佳排列,使得 m 个连接块中最大长度达到最小。

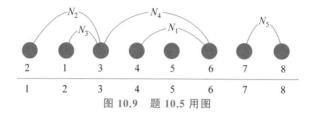

图 10.9 题 10.5 用图

10.6 栈式分支限界法将活结点表以后进先出(LIFO)的方式存储于栈中,试设计一个解 0-1 背包问题的栈式分支限界算法。

10.7 试设计一个解最小长度电路板排列问题(见习题 10.5)的队列式分支限界算法。

10.8 设有 n 个顾客同时等待一项服务,顾客 i 需要服务的时间 t_i($1 \leqslant i \leqslant n$),应如何安排 n 个顾客的服务次序才能使总的等待时间达到最小(总的等待时间是每个顾客等待服务时间的总和)。

10.9 考虑下面的整数线性规划问题:

$$\max \sum_{i=1}^{n} c_i x_i$$

$$\sum_{i=1}^{n} a_i x_i \leqslant b \quad x_i \text{ 为非负整数}, \quad 1 \leqslant i \leqslant n$$

试设计一个解此问题的动态规划算法,并分析算法的计算复杂度。

10.10 用两台处理机 A 和 B 处理 n 个作业。设第 i 个作业交给机器 A 处理时需要时间 a_i,若由机器 B 来处理,则需要时间 b_i。由于各作业的特点和机器的性能关系,很可能对于某些 i 有 $a_i \geqslant b_i$,而对于某些 $j, j \neq i$,有 $a_j < b_j$。既不能将一个作业分开由两台机器处理,也没有一台机器能同时处理两个作业。试设计一个动态规划算法,使得这两台机器处理完这 n 个作业的时间最短(从任何一台机器开工到最后一台机器停工的总时间)。用下面的实例验证结果。

$$(a_1, a_2, a_3, a_4, a_5, a_6) = (2, 5, 7, 10, 5, 2);$$
$$(b_1, b_2, b_3, b_4, b_5, b_6) = (3, 8, 4, 11, 3, 4)$$

关键词索引

参 考 文 献

［1］ CORMEN T H，LEISERSEN C E，RIVEST R L，et al. Introduction to Algorithms［M］. 2nd ed. New York：McGraw-Hill，2001.

［2］ 王晓东. 算法设计与分析［M］. 北京：清华大学出版社，2003.

［3］ 熊岳山. 数据结构(C++描述)［M］. 北京：清华大学出版社，2012.

［4］ 许卓群，张乃孝，杨冬青，等. 数据结构［M］. 北京：高等教育出版社，1997.

［5］ KNUTH D E. The Art of Computer programming，Vol.1 Fundamental Algorithms，Vol.3 Sorting and Searching［M］. 2nd ed. Upper Saddle River：Addison-Wesley Publishing Company，1998.

［6］ 严蔚敏，吴伟民. 数据结构(C语言版)［M］. 北京：清华大学出版社，1997.

［7］ 傅清祥，王晓东. 算法与数据结构［M］. 北京：电子工业出版社，1998.

［8］ 王挺，周会平，贾丽丽，等. C++程序设计［M］. 北京：清华大学出版社，2005.

［9］ FORD W，TOPP W. 数据结构(C++描述)［M］. 刘卫东，沈官林，译. 北京：清华大学出版社，1988.

［10］ 谭浩强. C程序设计［M］. 3版. 北京：清华大学出版社，2005.